Ernst Haeckel

Die Familie der Rüsselquallen

(Geryonida)

VERO Verlag

Ernst Haeckel

Die Familie der Rüsselquallen

(Geryonida)

ISBN/EAN: 9783737200882

Auflage: 1

Erscheinungsjahr: 2014

Erscheinungsort: Norderstedt, Deutschland

Hergestellt in Europa, USA, Kanada, Australien, Japan
Vero Verlag in Hansebooks GmbH

Cover: Foto ©eda / pixelio.de

DIE

FAMILIE DER RÜSSELQUALLEN

(GERYONIDA).

EINE MONOGRAPHIE

VON

DR. ERNST HAECKEL,

ORDENTLICHEM PROFESSOR DER ZOOLOGIE UND DIRECTOR DES ZOOLOGISCHEN MUSEUMS
AN DER UNIVERSITÄT JENA.

MIT 6 KUPFERTAFELN
UND IN DEN TEXT GEDRUCKTEN HOLZSCHNITTEN.

LEIPZIG,

VERLAG VON WILHELM ENGELMANN.

1865.

Abdruck aus der Jenaischen Zeitschrift für Medicin und Naturwissenschaft
I. und II. Bd.

Vorwort.

Seit längerer Zeit mit Untersuchungen über Hydromedusen beschäftigt, beabsichtige ich eine Reihe von Beiträgen zur Naturgeschichte dieser Thiere in einzelnen Heften herauszugeben, von denen das vorliegende hiermit als das erste erscheint.

Die allgemeinere Theilnahme und das erhöhte Interesse, welches in den letzten Decennien den niederen Thieren zugewendet worden ist, hat vielleicht auf keinem Gebiete eine solche Fülle von complicirten und unerwarteten Verhältnissen im Bau und den Lebenserscheinungen aufgedeckt, als in dem Kreise der Coelenteraten und namentlich in der Classe der Hydromedusen. Die Masse des hier noch verborgen liegenden Materials ist so gross, dass wir wohl noch lange mit Ausgraben und Herbeischaffen der einzelnen Bausteine uns werden begnügen müssen, ehe es uns möglich sein wird, aus diesen das Gebäude einer allgemeinen Naturgeschichte dieser wunderbaren Thiergruppe aufzurichten und den gesetzlichen Zusammenhang in der Fülle der einzelnen Erscheinungen aufzufinden.

Einen einzelnen solchen Baustein soll die vorliegende Monographie der Rüsselquallen oder Geryoniden liefern, einer Medusenfamilie, welche bisher unvollständiger, als die meisten anderen bekannt war, obwohl sie in mehr als einer Beziehung zu einer genauen Untersuchung besonders aufforderte. Dass die darauf verwendete Sorgfalt durch manches unerwartete Resultat, zum Theil auch von allgemeinerer Bedeutung, belohnt wurde, wird vielleicht aus der im Folgenden gegebenen Darstellung des feineren Baues und der Entwickelung der Geryoniden hervorgehen.

Ueber die eigenthümliche und neue Form des Generationswechsels, welche die Geryoniden mit den Aeginiden auf das Innigste verbindet, und welche im VIII. und X. Abschnitt als Allocogenesis beschrieben und erläutert ist[1], habe ich zu Anfang dieses Jahres eine kurze vorläufige Mittheilung in den Monatsberichten der Berliner Akademie (p. 85, Sitzung vom 2. Februar 1865) veröffentlicht. Diese Mittheilung finde ich in der Juni-Nummer der »Annals and Magazine of natural history« (1865, p. 137) von W. S. DALLAS in das Englische übersetzt, und zugleich kritisch erläutert von Professor ALLMAN (ibid. p. 168 — 174), dem wir schon so manche werthvolle Beiträge zur Naturgeschichte der Hydromedusen verdanken. Insbesondere hat derselbe dort die allgemeine Bedeutung, welche die Allocogenesis für die Theorie des Generationswechsels überhaupt hat, einer eingehenden Betrachtung unterzogen.

Ich selbst hatte von einer solchen allgemeinen Erörterung dieser wunderbaren Erscheinung vorläufig abgesehen, weil ich dieselbe zu einer solchen noch nicht reif genug, und noch zu unvollständig bekannt erachtete. Der Kern meiner Beobachtungen beschränkt sich darauf, dass die sechszählige *Geryonia* (*Carmarina*) *hastata*, und zwar beide Geschlechter derselben, zu derselben Zeit, zu welcher sie reife Zoospermien und Eier in ihren Genitalblättern entwickelt, auf der Oberfläche ihrer Zunge, innerhalb der Magenhöhle, Knospen treibt, welche sich zu der achtstrahligen *Cunina rhododactyla* entwickeln, einer Aeginide, welche selbst wieder reife Geschlechtsproducte in ihren Genitalblättern erzeugt. In welchem weiteren genealogischen Zusammenhange diese beiden, anscheinend so sehr verschiedenen Medusenformen stehen, und wie etwa die Aeginiden-Generation (*Cunina*) wieder in die Geryoniden-Generation (*Carmarina*) zurückschlägt, habe ich leider noch nicht zu ermitteln vermocht.

ALLMAN erörtert nun die verschiedenen Möglichkeiten, welche hier denkbar sind, in sehr klarer und übersichtlicher Form, stellt dieselben mit anderen eigenthümlichen Modificationen des Generationswechsels, die sich bei anderen Medusen finden, zusammen, und kommt schliess-

---

1. Diese Allocogenesis war mir noch nicht bekannt, als der zweite Abschnitt der vorliegenden Untersuchungen bereits gedruckt wurde. Ich bitte deshalb die irrige Angabe, welche sich dort S. 18 über den Generationswechsel und über die ungeschlechtliche Fortpflanzung der Geryoniden findet, zu entschuldigen und zu streichen.

lich zu dem Resultate, dass die Alloeogenesis der Geryoniden sich nicht in dem Grade, wie ich es behaupte, von den übrigen, bereits bekannten complicirteren Formen des Generationswechsels unterscheide.

Die Hauptschwierigkeit in dem von mir beobachteten Vorgange, durch welche derselbe sich meines Erachtens von allen ähnlichen bekannten Erscheinungen unterscheidet, liegt nach meiner Ansicht darin, dass nicht, wie sonst immer, eine geschlechtliche und eine (oder mehrere) ungeschlechtliche Generation mit einander abwechseln, sondern dass die sechszählige Geryonide, welche auf ungeschlechtlichem Wege die geschlechtsreif werdende Aeginide erzeugt, gleichzeitig selbst geschlechtsreif ist, und sowohl Eier als Zoospermien aus dem subumbralen Epithel ihrer taschenförmig erweiterten Radialcanäle entwickelt. Mithin sind beide, so sehr verschiedene Medusen-Generationen, die dem Formenkreis einer einzigen »Species« angehören, sexual, und es kann nicht die knospentreibende Geryonide als ungeschlechtliche Generation angesehen werden. Diese Hauptschwierigkeit sucht nun ALLMAN dadurch zu heben, dass er die Geryonide selbst für eine ungeschlechtliche Generation, und ihre Geschlechtsorgane (die blattförmigen Erweiterungen der Radialcanäle) für selbstständige rudimentäre Individuen (Zooiden) einer geschlechtlichen Generation hält: die letztere soll von der ersteren auf ungeschlechtlichem Wege (durch Knospung im Gastrovascularsystem) erzeugt werden und unabhängig von derselben Geschlechtsproducte entwickeln. Die *Carmarina hastata* ist also nach ALLMAN nicht eine sexuale Meduse, oder ein »Gonocheme«, wie *Oceania*, *Bougainvillia* etc., sondern eine esexuale Meduse oder ein »Gonoblastocheme«, während die Genitalblätter derselben eine selbstständige sexuale Generation darstellen.

So sehr ich den Scharfsinn von Prof. ALLMAN und die Vorzüge dieser Auffassung anerkenne, und so sehr ich selbst bemüht gewesen bin, durch eine ähnliche Deutung eine Verbindung zwischen dem von mir beobachteten Vorgange und den nächstähnlichen Erscheinungen des Generationswechsels bei anderen Hydromedusen herzustellen, so kann ich mich dennoch so wenig von ALLMAN's Deutung, als von meinen eigenen Erklärungsversuchen befriedigt fühlen. Aus Gründen, welche ich an einem anderen Orte ausführlicher erläutern werde, vermag ich

nicht die Genitalblätter der Geryoniden, welche nichts anderes, als ganz
einfache seitliche Erweiterungen der Radialcanäle sind, in denen sich
das Epithel stellenweis (und zwar nur auf der subumbralen Seite) zu
Eiern oder zu Zoospermien differenzirt, als selbstständige individuelle
Bildungen (Zooiden) anzuerkennen. Der Bau und die Entwickelung
dieser flachen seitlichen Ausstülpungen der Radialcanäle scheinen mir
dieser Auffassung ebenso zu widersprechen, wie die Homologie derselben mit anderen Bildungen, welche ALLMAN selbst unzweifelhaft für
Theile oder Organe des Medusenkörpers, und nicht für eine selbstständige Generation hält. Ich muss daher, bis weitere Beobachtungen
diesen wunderbaren Vorgang nach allen Seiten hin aufgeklärt haben
werden, an meiner Auffassung festhalten.

Die anatomischen und histologischen Theile der vorliegenden Monographie waren bereits im vorigen Jahre vollendet, und nur die Untersuchungen über die Entwickelungsverhältnisse der *Cunina* verzögerten
den Abschluss der ganzen Arbeit noch bis Ende Januar, wo das Manu-
script zum Druck abgeliefert wurde. Ich bemerke dies mit Rücksicht
auf den histologischen Theil der Untersuchungen, da inzwischen »ver-
gleichend-anatomische Untersuchungen« von Prof. A. KÖLLIKER [1]) erschienen sind, welche im Herbst 1864 an der Westküste von Schottland
angestellt wurden und sich »wesentlich auf die Histologie der Hydro-
zoen, Ctenophoren und Anneliden beziehen«. Unsere, ganz unabhängig
von einander ausgeführten Untersuchungen haben da, wo sie denselben
Gegenstand, nämlich die von KÖLLIKER hier allein berücksichtigten
Bindesubstanzen betrafen, ein fast übereinstimmendes Resultat gehabt.
Dies gilt namentlich von dem Bau der Gallertscheibe und der soliden
Tentakeln der niederen Medusen. Das Gewebe, welches KÖLLIKER als
»zellige einfache Bindesubstanz« der niederen Medusen (Hydroiden) be-
schreibt, scheint mir ganz oder doch grossentheils mit dem von mir als
»Knorpel« gedeuteten Gewebe zusammenzufallen.

[1]) Würzburger naturwissenschaftliche Zeitschrift. Bd. V.

Jena, am 14. Juli 1865.

Ernst Heinrich Haeckel.

Inhalt.

Die Familie der Rüsselquallen oder Geryoniden umfasst Thiere, welche durch eigenthümliche Verhältnisse des Baues und der Entwickelung sich vor den übrigen craspedoten oder cryptocarpen Medusen mehrfach auszeichnen und in mehr als einer Beziehung ein besonderes Interesse zu erregen geeignet sind. Schon die sehr charakteristische Pilz- oder Schirmform ihres langgestielten Glockenkörpers, sowie die sehr bedeutende Grösse einiger Arten zeichnet sie so aus, dass sie bereits vor langer Zeit die besondere Aufmerksamkeit der mit dem Studium der Seethiere beschäftigten Naturforscher auf sich zogen. Allein obwohl schon im vorigen Jahrhundert (1775) eine verhältnissmässig genaue Beschreibung und Abbildung einer grösseren Geryonide veröffentlicht wurde, und obwohl die Zahl der beobachteten Arten bald sehr vermehrt wurde, so blieben doch die Organisationsverhältnisse und die Entwickelungsgeschichte der Rüsselquallen unvollständiger bekannt, als diejenigen vieler anderer niederer Medusen, die weniger Eigenthümlichkeiten darbieten. Die älteren Autoren warfen die eigentlichen Geryoniden mit anderen Craspedoten zusammen, denen sie zwar äusserlich ähnlich sind, von denen sie sich aber durch ihre innere Organisation wesentlich unterscheiden. Ueber die letztere findet man noch bei den neuern Autoren die auffallendsten Widersprüche und namentlich haben die verschiedenen Abschnitte des Gastrovascular-Apparates eine sehr abweichende und vielfach irrige Deutung erfahren. Selbst in dem trefflichen »Versuch eines Systemes der Medusen« von GEGENBAUR (1856) ist der eigentliche Bau der letzteren nicht erkannt, und die Charakteristik der Geryoniden-Familie daher weniger zutreffend, als die der übrigen Craspedoten-Familien. In der neusten grösseren Naturgeschichte der Medusen,

von Agassiz, ist die Familie der Rüsselquallen sogar, auf Grund älterer
widersprechender Angaben, in zwei, anscheinend wesentlich verschiedene Familien, die Leuckartiden und die eigentlichen Geryoniden,
gespalten werden.

Unter diesen Umständen war es mir sehr erwünscht, dass ein sie-
benwöchentlicher Aufenthalt am Meerbusen von Nizza im März und
April dieses Jahres mir Gelegenheit gab, zwei Arten dieser Familie,
welche dort in Menge vorkommen, und zwar zwei typische Repräsentanten ihrer beiden Unterfamilien, andauernd in lebendem Zustande zu
beobachten. Durch meine Untersuchungen über den feineren Bau und
die Entwickelung derselben glaube ich in den Stand gesetzt zu sein,
die Grundzüge der Organisation dieser merkwürdigen Quallen definitiv
festzustellen und die differenten Angaben der verschiedenen Autoren über
dieselben erklären zu können. Zugleich gab mir eine Vergleichung der
Literatur mit meinen eigenen Forschungen Gelegenheit, die Systematik
der ganzen Familie zu verbessern und sowohl den Charakter der einzelnen Gattungen und Arten, als auch der ganzen Familie schärfer, als
es bisher möglich war, zu umschreiben. Die einzelnen Abschnitte der
so zu Stande gekommenen monographischen Skizze sind so vertheilt,
dass auf eine historische Uebersicht der bisherigen Beobachtungen über
Geryoniden zunächst eine übersichtliche und kritische allgemeine Darstellung der Organisation der Familie folgt, darauf der Versuch eines
Systemes der Geryoniden, mit kurzer Charakteristik aller Gattungen
und Arten, und endlich als zweiter Hauptabschnitt die genaue Darstellung der gesammten Organisation und der Entwickelung und Metamorphose der beiden von mir beobachteten typischen Species.

Literatur der Geryoniden.

1. Forskål, Descriptiones animalium, quae in itinere orientali collegit. 1775. p. 108.
   (Beschreibung der *Medusa proboscidalis*).
2. Forskål, Icones rerum naturalium, quas in itinere orientali depingi curavit.
   1776. Taf. XXXVI, Fig. J (Abbildung der *Medusa proboscidalis*).
3. Péron et Lesueur, Tableau des caractères génériques et spécifiques de toutes
   les espèces de Méduses connues jusqu'à ce jour. Annales du Muséum d'histoire
   naturelle. Tom. XIV. 1809. p. 329 (Beschreibung der *Geryonia hexaphylla*).
4. Péron et Lesueur, Abbildung der *Geryonia hexaphylla* in: Cuvier, le règne ani-
   mal, édition illustrée, 1849. Les Zoophytes, par Milne-Edwards etc., Pl. 52,
   Fig. 3.
5. Chamisso et Eysenhardt, De animalibus quibusdam e classe vermium Linnae-
   ana. Nova acta phys. med. Tom. X, 1. 1820. p. 357; Taf. XXVII, Fig. 2. A. B. C.
   (*Geryonia tetraphylla*).
6. Quoy et Gaimard, Mémoire sur la famille des Diphides; Annal. des sc. nat.
   Tom. X, 1827. Pl. VI, Fig. 5—8. (Deutsch in Oken's Isis. Vol. XXI, 1828. p. 342.
   Tab. V. Fig. 5—8). (*Dianaea exigua*).

7. Eschscholtz, System der Acalephen. 1829, p. 86—91, Taf. XI, Fig. 1, 2. (Familie der Geryoniden. Genus *Geryonia* mit 6 Species).
8. Brandt, Ausführliche Beschreibung der von C. H. Mertens auf seiner Weltumsegelung beobachteten Schirmquallen. Mémoires de l'Académie impériale des sciences de S. Petersbourg. VI. Série. Tom. II. 1838. p. 389; Taf. XVIII, Fig. 1, 2. (*Geryonia hexaphylla*).
9. Lesson, Histoire naturelle der Zoophytes. Acalèphes. 1843. p. 329—333; Pl. VI, Fig. 3. (*Geryonia* mit 4, *Liriope* mit 2, *Xanthea* mit 1 Species).
10. Forbes, A Monograph of the British naked-eyed Medusae 1848. p. 36. Pl. V, Fig. 2. (*Geryonia appendiculata*).
11. Gegenbaur, Versuch eines Systemes der Medusen. Zeitschr. für wiss. Zoologie Bd. VIII. 1856. p. 252—258. Taf. VIII, Fig. 16, 17. (Familie der Geryoniden. *Geryonia proboscidalis. Liriope mucronata*).
12. Leuckart, Beiträge zur Kenntniss der Medusenfauna von Nizza. Archiv für Naturgesch. XXII. Jahrg. 1. Bd. 1856. p. 3—9. Taf. I, Fig. 1—4. (*Geryonia exigua. G. proboscidalis*).
13. Fritz Müller, Polypen und Quallen von S. Catharina. Archiv für Naturgesch. XXV. Jahrg. 1. Bd. 1859. p. 310—321. Taf. XI, Fig. 1—25. (Die Formwandlungen der *Liriope catharinensis*).
14. Mc. Crady, Gymnophthalmata of Charleston Harbor. Proceedings of the Elliott Society of natural history. Vol. I. 1859. p. 207—208. (*Liriope scutigera*).
15. Agassiz, Contributions to the natural history of the United States of America. Second Monograph. Part. IV. Hydroidae. 1862. p. 364—365. [Familien der Geryoniden (*Geryonia* mit 2 Species) und der Leuckartiden (*Leuckartia* mit 1, *Liriope* mit 6, *Xanthea* mit 2 Species). *Liriope tenuirostris*].
16. Haeckel, Beschreibung neuer craspedoter Medusen aus dem Golfe von Nizza. Vergl. Jenaische Zeitschr. f. Med. u. Naturw. 1. Bd. p. 327—330. (*Geryonia hastata* und *Liriope eurybia*).

I. Geschichte der Geryoniden.

Die älteste Beschreibung und Abbildung einer zur Familie der Geryoniden gehörigen Meduse findet sich in der 1775 erschienenen Darstellung der von Forskål auf seiner orientalischen Reise beobachteten Thiere. Die betreffende grosse Rüsselqualle wurde von ihm im Mittelmeer beobachtet und *Medusa proboscidalis* benannt. Auf eine dieser nahe stehende, ebenfalls im Mittelmeer gefundene Art gründeten 1809 Péron und Lesueur ihre neue Gattung *Geryonia*, welche sie mit folgenden Worten charakterisirten: »Point de bras; des filets ou des lames au pourtour de l'ombrelle; une trompe inférieure et centrale«. Ausser jener grossen, der *Medusa proboscidalis* verwandten Art, welche diese Forscher *Geryonia hexaphylla* nannten, zogen sie dazu noch eine zweite, sehr verschiedene Meduse, G. *dinema*, welche Eschscholtz später *Saphenia dinema* taufte, und welche jetzt unter diesem Namen zur Familie der Geryonopsiden gerechnet wird. Dagegen wurde bald ein anderes, wirklich zur Familie der Geryoniden gehöriges Thier, welches die älteste beobachtete Art der Gattung *Liriope* ist, von Chamisso im indischen Ocean entdeckt und 1820 als *Geryonia tetraphylla* beschrieben und abgebildet. Endlich wurde eine dritte, ebenfalls zur Gattung *Liriope* ge-

1 *

hörige Art 1827 von Quoy und Gaimard unter dem Namen *Dianaea exigua* bekannt gemacht.

In der ersten Naturgeschichte der »medusenartigen Strahlthiere«, dem 1829 erschienenen trefflichen »System der Acalephen« von Eschscholtz, finden wir die Gattung *Geryonia* zum Typus einer eigenen Familie, der Geryoniden, erhoben, in welchem ausserdem noch 6 Gattungen zusammengestellt werden (*Dianaea, Linuche, Saphenia. Eirene, Limnorea, Favonia*). Mit Ausnahme der ersten Gattung, die bei Eschscholtz nur eine Varietät von *Dianaea (Liriope) exigua* enthält, gehören diese Genera zu ganz verschiednen Familien. Das Auszeichnende seiner neuen Familie der *Geryoniden* findet Eschscholtz »in einem langen Fortsatze, welcher aus der Mitte der untern Fläche der Scheibe entspringt, aus derselben gallertigen Masse gebildet ist, wie die Scheibe selbst, und nicht zur Aufnahme von groben Nahrungsstoffen dient, sondern nur ihre Säfte einzieht. Denn dieser Stiel ist ganz so beschaffen wie die Arme und der Stiel bei den Rhizostomiden: an seiner Spitze befinden sich Saugöffnungen, die in feine den Stiel durchlaufende Canäle übergehen, und so den Nahrungssaft den Verdauungshöhlen zuführen.«

Von dem Genus *Geryonia* sagt Eschscholtz (l. c. p. 86). »Ventriculi plures cordati in circuitu disci. Cirrhi marginales totidem majores. Pedunculus ante appendicem plicatam constrictus«. »Die durchsichtige Scheibe aller bekannten Arten dieser merkwürdigen Gattung lässt an ihrem Umfang mehrere (4, 6 oder 8) herzförmige, flache, gefärbte Theile leicht erkennen, welche als einzelne getrennte Magenhöhlen anzusehen sind. Ihre Spitze ist dem Rande zugewandt und steht einem Fangfaden sehr nahe, welcher denn auch seinen Ursprung von hier nimmt. Der Stiel hat kurz vor seinem Ende eine Einschnürung, worauf ein gefalteter Anhang folgt, dessen Falten sich nach der Zahl der Magenhöhlen zu richten scheinen. Von dem Anhange entspringen ebenso viele kleine Canäle, als Magenhöhlen vorhanden sind, die in der Masse des Stiels an den Seiten desselben hinaufsteigen und sich zur Mitte des inneren Randes der herzförmigen Anhänge begeben, wo sie gleichsam den Stiel des herzförmigen Blattes ausmachen. Als Fortsetzung der Canäle bemerkt man noch einen dunklern Streifen durch die Mitte des Blatts verlaufen, wo die Magenhöhle wahrscheinlich noch eine Falte hat«. Wie aus dieser trefflichen Beschreibung hervorgeht, hatte Eschscholtz die anatomischen Eigenthümlichkeiten von Geryonia vollkommen richtig aufgefasst, abgesehn von dem einzigen Irrthum, dass er in dem »gefalteten Anhange« des Scheibenstieles den Magen nicht erkannte und vielmehr die flachen herzförmigen Blätter, welche die Genitalien darstellen, für

einzelne getrennte Magenhöhlen hielt. Von den 6 Species, welche Esen-
scholtz unter dem Genus *Geryonia* aufführt, kann nur eine einzige,
G. proboscidalis, unter demselben stehen bleiben. Eine zweite, nicht
hinreichend bekannte Art, *G. minima* (die *Medusa minima* von Baster,
Orythia minima von Péron und Lesueur) gehört einer andern Familie
an. Die 4 übrigen Arten (3. *G. tetraphylla*, 4. *G. bicolor*, 5. *G. rosacea*,
6. *G. exigua*) sind zu *Liriope* zu ziehen.

Eine neue grosse, von Mertens im stillen Ocean aufgefundene
Geryoniden-Art wurde 1838 von Brandt als *Geryonia hexaphylla* beschrieben, obwohl sie offenbar von der mit dem gleichen Namen von
Péron und Lesueur bezeichneten Art sehr verschieden ist. Durch die in
der Abbildung von Brandt sehr deutlich dargestellten centripetalen Radialcanäle stimmt diese Form überein mit der von Gegenbaur bei Messina beobachteten Art, mit welcher zusammen sie in der Gattung *Geryonia* stehen bleiben kann.

In der 1843 erschienenen »Histoire naturelle des Zoophytes Acalèphes« von Lesson werden die bis dahin bekannten, zur Familie der
Geryoniden gehörigen Medusen eingereiht in seine »Troisième Groupe:
Les Meduses agaricines ou Meduses proboscidées: A disque donnant
attache en dessous et au milieu à un stipe plus ou moins long et épais,
entier, à peine divisé au sommet, ou parfois garni de fibrilles termi-
nales ou latérales«. Die Geryoniden vertheilt Lesson auf 3 Gattungen,
welche er durch folgende Diagnosen unterscheidet: »1. *Geryonia:* Ombrelle hémisphérique, ayant 4 cirrhes marginaux, 4 appendices folii-
formes à l'estomac, pédoncule assez long, cylindrique, ayant 4 ouver-
tures au sommet ou une ouverture entourée de 4 petites folioles. 2. *Liriope:* Ombrelle hémisphérique, excavé en dessous, ayant 4 ou 6 tentacules marginaux, 4 ou 6 lobes stomacaux cordiformes; un pédoncule
central, gros, dilaté au sommet en cupule, à six lobes et perforé au
milieu. 3. *Xanthea:* Ombrelle hémisphérique, sans lobes de l'estomac
foliolaires, à pourtour évasé, garni de 8 tentacules très courts. Face
inférieure du disque excavée à prolongement prosciforme long, cylindrique, terminé à son sommet par une ouverture simple.« Diese Diagnosen sind, wie man sieht, in jeder Beziehung ganz ungenügend und
unlogisch. *Geryonia* und *Liriope* unterscheiden sich hiernach lediglich
dadurch, dass bei der ersteren der Mund von 4, bei der letzteren von
6 Mundlappen umgeben ist, während die andern Theile bei beiden in
Vierzahl vorkommen können. Zu *Liriope* stellt Lesson ausser *Geryonia
proboscidalis* eine individuelle Varietät oder Monstrosität von *G. exigua*,
welche er *Liriope cerasiformis* nennt, und welche auch Eschscholtz als
Dianaea exigua von ersterer getrennt hatte. Bei *Geryonia* lässt Lesson

4 Arten stehen (1. *G. tetraphylla*, 2. *G. bicolor*, 3. *G. rosacea*, 4. *G. exigua*). Von seinem Genus *Xanthea* führt er nur eine Art auf, *X. agaricina*: »Ombrelle hyalin, à huit courts tentacules. Pédoncule allongé, cylindrique, perforé.« Das ist offenbar nur eine *Liriope* mit noch nicht entwickelten Genitalien.

Von den beiden neuen Arten *Geryonia*, welche WILL 1844 in seinen »Horae tergestinae« aufführte, gehört die eine, *G. planata*, zur Familie der Eucopiden, die andere, *G. pellucida*, zur Familie der Geryonopsiden und zwar zur Gattung *Tima*. Dagegen beschreibt FORBES 1848 unter seinen »British nacked-eyed Medusae« eine neue *Geryonia appendiculata*, welche zur Gattung *Liriope* im Sinne der neueren Autoren gehört.

Eine bestimmte Begrenzung erhielten die beiden Gattungen *Geryonia* und *Liriope* erst 1856 durch GEGENBAUR, welcher in seinem trefflichen »Versuch eines Systemes der Medusen« zugleich die Familie der Geryoniden schärfer zu umschreiben und die sehr verschiedenartigen, bisher damit gemengten Bestandtheile anderer Familien auszuscheiden suchte. Zu diesen letztern gehören namentlich mehrere jetzt zur Familie der Geryonopsiden gestellte Gattungen. Den Charakter der eigentlichen Geryoniden findet GEGENBAUR einerseits in der eigenthümlichen, an die Aegeniden erinnernden und von allen andern Craspedoten abweichenden Bildung der Geschlechtsorgane, welche als ganz flache blattförmige Ausbuchtungen der Radialcanäle sich nicht über die Fläche der Subumbrella erheben, andererseits in der eigenthümlichen Bildung des Schirmstieles, von dem er irrthümlich annimmt, dass er »in seinem Innern nur einen grossen Behälter für den mit Seewasser gemischten Chymus vorstelle«. — »Vom Magengrunde erstreckt sich ein Canal unter allmählicher, dem Umfang des Stiels entsprechenden Zunahme seines Lumens bis in den Schirm, wo er sich in eine geräumige, im Umfange die Radiärcanäle abgebende Höhlung erweitert«. Die beiden Genera der Geryonidenfamilie, *Geryonia* und *Liriope*, unterscheidet GEGENBAUR dadurch, dass bei ersterer blind geendigte centripetale Fortsätze zwischen den Radialcanälen vom Ringcanale ausgehen, während diese bei letzterer fehlen. Von beiden Gattungen beobachtete er in Messina einen Repräsentanten. Seine *Geryonia proboscidalis* ist von der gleichnamigen Form der früheren Autoren sicher verschieden. Seine neue *Liriope mucronata* zeichnet sich durch einen, ebenfalls irrthümlich für hohl gehaltenen, kegelförmigen Fortsatz des untern Endes vom Schirmstiele aus, der die Magenhöhle frei durchsetzt und oft weit aus dem Munde hervorragt. Wir werden dieses eigenthümliche Gebilde fortan als »Zungenkegel« bezeichnen.

Fast gleichzeitig mit GEGENBAUR und unabhängig von diesem beschrieb 1856 LEUCKART 2 ebenfalls mediterrane, von ihm bei Nizza beobachtete Vertreter der beiden genannten Gattungen, von denen er den einen mit *Geryonia proboscidalis* von ESCHSCHOLTZ, den andern mit *G. exigua* von LESSON (*Dianaea e. Liriope e.*) für identisch hielt. Indess weicht deren Beschreibung und Abbildung so sehr von derjenigen der genannten und auch aller andern Geryoniden ab, dass, falls sie naturgetreu ist, beide unzweifelhaft als eigene Arten abzusondern sind. Von seiner *G. exigua*, die wir unten als *Liriope ligurina* aufführen werden, beobachtete LEUCKART auch zahlreiche jugendliche Formen, die in vielen Beziehungen so sehr von den erwachsenen abweichen, dass man ohne Kenntniss der vermittelnden Zwischenstufen beide als Angehörige ganz verschiedener Medusenfamilien betrachten würde.

Eine noch vollständigere Entwickelungsgeschichte lieferte 1859 FRITZ MÜLLER von einer neuen *Liriope*, die er nach ihrem brasilischen Fundorte *L. catharinensis* nannte. Es schliesst sich diese Art am nächsten an *L. mucronata* an, und namentlich verlängert sich auch hier der Schirmstiel unten in den Magen hinein in Form eines langen soliden »Zungenkegels«. Die jugendliche Larvenform dieser Art steht den von LEUCKART beschriebenen Larven der *G. exigua* sehr nahe, und MÜLLER weist von beiden nach, dass sie nicht wesentlich von den noch nicht geschlechtsreifen Medusenformen verschieden sind, welche ESCHSCHOLTZ als *Eurybia* und GEGENBAUR als *Eurybiopsis* beschrieben haben.

In der 1859 erschienenen Arbeit von MC GRADY über die »Gymnophthalmata of Charleston Harbor« findet sich die Beschreibung einer neuen *Liriope*, welche derselbe wegen ihrer sehr grossen kreisrunden schildförmigen Genitalblätter *L. scutigera* nennt.

Eine andere nordamerikanische Art von *Liriope* wurde von AGASSIZ bei Key West (Florida) gefunden. Sie zeichnet sich durch enorm langen Magenstiel aus, der 5 mal so lang als der Schirmdurchmesser ist. Diese Art wird von AGASSIZ 1862 in seinem grossen Acalephen-Werke (IV. Band der Contributions etc.) als *L. tenuirostris* aufgeführt. In der »Tabular view of the whole order of Hydroidae«, welche AGASSIZ in diesem Werke giebt, finden wir die systematische Gruppirung der Geryoniden in einer ganz neuen Form. Zunächst scheidet AGASSIZ mit Recht, wie schon GEGENBAUR gethan hatte, aus dieser Familie diejenigen craspedoten Medusen als Geryonopsiden aus, welche mit den Geryoniden zwar den rüsselähnlichen langen Magenstiel theilen, aber durch die Bildung der Genitalien ganz von diesen abweichen und sich vielmehr den Eucopiden anschliessen. Ausserdem spaltet er aber, auf die irrige Angabe GEGENBAUR's von dem Bau der *Geryonia* gestützt, die

Familie der Geryoniden in 2 Familien, von denen diejenige der eigentlichen Geryoniden bloss durch *Geryonia* (*G. proboscidalis*, GEGENBAUR und *G. hexaphylla*, BRANDT) gebildet wird (mit angeblich einfach hohlem Magenstiel , während die andere der Leuckartiden mit getrennten Canälen des soliden Magenstiels) alle andern Gattungen umfasst (*Liriope*, *Xanthea* und *Leuckartia* [*Geryonia proboscidalis*, LEUCKART]). Dass diese Spaltung auf irrthümlichen Voraussetzungen beruht, wird sogleich näher bewiesen werden.

Meine eigenen Anschauungen über den Bau und die Entwickelung der Geryoniden gründen sich auf die eingehende Untersuchung von 2 Species, welche ich in grosser Anzahl im Frühjahr 1864 im Golfe von Nizza zu beobachten Gelegenheit hatte, und welche bereits auf p. 327 der Jenaischen Zeitschr. f. Med. u. Naturw. (1. Bd.) als *Geryonia hastata* und *Liriope eurybia* beschrieben worden sind. Ehe ich auf die speciellere Darstellung derselben eingehe, werde ich einen allgemeinen Ueberblick über die Organisation der Familie geben, und den Versuch machen, die aufgeführten in der Systematik der Geryoniden entstandenen Differenzen zu lösen und durch brauchbare Charaktere die verschiedenen hierher gehörigen Gattungen und Arten zu scheiden, wobei ich meine oben erwähnte Mittheilung (p. 327) als bekannt voraussetze.

II. Organisation der Geryoniden.

»Die Familie der Rüsselquallen ist wohl die bezüglich ihres Baues am wenigsten aufgeklärte, und bis in die neueste Zeit ziehen sich widersprechende Angaben über die Structurverhältnisse dieser Wesen in den einzelnen Lehrbüchern fort«. Dass dieser Satz, mit dem GEGENBAUR 1856 die Besprechung der Geryoniden beginnt, auch heutzutage noch vollkommen gültig ist, wird jeder zugeben, der die im Vorhergehenden citirten sehr verschiedenen Angaben der zahlreichen Beobachter näher geprüft und in Einklang zu bringen versucht hat. Als der auffälligste äussere Charakter der Geryoniden springt zunächst unmittelbar jedem Beobachter der »Rüssel« in die Augen, d. h. der lange, bewegliche, cylindrische oder conische Magenstiel, welcher an seinem unteren Ende den verhältnissmässig sehr kleinen Magen trägt, während das obere Ende allmählich conisch verdickt in die untere Fläche des Gallertschirms übergeht und diesen ebenso trägt, wie der Stiel eines Hutpilzes seinen Hut.

Allein so auffallend auch dieser lange Schirmstiel ist, so reicht er doch nicht aus, die Familie der echten Geryoniden allein zu charakterisiren, denn ein gleicher Stiel kommt auch bei vielen andern Craspe-

doten, obschon nicht in so hohem Grade entwickelt, vor, erstens bei
der von AGASSIZ als Geryonopsiden getrennten Familie, und dann auch
bei zahlreichen Medusen aus GEGENBAUR's Abtheilung der Oceaniden und
Thaumantiaden. Die letzteren sind jedoch, abgesehen von der ganz
verschiedenen Bildung der Genitalien, sofort an den Pigmentflecken
(Ocelli) des Schirmrandes zu unterscheiden, während die Geryoniden,
ebenso wie die Geryonopsiden, stets nur Randbläschen (mit Otolithen),
niemals Ocelli tragen. Was nun die Trennung der eigentlichen Geryoniden von den Geryonopsiden betrifft, so sei hier von vornherein hervorgehoben, dass dieselbe sehr leicht nach der ganz verschiedenen
Bildung der Genitalien zu bewerkstelligen ist. Die Familie der Geryonopsiden von AGASSIZ umfasst die Gattungen: *Geryonopsis*, *Eirene*,
Tima, *Eutima*, *Orythia* und *Saphenia* (FORBES), welche nach GEGENBAUR's
System in dessen Familie der Eucopiden gehören würden, sich aber
von den echten Eucopiden (mit sitzendem Magen) durch den Magenstiel
unterscheiden. Bei allen diesen Geryonopsiden verlaufen die Genitalien
als meistens cylindrische Wülste, Falten oder Rippen längs der Radialcanäle und springen stets mehr oder weniger von der Subumbrella in
die Schirmhöhle vor, oder hängen auch wohl, wie bei den echten Eucopiden, als bläschen- oder sackförmige Ausstülpungen der Radialcanäle in letztere hinein. Dagegen bei allen Geryoniden breiten sich
die Genitalien als ganz dünne flache Blätter in der Subumbrella aus,
ohne in die Schirmhöhle irgend vorzuspringen. Es sind diese sehr verschieden gestalteten »Genitalblätter« nichts Anderes, als ganz flache
taschenförmige seitliche Ausstülpungen der Radialcanäle, welche
letzteren selbst wie eine Blattrippe mitten durch jedes Genitalblatt hindurchlaufen. So erscheinen hier die Ernährungs- und Fortpflanzungs-
organe noch inniger verbunden, als bei allen andern Medusen, nur die
Aeginiden ausgenommen. Dies hat schon GEGENBAUR mit Recht hervorgehoben, indem er (l. c. p. 263) bemerkt: »In der Bildung dieser Organe, oder vielmehr, da hier keine so scharfe Differenzirung der keim-
bereitenden Stätte von dem Gastrovascularsysteme stattfindet, in der
Bildung der Geschlechtsproducte, nähern sich die Rüsselquallen auffallend genug den Aeginiden«.

Während so die charakteristische Genitalbildung der Geryoniden
von GEGENBAUR vollkommen richtig erkannt und gewürdigt wurde, so
irrte er dagegen in einer andern Beziehung, indem er bei den echten
Rüsselquallen (*Geryonia* und *Liriope*) auch eine eigenthümliche Con-
struction des Magenstiels zu erkennen glaubte, und eine Bildung des
Gastrovascularsystems, welche wesentlich von derjenigen der Geryonopsiden verschieden sei. Diese irrige Angabe erfordert namentlich

deshalb eine besondere Widerlegung, weil AGASSIZ, lediglich durch sie
bewogen, die Gruppe der Rüsselquallen in seine 2 Familien der eigentlichen Geryoniden (*Geryonia proboscidalis*, GEGENBAUR und *G. hexaphylla*
BRANDT) und der Leuckartiden (die übrigen Geryoniden) spaltete. »Der
Stiel der Geryoniden«, sagt GEGENBAUR, »charakterisirt sich vorzüglich
durch den Mangel von gesonderten Canälen; er stellt in seinem Innern
nur einen grossen Behälter für den mit Seewasser gemischten Chymus
vor, und unterscheidet sich somit wesentlich von ähnlichen stielartigen
Verlängerungen«. Bei *Geryonia* (*proboscidalis*) entspringt von der concaven Unterfläche des Schirms »unter allmählicher Verjüngung der
etwa 2½″ lange Stiel, an dessen Ende der meist gefaltete Magen sitzt.
Vom Magengrunde erstreckt sich ein Canal unter allmählicher dem Umfange des Stiels entsprechenden Zunahme seines Lumens bis in den
Schirm, wo er sich in eine geräumige, im Umfange die Radiärcanäle
abgebende Höhlung erweitert. Solcher Canäle sind 6 vorhanden. Sie
sind die Fortsetzungen von eben so vielen weisslichen Streifen, welche
vom Magen an längs des Stielcanals verlaufen, ohne dass sie jedoch auf
dieser Strecke irgend etwas mit einer Canalbildung zu schaffen hätten,
und werden einfach durch einen besondern Epithelüberzug, dessen
Zellen durch ihren feinkörnigen Inhalt weisslich erscheinen, dargestellt.
Erst da, wo diese weisslichen Streifen im Schirme gegen den Rand hin
gerichtet nach abwärts liegen, beginnen die wirklichen Canäle, in deren
Auskleidung die Zellen der Streifen sich fortsetzen. Bis dahin erstreckt
sich auch die trichterförmige Höhle als Fortsetzung des Stielcanals und
wird in ihrem Lumen durch eine von der Gallertsubstanz des Schirms
gebildete Vorragung etwas verengert«. Wenn diese Darstellung richtig
wäre, so würde sie AGASSIZ in der That zur Aufstellung einer besonderen Familie berechtigen. Allein die sorgfältige anatomische und
mikroskopische Untersuchung eines vollkommen wohl erhaltenen, von
GEGENBAUR selbst aus Messina mitgebrachten Originalexemplares seiner *Geryonia proboscidalis* erlaubte mir das Irrthümliche jener Darstellung nachzuweisen und mich zu überzeugen, dass hier ebenso wie bei
den übrigen Geryoniden und wie bei allen Geryonopsiden, die Stielcanäle bereits getrennt aus dem Magengrunde entspringen, isolirt in
der Aussenfläche des soliden Magenstiels zur Unterfläche des Schirms
verlaufen und hier unmittelbar in die Radialcanäle sich fortsetzen,
welche die Genitalblätter durchlaufen und in den Ringcanal münden.
. Querschnitte durch den Magenstiel in allen verschiedenen Höhen vom
Magen bis zum Schirm zeigten das Verhältniss sehr klar und gaben
dasselbe Bild, welches ich Taf. XI. Fig. 4. 5. von *Geryonia hastata*
dargestellt habe. Die relativ mächtige Gallertmasse des soliden Magen-

stiels ist übrigens so vollkommen farblos, wasserhell, durchsichtig, homogen und structurlos, und leistet dem Eindringen eines spitzen Instrumentes, mit dem man die scheinbare Stielhöhle untersuchen will, so wenig Widerstand, dass man sehr leicht zur Annahme der letzteren verleitet werden kann. Der Irrthum von GEGENBAUR war aber um so leichter möglich, als derselbe, wie ich aus mündlicher Mittheilung weiss, nur wenige und dabei grossentheils verstümmelte Exemplare in Messina zu untersuchen Gelegenheit hatte.

Dasselbe Organisationsverhältniss des Stiels wie bei *Geryonia* findet sich auch bei *Liriope*. Der Magenstiel ist auch hier ein solider Zapfen, an dessen Oberfläche die Radialcanäle vom Magengrund zur Subumbrella emporsteigen und ebenso ist auch die merkwürdige Fortsetzung des Magenstiels solid, welche als »Zungenkegel« in die Magenhöhle hinein und oft auch aus der Mundöffnung herausragt. Für *Liriope catharinensis* hat dies bereits FRITZ MÜLLER 1859 nachgewiesen. Ich habe mich bei *L. eurybia* ebenfalls auf das Sicherste davon überzeugt. Damit fallen auch die Schwierigkeiten hinweg, welche GEGENBAUR, verleitet durch die Annahme einer blind geschlossnen, »seinen äussern Contouren conformen Höhle« des Zungenkegels, bezüglich der scheinbar so abweichenden Bildung des Gastrovascularapparates von *Liriope* findet und über welche er sich (l. c. p. 258) ausführlich ausspricht.

Es ist mithin nun festgestellt, dass das Gastrovascularsystem und namentlich der im Magenstiel liegende Theil desselben bei *Geryonia* sich nicht anders, als bei den übrigen Geryoniden verhält, dass vielmehr alle diese Medusen hierin vollkommen unter einander und auch mit den Geryonopsiden übereinstimmen. Die von AGASSIZ aufgestellte Familie der Leuckartiden muss deshalb wieder eingezogen werden und die darunter zusammengefassten Gattungen *Leuckartia*, *Liriope*, *Xanthea* müssen mit *Geryonia* in der alten Familie der Geryoniden vereinigt bleiben. Diese erscheint dann als eine interessante Mittelgruppe zwischen den beiden Familien der Geryonopsiden und der Aeginiden, indem sie mit jener die Structur des Gastrovascularapparates, und namentlich des Magenstiels theilt, dieser dagegen durch die eigenthümliche Bildung der Genitalien sich nähert.

Nachdem so die Grenzen der Familie der Rüsselquallen festgestellt sind, erscheint es lohnend, auch auf die übrigen Organisationsverhältnisse der Geryoniden im Allgemeinen einen Blick zu werfen. Obschon das vorliegende Material über diese merkwürdigen Thiere im Ganzen noch sehr dürftig und unvollkommen ist, und erst sehr wenige Arten genauer untersucht sind, so weichen doch schon diese unvollkommenen

Erfahrungen hin, ein besonderes Interesse für diese mehrfach ausgezeichnete Quallenfamilie zu erregen.

Die äussere Körperform der Geryoniden zeigt im Ganzen einen sehr übereinstimmenden Habitus. Der Schirm ist meistens mehr oder weniger halbkugelig, bisweilen fast kugelig gewölbt, seltener flacher, scheibenförmig, uhrglasförmig oder kegelförmig. Dagegen bietet die Zusammensetzung des Körpers aus mehreren gleichen (homotypischen) radialen Ausschnitten oder Kugelsegmenten dadurch ein besonderes Interesse, dass bei einem Theile der Geryoniden die Zahl dieser homotypischen Körperabschnitte regelmässig Sechs ist, während bei dem andern Theile diese Zahl, wie bei allen übrigen Medusen stets nur Vier beträgt. Alle Geryoniden mit sechszähligem Typus zeichnen sich durch sehr bedeutende Grösse und Körpermasse nicht allein vor den übrigen Thieren dieser Familie, sondern auch vor fast allen craspedoten Medusen aus, so dass sie wohl als die absolut umfangreichsten Thiere dieser ganzen Gruppe (der Hydroiden) zu betrachten sind. Dasselbe gilt dann auch von der Entwicklung aller einzelnen Theile, die sich deshalb zu einer eingehenden Untersuchung besonders eignen. Ich spalte auf Grund dieses sehr merkwürdigen Verhältnisses die Familie der Geryoniden in 2 verschiedene Unterfamilien: die Liriopiden mit vierzähligem und die Carmariniden mit sechszähligem Typus, zumal auch andere feinere Unterschiede diese beiden Gruppen tiefer trennen. Die homotypische Grundzahl gilt in diesen beiden Subfamilien ganz durchgreifend für alle einzelnen Körpertheile und Organe, so dass also nicht nur die Radialcanäle und die Genitalblätter, sondern auch die Magenfalten, die Mundlappen, die Randbläschen und die Tentakeln bei den Liriopiden constant zu 4 oder $x \times 4$, bei den Carmariniden zu 6 oder $x \times 6$ vorhanden sind. Es hätte dieses wichtige Verhältniss gewiss schon früher in der Systematik der Geryoniden die verdiente Berücksichtigung gefunden, wenn nicht eine vereinzelte Angabe über eine scheinbare Ausnahme die früheren Autoren irre geleitet hätte. Qroy und Gaimard nämlich bildeten neben ihrer *Dianaea* (*Liriope*) *exigua* »un autre individu« derselben Art ab, das sich nur durch den Mangel der Genitalblätter und durch einen sechslappigen Mund von der gewöhnlichen Form unterschied, während die andern Theile, wie gewöhnlich in Vierzahl vorhanden waren. Diese Form wurde nun später als eine sehr auffallende Combination des vier- und sechszähligen Typus besonders hervorgehoben und nicht bloss specifisch, sondern sogar generisch von *Geryonia exigua* getrennt. Lesson führt sie als *Liriope cerasiformis* neben *Liriope* (*Geryonia*) *proboscidalis* auf und Eschscholtz gründet sogar auf sie allein seine Gattung *Dianaea*: »Cirrhi marginales quatuor. Pedunculus apice labio sexies lobato« (l. c. p. 90). Indessen haben wir es hier, wie ich unten zeigen werde, zweifelsohne nur mit einem Individuum der *Liriope exigua* zu thun, bei dem die Genitalien gerade nicht entwickelt und der vierlappige Mund zufällig in 6 Falten gelegt war, wie schon FORBES bei seiner *Geryonia appendiculata* öfter beobachtet hatte, und ich nachher bei *Glossocodon eurybia* oft gesehen habe.

Die Form des Mundes kann überhaupt nicht, wie es öfter versucht worden ist, zur Charakteristik der verschiedenen Arten, oder gar Gattungen der Geryoniden mit Vortheil verwendet werden. Dieser Theil ist nämlich äusserst contractil und beweglich und wechselt seine Form fast beständig, oft in überraschendem Grade. Während ich bei *Glossocodon eurybia* den Saum des geöffneten Mundes meist unregelmässig viereckig, oft aber auch ganz regelmässig quadratisch fand, sah ich ihn zu andern Zeiten scheinbar in 4 grosse Lappen tief gespalten. Diese Lappen ergaben sich aber bald nur als vorübergehende Falten des Mundsaumes, entstanden durch tiefes Einziehen der Mitte jeder Quadratseite und Zusammenlegen der beiden den Quadratwinkel einschliessenden Schenkel. Nicht selten bildete sich dann noch an 2 gegenüber liegenden Stellen zwischen je 2 Falten eine fünfte und sechste, und öfters endlich zwischen diesen noch eine siebente und achte Falte. Dagegen scheint die Anzahl der Nesselwarzen, welche den Mundsaum zieren, bei verschiedenen Arten constant verschieden zu sein.

Ein höchst merkwürdiges Organ, das in keiner anderen Medusengruppe bisher aufgefunden worden ist, besitzen einige, vielleicht viele Geryoniden in dem mehrfach erwähnten seltsamen »Zungenkegel«, einer gleichmässig conisch zugespitzten soliden Verlängerung des Magenstiels in die Magenhöhle hinein, in welcher dieser stiletförmige Kegel theils ganz zurückgezogen liegt, theils aus der Mundöffnung weit hervorgestreckt werden kann. Es wurde dieses Organ zuerst von GEGENBAUR bei seiner *Liriope mucronata*, später von FRITZ MÜLLER bei *L. catharinensis* und kürzlich von mir bei *L. eurybia* beobachtet. Sein Vorkommen beschränkt sich aber nicht auf die vierzähligen Liriopiden, sondern erstreckt sich auch auf die sechszähligen Carmariniden, wo ich es bei *Geryonia hastata* nachgewiesen habe. Da der Zungenkegel, namentlich bei der letzteren, eine beträchtliche Grösse besitzt und oft weit aus dem Magen hervorragt, so kann ich kaum glauben, dass die früheren Beobachter bei den andern Arten denselben übersehen haben sollten. Namentlich ist nicht anzunehmen, dass GEGENBAUR, der bei *Liriope mucronata* den Zungenkegel zuerst entdeckte, denselben bei seiner viel grösseren *Geryonia proboscidalis*, wenn er hier vorhanden

wäre, nicht bemerkt haben sollte. Ich halte daher dieses auffallende
Organ für einen wesentlichen generischen Charakter der betreffenden
Arten und schlage vor, die vierzähligen Liriopiden mit Zungenkegel in
der neuen Gattung *Glossocodon*, die sechszähligen Geryoniden mit Zungenkegel in der neuen Gattung *Carmarina* zu vereinigen und von den
zungenlosen Geryoniden abzutrennen. Ueber die Function dieses »stilet-
förmigen Organs« hat sich FRITZ MÜLLER nicht ausgesprochen. GEGENBAUR
vermuthet, »dass es in engerer Beziehung zur Aufnahme oder zur Veränderung der Nahrung stehe«. Ich glaube darin vorzugsweise ein feines
Tastorgan und nebenbei vielleicht zugleich ein Geschmacksorgan, eine
wirkliche Zunge, zu erkennen, worüber das Nähere unten in der speciellen Beschreibung von *Glossocodon eurybia* zu vergleichen ist.

Der Magensack ist bei allen Geryoniden, namentlich aber bei
den vierzähligen, von verhältnissmässig sehr geringer Grösse, so dass
die früheren Autoren darin nur die Mundhöhle erblickten, und die
eigentlich verdauenden Magencavitäten in den Genitalblättern suchten.
Die Verdauungskraft desselben ist nichtsdestoweniger ausserordentlich
gross, so dass nicht allein die weicheren wasserreichen pelagischen
Organismen, sondern auch hartschalige Crustaceen, Mollusken und selbst
kleine Fische in sehr kurzer Zeit mehr oder weniger vollständig ver-
daut, theils in einen unförmlichen Klumpen verwandelt, theils als Brei
von feinen Körnchen mit dem aufgenommenen Seewasser in die Radialcanäle übergeführt werden. Dies entspricht ganz dem ausnehmend
räuberischen und wilden Charakter dieser behenden, gefrässigen und
kühnen Raubthiere. MC CRADY sah eine *Liriope scutigera* einen Fisch,
der 3 mal so gross als sie selbst war, mit den langen Tentakeln und
dem offenen Magenschlauche, der saugende Bewegungen ausführte,
umschlingen und in kurzer Zeit tödten. Ich fand bisweilen den Magen
von *Glossocodon eurybia* durch Aufnahme grosser Nahrungsmengen bis
um das Zehnfache seines ursprünglichen Volums ausgedehnt. Im ruhi-
gen Zustande hängt der Magen meist in Falten geschlagen als dünner
Cylinder oder Kegel von dem Magenstiel herab; bei geöffnetem Munde
und verstrichenen Falten erscheint er meist glockenförmig.

Der durchsichtige solide Magenstiel ist meist scharf von dem
undurchsichtigen Magen abgesetzt, cylindrisch oder, besonders nach
oben, kegelförmig verdickt, nach unten verdünnt und geht oben ganz
allmählich in die Gallertmasse des Schirmes über. Wie diese, besteht
er lediglich aus wasserklarer, hyaliner, vollkommen homogener Gallerte, in welcher keine anderen Formelemente, als zahlreiche zerstreute,
sehr lange und feine, spitzwinklig verzweigte Fasern zu erkennen sind,
die die ganze Dicke des Gallertmantels durchsetzen. Als matt weiss-

liche, seltener röthlich oder grünlich gefärbte Streifen (bisweilen aber auch ganz farblos und dann oft schwer zu erkennen) steigen an der Oberfläche des Magenstiels die 4 oder 6 Radialcanäle empor, welche getrennt mit abschliessbaren Oeffnungen aus dem Magengrunde entspringen. Die Breite dieser Canäle ist sehr verschieden und scheint, wie überhaupt der Durchmesser ihres Lumens, nach dem verschiedenen Füllungszustande sehr zu wechseln. Meist sind die Stielcanäle schmäler, als ihre Zwischenräume, die von sehr entwickelten Längsmuskelbändern eingenommen werden.

Die 4 oder 6 Genitalblätter sind, wie schon mehrfach erwähnt wurde, nichts Anderes, als ganz flache, taschenartige Ausstülpungen der Radialcanäle. Letztere gehen, während sie an der Subumbrella herablaufen, mit offenem Lumen mitten durch die mit Geschlechtsproducten erfüllten breiten Taschen hindurch, wie Blattrippen durch das Blatt. Die Genitalproducte entwickeln sich lediglich in den Wänden dieser flachen Taschen aus deren Epithel, während das Epithel des mitten durch das Blatt hindurchtretenden Canals unverändert bleibt. Eigentlich befindet sich also jederseits jedes Canals ein Genitalblatt als seitliche Ausstülpung desselben und genau genommen sind mithin 8 oder 12 Genitaltaschen vorhanden. Die Genitalproducte können sowohl in das Lumen des Canals, das mit der Tasche beiderseits in Communication bleibt, als auch unmittelbar nach aussen gelangen, indem sie die dünne Subumbrella durchbrechen. Das letztere habe ich bei *Carmarina hastata* beobachtet. Die Farbe der Genitalblätter ist meist mattweisslich, bisweilen röthlich oder hellgrün. Ihre Gestalt ist meist mehr oder weniger dreieckig oder herzförmig, seltener elliptisch, lanzett- oder spiessförmig, sehr selten kreisrund. Die oft tief eingeschnittene Basis des Herzens ist meistens dem Grunde des Magenstiels, die Spitze desselben dem Ringcanal zugekehrt, den sie oft erreicht. Nur bei den beiden von LEUCKART in Nizza beobachteten Geryoniden ist umgekehrt die Herzbasis dem Schirmrande zugekehrt. Bisweilen nehmen die Genitalblätter fast die ganze Unterfläche des Schirms (Subumbrella) ein, z. B. bei *Liriope scutigera*; gewöhnlich aber bleiben zwischen ihnen grosse Interstitien oder sie berühren sich bloss mit ihren Basen.

Als eine sehr auffallende Formbeugung des Gastrovascularsystems, die bei keiner anderen Familie der craspedoten Medusen sich wiederfindet, sind die Centripetalcanäle zu erwähnen, welche lediglich bei einem Theile der sechszähligen Carmariniden vorkommen. Es sind dies breite cylindrische oder bandförmige Ausstülpungen des Ringcanales, welche von diesem zwischen den Genitalblättern ausgehen und sich in radialer Richtung verschieden weit gegen die Basis des Magen-

stiels hin erstrecken, wo sie blind enden, ohne letzteren zu erreichen.
Die Zahl derselben ist verschieden, stets unpaar, und nimmt mit dem
Alter der Thiere zu, so dass bei den jugendlichen Larven zuerst in der
Mitte zwischen je 2 Radialcanälen 1 Centripetalcanal auftritt, dann 2
seitliche zwischen diesem und jenen, und so fort. Bei *Geryonia hastata*
finden sich dann zuletzt 7, bei *G. conica* sogar 9 zwischen je 2 Radialcanälen. Zuerst wurden diese Centripetalcanäle von Péron und Lesueur
bei ihrer *G. hexaphylla* gesehen, wie zwar nicht aus ihrer Beschreibung, wohl aber aus der von Milne-Edwards veröffentlichten Abbildung
derselben hervorgeht. Ebenso wurden sie von Brandt bei *G. conica*
abgebildet. Ihre eigentliche Natur wurde aber erst von Gegenbaur bei
G. messanensis erkannt, der dieselben zugleich als generischen Charakter der Gattung *Geryonia* hervorhob. Ich lasse dieses Genus in dem so
von Gegenbaur enger umschriebenen Umfange bestehen, wonach es
also die 3 zuletzt erwähnten Arten umfasst. Dagegen scheide ich als
Carmarina die von mir beobachtete *G. hastata* aus, welche zwar mit
jenen 3 Arten durch den Besitz der Centripetalcanäle übereinstimmt,
sich aber durch den Besitz des Zungenkegels von ihnen unterscheidet.
Als eine dritte Gattung in der Tribus der Carmariniden würden endlich
diejenigen Geryonien zu bezeichnen sein, welche sowohl des Zungenkegels als der Centripetalcanäle entbehren. Für diese kann der Gat-
tungsname *Leuckartia*, den Agassiz bereits einer ihrer Arten verliehen
hat, passend beibehalten werden. Es gehören hierher die beiden von
Forskål und von Leuckart beobachteten Geryonien, welche zwar auch
beide als *Geryonia proboscidalis* bezeichnet sind, indessen den Abbildungen nach zu urtheilen (selbst wenn diese nur annähernd genau
sind) sowohl unter sich, als von den ersterwähnten Arten verschieden
sein müssen. Dass die Centripetalcanäle so scharfsichtigen Forschern,
wie Forskål und Leuckart, entgangen sein sollten, ist nicht zu erwarten.

Zwischen dem Ringcanale und einem darunter gelegenen breiten,
aus Nesselzellen gebildeten Ringe, der als dicker kreisrunder Wulst
den Schirmrand vom Velum trennt, liegt bei den Geryoniden ein sehr
schmaler blasser Ring, der wohl als Nervenring zu deuten ist, zumal
er unmittelbar unter jedem Randbläschen zu einem zelligen Knoten
(Ganglion?) anschwillt und an jede Tentakelbasis einen faserigen (?)
Strang sendet. Ueber die näheren Verhältnisse ist unten die Anatomie
von *Glossocodon eurybia* zu vergleichen.

Randbläschen scheinen sich bei allen Geryoniden doppelt so
viel als Radialcanäle zu finden, also 8 bei den Liriopiden, 12 bei den
Carmariniden. Ueber den feineren Bau derselben vergl. unten die

Anatomie von *Carmarina hastata*. Die Hälfte derselben sitzt an der Basis der Radialtentakeln, oder vielmehr constant unmittelbar neben derselben, am Ringcanal. Die andere Hälfte sitzt in der Mitte zwischen jenen, unter der Basis der Interradialtentakeln, wo solche noch beim Erwachsenen vorhanden sind. Sehr eigenthümlich ist es, dass sich zuerst die interradialen und erst viel später die radialen Randbläschen entwickeln.

Tentakeln sind bei den erwachsenen Geryoniden mindestens ebenso viele als Radialcanäle vorhanden, und am Ende derselben angebracht, bei den Liriopiden 4, bei den Carmariniden 6. Ausserdem haben aber viele Arten noch eben so viele interradiale Tentakeln, welche in der Mitte zwischen jenen aussen über dem Schirmrande angeheftet sind, und in der Jugend scheinen diese niemals zu fehlen. Ja in einer gewissen Jugendperiode scheint bei allen Geryoniden noch ein dritter Kreis von Tentakeln vorhanden zu sein, welche oberhalb der radialen (in denselben Meridianebenen) angebracht sind, so dass die Liriopiden dann 12, die Carmariniden 18 Tentakeln gleichzeitig besitzen (vergl. die Bemerkungen über Entwicklung). Die radialen Tentakeln aller erwachsenen Geryoniden sitzen am Schirmrande schräg gegenüber der Einmündung der Radialcanäle in den Cirkelcanal. Ein Fortsatz des letzteren durchläuft sie bis zum blinden Ende. Sie sind meistentheils lang, im ausgestreckten Zustande mehrmals länger als der Magenstiel, können sich aber sehr rasch und sehr bedeutend verkürzen. Meist sind sie cylindrisch, gleichmässig fadenförmig dünn vom Anfang bis zum Ende, häufig röthlich gefärbt. Ihre starke Wandung enthält entwickelte Längsmuskelzüge. In ganz regelmässigen Abständen sind sie von sehr zahlreichen ringförmigen Wülsten umgeben, die dicht mit Nesselzellen gespickt sind. Ihre Bewegungen nach allen Richtungen hin sind äusserst ausgiebig und lebhaft. Ganz verschieden davon sind die interradialen Tentakeln, welche etwas oberhalb des Ringcanales von der Aussenfläche des Schirmes entspringen. Sie sind sehr viel kürzer, meist kürzer als der Schirmradius, und auffallend starr, so dass ihre Bewegungen nur sehr langsam pendelartig sind, ganz wie bei den Tentakeln der Trachynemiden. Meist sind sie zierlich nach aussen und aufwärts gebogen, und hornförmig gekrümmt, so dass eine Reihe von mehreren auf ihrer inneren (unteren) Seite angebrachten Nesselwarzen dann nach aussen sieht. Verkürzen können sie sich gar nicht oder nur sehr wenig. Auch sind sie nicht von einem Canal durchzogen, sondern ganz solid, starr, aus einer Reihe grosser heller Zellen zusammengesetzt, über welche ein sehr dünner Muskelschlauch weggeht.

Das Velum der Geryoniden ist gewöhnlich straff horizontal aus-

gespannt, von mittlerer Breite, derb und mit sehr entwickelten radialen und circularen Muskelzügen versehen. Dagegen sind die Muskelfasern viel schwächer an der Unterfläche des Schirms (Subumbrella)
entwickelt. Bei *Glossocodon eurybia* und bei *Carmarina hastata* fand
ich die Muskeln, sowohl am Velum und der Subumbrella, als an den
Tentakeln und dem Magenstiele, sehr deutlich quergestreift, und
zwar schon am lebenden Thiere. So scharf als bei Wirbelthieren tritt
die Querstreifung an den in Weingeist und Salzlösung aufbewahrten
Thieren hervor. (Eine vereinzelte Angabe von Rudolph Wagner ausgenommen, der allein vor langer Zeit bei *Oceania* [*Thaumantias*] *cruciata*
quergestreifte Muskeln beobachtete, galten die Muskeln der craspedoten
Medusen für glatt). Die quergestreiften Muskelelemente konnte ich als
sehr dünne spindelförmige Fasern von sehr verschiedener, zum Theil
von beträchtlicher Länge isoliren, die meist viele, seltener nur einen
Kern zeigten, und der Länge nach neben und hinter einander gereiht
waren. Das Epithel der Subumbrella und des Velum fand ich
aus grossen polygonalen Zellen mit feinkörnigem Inhalt und grossem
Kern zusammengesetzt, wogegen das Epithel der Umbrella, der Aussenfläche des Schirms aus ganz hellen, oft schwer unterscheidbaren Zellen
bestand.

Die Entwickelung der Geryoniden scheint stets ohne Generationswechsel und ohne ungeschlechtliche Fortpflanzung, auf dem einfachen Wege der geschlechtlichen Zeugung zu erfolgen. Knospenbildung, Sprossung, Theilung sind noch niemals beobachtet worden. Die
Männchen, welche ich viel seltener als die Weibchen fand, sind oft
schon äusserlich an der trüberen, opaken Färbung und grösseren Undurchsichtigkeit der Genitalblätter zu erkennen, während diese beim
Weibchen heller und transparenter sind. Die Entwicklung aller Geryoniden scheint aber durch eine sehr interessante Metamorphose ausgezeichnet zu sein, indem das aus dem Ei hervorkommende Junge ganz
von dem Erwachsenen verschieden ist und die Form des letzteren erst
annimmt, nachdem es verschiedene, sehr abweichende Larvenformen
durchlaufen hat. Diese Larven sind von einzelnen vierzähligen Liriopiden schon früher beobachtet, aber als selbstständige Medusengattungen
beschrieben worden. Eine solche Liriopidenlarve ist die *Eurybia exigua*
von Eschscholtz, die *Eurybiopsis unisostyla* von Gegenbaur. Die vollständige Verwandlung der Larve ist bisher nur von Fritz Müller bei
seiner *Liriope catharinensis* verfolgt worden. In ganz ähnlicher Weise
habe ich dieselbe kürzlich in Nizza bei *L. eurybia* verfolgt und mich
dort auch an den Larven von *Carmarina hastata* überzeugt, dass die
sechszähligen Carmariniden ganz dieselbe Metamorphose durchmachen,

wie die vierzähligen Liriopiden. Die jüngsten beobachteten Larven sind
kugelig, an einer Stelle des Umfangs mit einer flachen kleinen, nach
aussen offenen Höhle versehen, an deren Mündungsrand dann 4 (resp.
6) sehr kleine Tentakel hervorsprossen, aus einem dicken kurzen Faden
bestehend, der am Ende einen einfachen Nesselknopf mit einem geissel-
förmigen Anhang trägt. In der Mitte zwischen diesen erscheinen später
4 (resp. 6) längere Tentakeln, an deren Unterseite eine Reihe Nesselwarzen sich entwickelt. Das sind die starren interradialen Tentakeln,
welche bei vielen Arten zeitlebens, wenn auch nur verkümmert, erhalten bleiben, und als kleine hornförmig gebogene Fäden nach aussen
und oben gerichtet werden. Erst nach diesen tritt die Anlage des Gastrovascularsystems auf, ein Stern von 4 (resp. 6) sehr breiten Strahlen, welche sich in der Mitte der kleinen Schirmhöhlenwölbung durch
einen einfachen, von einem wulstigen Rand umgebenen Mund öffnen,
während sie nach aussen als Radialcanäle auf die zuerst entwickelten
Tentakelrudimente zuwachsen und sich durch einen Ringcanal verbinden. Später erscheinen die 4 oder 6 interradialen Randbläschen und
noch später die 4 oder 6 bleibenden radialen Tentakeln, welche sich
am Schirmrande schräg unterhalb der primären Tentakelrudimente
entwickeln. Die letzteren schwinden späterhin in allen Fällen. Zuletzt
treten die radialen Randbläschen auf und nun beginnt auch der Gallertschirm sich mehr abzuflachen und in der Mitte der Schirmhöhlenwölbung in einen Magenstiel auszuwachsen, dessen Ende den stärker sich
erhebenden und zum Magenschlauch auszuziehenden Mundwulst trägt.

Die Zahl der Tentakeln scheint demnach bei allen Geryoniden,
mag die homotypische Grundzahl 4 oder 6 sein, zuerst bloss das Einfache, dann das Doppelte, später das Dreifache der Grundzahl zu betragen, dann aber im weiteren Verlaufe der Verwandlung wieder auf
das Doppelte und endlich zuletzt bei vielen Arten auf das Einfache der
Grundzahl zurückzusinken. Die primären rudimentären Radialtentakeln
verschwinden wohl stets, sobald die secundären bleibenden eine gewisse Grösse erreicht haben. Dagegen die starren soliden Interradialtentakeln verschwinden bei vielen Arten erst kurz vor oder selbst nach
Eintritt der Geschlechtsreife, während sie bei anderen, sonst sehr nahe
stehenden Arten das ganze Leben hindurch, wenn auch nur als sehr
reducirte Rudimente bestehen bleiben. Es scheint mir noch zweifelhaft,
ob man diese geringe Differenz mit Vortheil zur Aufstellung besonderer
Gattungen wird benutzen können. Agassiz trennt allerdings generisch
die mit bloss 4 (radialen) Tentakeln versehenen Arten von *Liriope* ab
von denjenigen, welche ausserdem noch die 4 interradialen Larven-
tentakel beibehalten und überträgt auf letztere den von Lesson in an-

2 *

derem Sinne aufgestellten Namen Xanthea (»are eight-tentaculated
Liriope«, Agassiz). Da ich aber diesen Unterschied nicht für sehr wesentlich halte und bei geschlechtsreifen Individuen von *Liriope eurybia*,
die gewöhnlich keine Spur mehr von den interradialen Larvententakeln
zeigen, dieselben doch bisweilen noch als kurze Rudimente vorgefun-
den habe, so kann ich jenen beiden Gruppen bloss den Werth von
Untergattungen lassen. Ich bezeichne demgemäss von den zungenlosen
Liriopiden die mit 4 Tentakeln versehenen als *Liriope* (im engeren
Sinne), die mit 8 Tentakeln versehenen als *Xanthea*; und entsprechend
nenne ich von den mit Zungenkegel versehenen Liriopiden die ersteren
Glossocodon (im engeren Sinne), die letzteren *Glossoconus*. Bei den
sechszähligen Carmariniden scheint die generische Trennung der mit
6 und der mit 12 Tentakeln versehenen Arten noch misslicher zu sein,
da hier die starren Interradialtentakeln nur selten und als ganz unbe-
deutende Rudimente persistiren, vielleicht sogar constant beim geschlechtsreifen Thiere später verschwinden.

Die Färbung der Geryoniden ist, wo sie vorkommt, sehr zart.
Viele Arten sind vollkommen farblos und glashell. Bei den andern, die
durch sehr reine und helle Farbentöne ausgezeichnet sind, finden sich
dieselben fast nur in den Wandungen des Gastrovascularapparates entwickelt. Es sind also der Mund (namentlich der Mundsaum), der Magen, die Radialcanäle in ihrem ganzen Verlaufe, die Genitalblätter, der
Ringcanal, die hohlen Radialtentakeln, in deren Wand das Pigment entwickelt ist. Dasselbe tritt bei den sechszähligen Carmariniden bisweilen als Milchweiss, sonst stets nur als ein zartes, meist helles Rosa auf,
das bald mehr in Violett, bald mehr in Fleischroth hinüber spielt. Bei
den vierzähligen Liriopiden tritt bald ebenfalls Rosa, bald Weiss, bald
ein helles gelbliches Grün auf, bisweilen auch Grün und Rosa combinirt (*Liriope bicolor*).

Die geographische Verbreitung der Geryoniden scheint sich
über alle grossen Meere der Erde zu erstrecken: in den wärmeren
Meeren scheinen sie häufiger zu sein. Von den 18 im Folgenden beschriebenen Arten ist der Fundort einer Art (Lesson's *Xanthea agaricina*)
unbekannt. Von den 17 übrigen Species sind 4 südlich, 13 nördlich
vom Aequator beobachtet worden. 10 Arten wurden an den europäischen Küsten gefunden, 3 im Bereich der asiatischen Küste, 4 an der
amerikanischen (Ost-) Küste (davon 2 in Nordamerika, 2 in Südame-
rika). Von den 10 europäischen Species kommen 9 auf das Mittelmeer,
1 auf den englisch-französischen Canal. Die 6 bisher beobachteten
Arten aus der Unterfamilie der Carmariniden gehören sämmtlich der
nördlichen Erdhälfte und zwar 5 dem Mittelmeere, 1 dem grossen

Ocean an; letztere ist die von Mertens zwischen Japan und der Bonins-Inseln beobachtete *Geryonia conica*. An den afrikanischen und austra-lischen Küsten sind bisher noch keine Rüsselquallen beobachtet wor-den. Was die 9 mediterranen Arten betrifft, so halte ich es nicht für unwahrscheinlich, dass deren Zahl, wenn eine Vergleichung der von den verschiedenen Autoren beobachteten Originalexemplare möglich wäre, sehr reducirt werden würde. Namentlich gilt dies von den 5 Carmarininiden des Mittelmeeres. Indess weichen die von den verschie-denen Beobachtern gegebenen Beschreibungen und Abbildungen so vielfach und in so wesentlichen Stücken von einander ab, dass, wenn dieselben auch nur einigermaassen naturgetreu sind, sie nothwendig als verschiedene Arten und zum Theil sogar Gattungen unterschieden wer-den müssen. Dies gilt besonders von jenen fünf, ganz verschieden dargestellten, Species, für welche bisher die beiden Namen *Geryonia proboscidalis* und *G. hexaphylla* in so wechselnder und willkürlicher Weise von den verschiedenen Autoren gebraucht worden sind, dass es, um die Verwirrung nicht noch zu steigern, nöthig erschien, diese bei-den Speciesbezeichnungen gänzlich zu eliminiren und durch neue neu-trale zu ersetzen. Grosse Vorsicht ist aber, wenn man die von ver-schiedenen Forschern gegebenen Darstellungen auf ein und dieselbe zu Grunde liegende Art (z. B. *Geryonia proboscidalis*) zu reduciren ver-sucht, gerade hier um so mehr nöthig, als das periodische Erscheinen und Verschwinden grosser Schwärme, das viele Geryoniden mit an-deren Medusen theilen, den verschiedenen Forschern, welche zu ver-schiedenen Zeiten einen und denselben Küstenpunct besuchen, nahe verwandte und doch gut unterschiedene Arten in die Hände führen kann.

III. System der Geryoniden.

Familie der Geryoniden von Gegenbaur (nicht von Eschscholtz und nicht von Agassiz).

Charakter der Familie: Schirm in der Mitte der Unterfläche in einen cylindrischen oder conischen soliden Magenstiel ausgezogen, dessen unteres Ende den Magen trägt, und in dessen Oberfläche 4 oder 6 getrennte Canäle, vom Magengrunde ausgehend, emporsteigen, um oben am Schirm in die Radialcanäle umzubiegen. Genitalien 4 oder 6 breite und flache, blattförmige Erweiterungen der Radialcanäle, welche in der Fläche der Subumbrella liegen und nicht in die Schirm-höhle als Wülste oder Falten vorspringen. Randbläschen 8 oder 12. Tentakeln: 4 oder 6 radiale am Ende der Radialcanäle, hohl, sehr be-weglich; ausserdem oft noch 4 oder 6 interradiale, in der Mitte dazwischen, solid, starr. Bei der Larve (oft) noch eine dritte Zone von 4 oder 6 später abfallenden primären Radialtentakeln.

Uebersicht der Gattungen in der Familie der Geryoniden.

I. 4 Radialcanäle	Kein Zungenkegel	8 Tentakeln . . .	1. **Xanthea.**
(Keine Centripetal-	*(Liriope)*	4 Tentakeln . . .	2. **Liriope.**
canäle)	Ein Zungenkegel	8 Tentakeln . . .	3. **Glossoconus.**
Liriopida.	*(Glossocodon)*	4 Tentakeln . . .	4. **Glossocodon.**
II. 6 Radialcanäle	Kein Zungenkegel	Keine Centripetalcanäle	5. **Leuckartia.**
Carmarinida.		Viele Centripetalcanäle	6. **Geryonia.**
	Ein Zungenkegel	Viele Centripetalcanäle	7. **Carmarina.**

I. Unterfamilie: **Liriopida**, Haeckel.

Körper aus vier homotypischen Theilen zusammengesetzt.

1. Genus: **Liriope**, Lesson (sensu mutato).

Gattungscharakter: Körper aus vier homotypischen Ab-schnitten zusammengesetzt. 4 Radialcanäle. Keine blin-den Centripetalcanäle am Ringcanal. 8 Randbläschen. 4 oder 8 Tentakeln. Magenstiel nicht in die Magenhöhle in Form eines Zungenkegels verlängert.

1. Subgenus: **Xanthea**, Lesson (l. c. p. 333) (sensu mutato).

8 Tentakeln am Schirmrande des erwachsenen Thieres; 4 radiale, lang, sehr beweglich, hohl, am Ende der Radialcanäle; in der Mitte dazwischen 4 interradiale, kurz, starr, solid.

1. **Liriope tetraphylla**, Gegenbaur (l. c. p. 257).

Geryonia tetraphylla, Chamisso (l. c. p. 357).

Xanthea tetraphylla, Agassiz (l. c. p. 365).

Schirm halbkugelig, ungefähr ¾—1 Zoll Durchmesser. Magenstiel cylindrisch, sehr dünn und beweglich, 2 Zoll lang, unten scharf ab-gesetzt von dem kegelförmigen Magen, der unten mit 4 grünen Flecken bezeichnet ist und dessen Mundöffnung von 4 kurzen Mundlappen um-geben ist (»ore quadrivalvato«: nach Eschscholtz »kann er seinen unteren mit 4 grünen Flecken versehenen Rand in 4 Falten legen«). Zwischen den 4 grünen Magenflecken entspringen die 4 ziemlich breiten weisslichen Radialcanäle, welche am Magenstiel getrennt heraufsteigen. Die 4 Genitalblätter (»Mägen«) sind nach Eschscholtz »breit, herzför-mig, an dem breiten inneren Rande fast gerade abgeschnitten, der Quere nach fein weisslich gestreift, die breite Mittelrippe grasgrün«. — »In der Mitte der Scheibe ist ein weisslicher, vierlappiger Fleck zu be-merken«. Die 4 Radialtentakeln sind nach der Abbildung noch nicht halb so lang als der Magenstiel, jedoch viel länger, als die ganz kurzen interradialen Tentakeln.

Fundort: In der Sundastrasse beim Eintritt in den indischen Ocean. CHAMISSO.

2. Liriope appendiculata, GEGENBAUR (l. c. p. 257).

Geryonia appendiculata, FORBES (l. c. p. 36; Taf. V, Fig. 2).

Xanthea appendiculata (vergl. oben p. 22).

Schirm halbkugelig, von 1—1½ Zoll Durchmesser. Ebenso lang ist der kegelförmige, sehr bewegliche, beträchtlich dicke Magenstiel, dessen Ende scharf abgesetzt ist von dem kleinen, flach glockenförmigen Magen. Die weite Mundöffnung des letzteren ist von 4 kurzen, ihre Form sehr wechselnden Mundlappen umgeben. Die 4 Radialgefässe, welche am Magenstiel emporsteigen, sind schmal, farblos. Die 4 Genitalblätter sind herzförmig, etwas länger als breit, hellgrün gefärbt, und mit der Basis nach innen, mit der Spitze nach aussen gegen den Schirmrand gerichtet, von dem sie jedoch weit abstehen. Die 4 sehr contractilen Radialtentakeln sind röthlich gefärbt und in ausgedehntem Zustand viel länger als der Magenstiel. Die 4 starren Interradialtentakeln sind kaum so lang als die Genitalblätter, farblos, und an der Unterseite mit ungefähr 8 Nesselwarzen besetzt.

Fundort: An den englischen Küsten de la Manche. FORBES.

3. Liriope ligurina, HAECKEL.

Geryonia exigua, LEUCKART (l. c. p. 3, Taf. I, Fig. 1, 2, 4).

Xanthea ligurina (vergl. oben p. 22).

Schirm halbkugelig, von ½ Zoll Durchmesser. Etwa ebenso lang ist der cylindrische, oben conisch verdickte Magenstiel, der den kleinen, von 4 Mundzipfeln umgebenen, glockenförmigen Magen trägt. Die sehr schmalen Radialgefässe, welche am Magenstiel emporsteigen, sind farblos, wie das ganze Thier. Die 4 Genitalblätter sind zwar auch bei dieser Art herzförmig, wie bei vielen anderen Geryoniden; allein die Spitze des Herzens ist hier (umgekehrt wie bei den anderen) nach innen gegen den Magenstiel gerichtet, während das »abgestumpfte äussere Ende dem Mantelrande bis auf geringe Entfernung angenähert ist«. Die 4 sehr langen und contractilen Radialtentakeln sind in ausgedehntem Zustande mehrmals länger, als der Magenstiel. Die 4 starren Interradialtentakeln sind sehr viel kürzer, kaum mehr als 1‴ lang, und »hornförmig nach der Kuppel der Mantelglocke zu emporgekrümmt«. Ueber die von LEUCKART beobachtete Larvenform dieser Art vergl. unten die Entwickelungsgeschichte von *Glossocodon eurybia*.

Fundort: Im Mittelmeer bei Nizza. LEUCKART.

4. **Liriope scutigera**, Mc Crady (l. c. p. 208).

   Xanthea scutigera (vergl. oben p. 22).

Schirm fast kugelig. Der lange conische Magenstiel trägt am unteren sehr verdünnten Ende den kleinen kelchförmigen Magen, der von 4 kurzen Mundlappen umgeben ist. Die 4 schmalen Radialcanäle, welche am Magenstiel emporsteigen, sind farblos, wie das ganze Thier. Die 4 Genitalblätter sind durch Form und Grösse sehr ausgezeichnet. Sie sind kreisrund und so ausgedehnt, dass sie sich fast mit den Seitenwänden berühren und fast die ganze Unterfläche des Schirms einnehmen. Die 4 langen, sehr contractilen Radialtentakeln sind 2—3 mal so lang als der Magenstiel. Die 4 starren Interradialtentakeln sind sehr viel kürzer und an der Unterseite mit einer Reihe Nesselwarzen besetzt.

Fundort: Charleston Harbor (Süd-Carolina), zeitweise in sehr grossen und zahlreichen Schwärmen. Mc Crady.

5. **Liriope agaricina** (?) Gegenbaur (l. c. p. 254).

   Xanthea agaricina, Lesson (l. c. p. 333, Pl. VI, Fig. 3).

Alles, was Lesson von dieser Medusenart sagt, ist Folgendes: »Ombrelle hyalin, à huit courts tentacules. Pédoncule allongé, cylindrique, perforé«. Da die von Lesson gegebene Abbildung ebenso oberflächlich und unvollständig, als diese Beschreibung ist, und da auch nicht einmal der Fundort dieser Meduse angegeben ist, so lässt sich ihre Stellung im Systeme nicht näher ermitteln. Es könnte eben so gut eine Geryonopside als eine Geryonide sein. Wenn Letzteres der Fall ist, so würde sie wahrscheinlich der Gattung *Xanthea* in dem eben angegebenen Sinne (nicht nach Lesson's ursprünglicher Definition) angehören.

II. Subgenus: **Liriope**, Lesson (l. c. p. 331) (sensu strictiori).

4 radiale Tentakeln am Schirmrande des erwachsenen Thieres, am Ende der Radialcanäle. Die 4 interradialen Tentakeln, in der Mitte dazwischen, sind nur in der Jugend (im Larvenzustande) vorhanden, und fallen meist vor der Geschlechtsreife ab.

6. **Liriope exigua**, Gegenbaur (l. c. p. 257).

   Dianaea exigua, Quoy et Gaimard (l. c. Pl. VI, Fig. 5—8).

   Geryonia exigua, Eschscholtz (l. c. p. 89).

   Dianaea exigua, Eschscholtz (l. c. p. 91).

   Liriope cerasiformis, Lesson (l. c. p. 332).

Schirm fast kugelig, von der Grösse einer starken Kirsche, vollkommen farblos und durchsichtig, mit sehr dickem Gallertmantel, so dass die äussere Fläche des Schirms viel stärker, als die innere gewölbt ist. Der Magenstiel cylindrisch, ungefähr ebenso lang, als der Schirmdurchmesser (etwa 9‴). Das untere etwas kolbig verdickte Ende ist scharf abgesetzt von dem sehr kleinen, flach glockenförmigen Magen, dessen Mundöffnung von 4 sehr kleinen Lappen oder Falten umgeben ist. Die 4 Radialcanäle schmal. Die 4 Genitalblätter sehr klein, breit herzförmig, eben so breit als lang, um ihre eigene Länge vom Schirmrande entfernt, die scharfe Spitze des Herzens nach dem Schirmrand gekehrt. Die 4 Radialtentakeln sehr kurz, kürzer als der Magenstiel.

Während die gewöhnliche Form dieser Art, welche die Entdecker Quoy und Gaimard in Oken's Isis 1828 auf Taf. V, Fig. 5, 6 als *Dianaea exigua* abgebildet haben, von Eschscholtz und später von Lesson als *Geryonia exigua* aufgeführt wird, haben die beiden letztgenannten Autoren nicht nur specifisch, sondern sogar generisch eine Form von derselben abgetrennt, welche von Quoy und Gaimard nur als ein etwas abweichendes Individuum (ibid. Fig. 7, 8) neben der gewöhnlichen Form abgebildet wird. Es unterscheidet sich von letzterer lediglich durch etwas dickeren Magenstiel, rosettenartig in 6 Falten gelegten Mund und den Mangel der 4 herzförmigen Genitalblätter. Nach meiner Ueberzeugung haben wir es hier nur mit einem unreifen Individuum zu thun, bei dem die Genitalblätter noch nicht entwickelt (oder vielleicht auch schon rückgebildet) sind. Die 6 (statt der gewöhnlichen 4) Mundfalten sind bei der wechselnden Form der Mundöffnung ohne alle Bedeutung. Schon Forbes hat bei seiner *Geryonia appendiculata* gezeigt, dass die gewöhnlich vierlappige Mundöffnung (l. c. Fig. 2 c, 2 h) gelegentlich auch sechslappig erscheint (l. c. Fig. 2 a). Dasselbe habe ich wiederholt bei *Glossocodon eurybia*, sogar bei einem und demselben Individuum zu verschiedenen Zeiten, beobachtet. Es ist mithin der Name *Dianaea exigua*, den Eschscholtz, und der Name *Liriope cerasiformis*, den Lesson diesem Individuum von *Geryonia exigua* beigelegt haben, einzuziehen.

Fundort: Meerenge von Gibraltar. Quoy und Gaimard.

7. Liriope bicolor, Gegenbaur (l. c. p. 257).

Geryonia bicolor, Eschscholtz (l. c. p. 89; Taf. 11, Fig. 1).

Schirm halbkugelig, ungefähr von ½—¾ Zoll Durchmesser. Magenstiel cylindrisch, etwas länger als der Schirmdurchmesser, sowohl oben als unten kegelförmig verdickt und unten in den conischen Magen übergehend, dessen Mundöffnung kurz vierlappig, am Rande »hellgrün, öfters mit Rosenroth eingefasst ist«. Auch der untere Theil des Stiels ist öfters rosenroth gefärbt. Die 4 im Magenstiel aufsteigenden Radialcanäle sind farblos. Die 4 Genitalblätter sind breit eiförmig, oder fast herzförmig, mit der Spitze gegen den Schirmrand gerichtet »mit feinen weissen Puncten bezeichnet«, und mit einer breiten grünen Mittelrippe versehen, wie bei der sehr ähnlichen *L. tetraphylla.* Die 4 Radialtentakeln sind etwa so lang als der Magenstiel und mit »weissen Querstreifen« (Nesselringen?) versehen.

Fundort: Atlantisches Meer an der brasilischen Küste, am Cap Frio (unweit Rio de Janeiro). Eschscholtz.

8. Liriope rosacea, Gegenbaur (l. c. p. 237).
Geryonia rosacea, Eschscholtz (l. c. p. 89; Taf. 11, Fig. 2).

Schirm halbkugelig, von 3 Linien Durchmesser. Magenstiel cylindrisch, etwas länger als der Schirmdurchmesser, sowohl oben als unten kegelförmig verdickt und unten in den conischen Magen übergehend, dessen Mundöffnung kurz vierlappig, mit rosenrothem Rande umgeben ist. Die 4 Genitalblätter sind fast dreieckig, eben so breit als lang, mit der gerade abgeschnittenen Basis dem Magenstiele, mit der abgerundeten Spitze dem Schirmrande zugekehrt, den sie fast berühren. Die Basen der rosenroth gefärbten Genitalblätter berühren sich beinahe mit ihren Seitenecken. Die 4 Radialtentakeln sind ungefähr so lang als der Magenstiel.

Fundort: In der Südsee in der Nähe des Aequators. Eschscholtz.

9. Liriope tenuirostris, Agassiz (l. c. p. 365).

Von dieser mit 4 Radialtentakeln versehenen Art sagt Agassiz bloss, dass sie sich durch den ausserordentlich langen und dünnen Magenstiel, der 5mal länger als der Schirmdurchmesser ist, vor allen andern Arten der Gattung auszeichnet. Die Höhe und der Mündungsdurchmesser des Schirms betragen $\frac{1}{2}$ Zoll, die Länge des Magenstiels $2\frac{1}{2}$ Zoll.

Fundort: Key West, Florida. Agassiz.

2. Genus: **Glossocodon**, Haeckel.
(γλῶσσα Zunge, κώδων Glocke.)

Gattungscharakter: Körper aus vier homotypischen Abschnitten zusammengesetzt. 4 Radialcanäle. Keine blinden Centripetalcanäle am Ringcanal. 8 Randbläschen. 4 oder 8 Tentakeln. Magenstiel in Form eines langen, soliden Gallertkegels (»Zungenkegels«) in die Magenhöhle hinein verlängert.

I. Subgenus: **Glossoconus**, Haeckel.

8 Tentakeln am Schirmrande des erwachsenen Thieres; 4 radiale, lang, sehr beweglich, hohl, am Ende der Radialcanäle; in der Mitte dazwischen 4 interradiale, kurz, starr, solid.

1. Glossocodon mucronatus, Haeckel.

Liriope mucronata, Gegenbaur (l. c. p. 237; Taf. VIII, Fig. 17).

Eurybiopsis anisostyla, Gegenbaur (l. c. p. 247; Taf. VIII, Fig. 12).

Liriope mucronata, Keferstein und Ehlers (Zoolog. Beitr. 1861, p. 92, Taf. XIV, Fig. 5, 6).

Glossoconus mucronatus (vergl. oben p. 22).

Schirm halbkugelig, von 4—6 Linien Durchmesser, glashell und farblos, wie das ganze Thier. Magenstiel cylindrisch, ungefähr so lang als der Schirmdurchmesser, und in die Magenhöhle hinein als ein grosser, solider, kegelförmiger Zapfen (»Zungenkegel«) verlängert, der oft weit aus der Magenhöhle hervortritt. Die Mundöffnung ist ganzrandig, mit Nesselknöpfen gesäumt, wellig gefaltet, oder mit 4 schwachen Ausbuchtungen versehen. Aus dem Grunde des Magensacks, der nicht scharf vom Magenstiel abgesetzt ist, entspringen die 4 Radialcanäle, welche die Basis des Zungenkegels umgeben und isolirt im Magenstiel emporsteigen. Die 4 Genitalblätter sind länglich herzförmig, mit der Spitze gegen den Schirmrand gekehrt, den sie jedoch nicht erreichen, und liegen ziemlich weit auseinander. Die 4 hohlen Radialtentakeln sind ungefähr so lang als der Magenstiel, rings mit Nesselwülsten besetzt. Die 4 soliden Interradialtentakeln sind viel kürzer und tragen nur an der Unterseite eine Reihe Nesselwarzen.

Als die jugendliche Larvenform dieser Art ist ohne Zweifel die merkwürdige Meduse anzusehen, welche Gegenbaur ebenfalls bei Messina beobachtete und als *Eurybiopsis anisostyla* beschrieben hat. Vergl. darüber unten die Entwickelungsgeschichte von *Glossocodon eurybia*.

Fundort: Im Mittelmeer bei Messina. Gegenbaur, Keferstein und Ehlers.

2. Glossocodon catharinensis, Haeckel.

Liriope catharinensis, Fritz Müller (l. c. p. 310, Taf. XI, Fig. 1—25).

Glossoconus catharinensis (vergl. oben p. 22).

Schirm halbkugelig oder noch stärker gewölbt, von 3 Linien (5—6ᵐᵐ) Durchmesser. Magenstiel cylindrisch, dünn, 2ᵐᵐ lang, äusserlich nicht abgesetzt von dem ebenfalls cylindrischen, 1½ᵐᵐ langen Magen, in dessen Höhle hinein er sich als ein starker, solider conischer

Zapfen (»Zungenkegel«) verlängert. Die Mundöffnung ist ganzrandig, von 24 blassröthlichen Nesselknöpfen umgeben. Aus dem Grunde des Magensacks entspringen die 4 Radialcanäle rings um die Basis des Zungenkegels und steigen an der Oberfläche des Magenstiels empor. Die 4 Genitalblätter sind oval oder elliptisch, stehen etwa um ihre eigene Breite von einander ab und reichen nicht bis zum Schirmrand. Die 4 hohlen Radialtentakeln sind röthlich gefärbt, in ausgedehntem Zustand vielmals länger als der Schirmdurchmesser. die 4 soliden Interradialtentakeln sind sehr kurz, starr, nach aussen und oben gerichtet und tragen an der Unterseite eine Reihe von 8 Nesselwarzen.

Ueber die merkwürdige Larvenform und Metamorphose dieser Art ist die treffliche Abhandlung Fritz Müller's nachzusehen.

Fundort: Im atlantischen Ocean an der brasilischen Küste bei Santa Catharina, sehr häufig. Fritz Müller.

II. Subgenus: **Glossocodon** (sensu strictiori), Haeckel.

4 radiale Tentakeln am Schirmrande des erwachsenen Thieres, am Ende der Radialcanäle. Die 4 interradialen Tentakeln, in der Mitte dazwischen, sind nur in der Jugend (im Larvenzustande) vorhanden.

3. **Glossocodon eurybia,** Haeckel.

Liriope eurybia, Haeckel (vergl. Jenaische Zeitschrift I. Bd. p. 329, Taf. XII. Fig. 11—25).

Die kurze Charakteristik dieser Art in der Jenaischen Zeitschrift I. Bd. p. 329 gegeben worden.

Fundort: Im Mittelmeer bei Nizza.

II. Unterfamilie: **Carmarinida,** Haeckel.

Körper aus sechs homotypischen Theilen zusammengesetzt.

3. Genus: **Leuckartia,** Agassiz (l. c. p. 364).

Gattungscharakter: Körper aus sechs homotypischen Abschnitten zusammengesetzt. 6 Radialcanäle. Keine blinden Centripetalcanäle am Ringcanal. 12 Randbläschen. 6 oder 12 Tentakeln. Magenstiel nicht in Form eines Zungenkegels in die Magenhöhle verlängert.

1. Leuckartia brevicirrata, Haeckel.

Medusa proboscidalis, Forskål (l. c. p. 108: Taf. 36, Fig. 7).
Geryonia proboscidalis, Eschscholtz (l. c. p. 88).
Liriope proboscidalis, Lesson (l. c. p. 331).

Schirm halbkugelig, von 2½ Zoll Durchmesser, durchsichtig, farblos. Schirmstiel rein kegelförmig, so lang oder etwas länger als

der Schirmdurchmesser, an der Basis dicker als ein Finger, ganz allmählich nach unten verdünnt. Magenschlauch flach glockig, ungefähr
¼ Zoll lang (»dimidium unguem longa«), mit sehr beweglicher, gefalteter, häutig musculöser Wand und einfacher, ganzrandiger, in 6
Falten gelegter Mundöffnung. Die 6 Radialcanäle steigen vom Magengrund aufwärts in der Oberfläche des Magenstiels als 6 schmale lineare
matt weissliche Streifen (»lineae obsoletae pallidiores«). In der Subumbrella gehen sie als Blattrippen mitten durch die 6 Genitalblätter
hindurch. Diese sind breit herzförmig, einen Zoll lang und ebenso
breit; die nach innen gerichteten breiten Basen der Herzen stehen nur
sehr wenig von einander ab; die nach aussen gerichteten scharfen
Spitzen berühren den Ringcanal und die Basis der 6 Radialtentakeln.
Diese sind fadenförmig, sehr dünn, kürzer als der Radius des Schirms.
Interradialtentakeln fehlen.

Diese Art ist die zuerst (1775) beobachtete von allen Geryoniden.
Wenn die Darstellung Forskål's einigermaassen genau ist, so zeichnet
sie sich vor allen andern Arten aus durch den sehr dicken Magenstiel,
die sehr breit herzförmigen Genitalblätter und namentlich die sehr
kurzen Tentakeln, die nicht halb so lang als der Magenstiel (bei den
übrigen Carmariniden vielmals länger) sind.

Fundort: Mittelmeer. Forskål.

2. Leuckartia longicirrata, Haeckel.

Geryonia proboscidalis. Leuckart (l. c. p. 8, Taf. I, Fig. 3).
Leuckartia proboscidalis, Agassiz (l. c. p. 364).

Schirm halbkugelig, von 2½ Zoll Durchmesser, glashell, farblos,
wie das ganze Thier (»ausgenommen die opaken Geschlechtsorgane«).
Schirmstiel aus conischer Basis cylindrisch, ungefähr so lang als der
Schirmdurchmesser, etwa einen halben Finger dick (kaum halb so dick,
als bei *L. brevicirrata*). Magenschlauch schlank cylindrisch, in ausge-
strecktem Zustand 1 Zoll lang, retrahirt halb so lang. Mundöffnung von
6 spitzen Lappen (oder Falten?) umgeben. Die 6 Radialcanäle steigen
vom Magengrunde aufwärts als 6 sehr schmale lineare Streifen, und
gehen, an der Subumbrella angelangt, als Blattrippen mitten durch die
6 Genitalblätter hindurch. Diese sind mattweiss, umgekehrt herzförmig; die nach innen gerichtete Spitze des Herzens reicht bis zur Basis
des Magenstiels: die nach aussen gerichtete, tief ausgerandete Basis
steht nur wenig vom Ringcanal ab. Die Zwischenräume zwischen je 2
Genitalblättern sind mehrmals breiter als ein Blatt. Die 6 Radialtentakeln sind fadenförmig, mehrmals länger als der Schirmstiel (»können
sich bis auf mehrere Fuss verlängern«) und dicht mit ringförmigen Nes-

selwülsten besetzt. Die 6 embryonalen Interradialtentakeln sind beim
erwachsenen Thiere ganz kurz, rudimentär, leicht zu übersehen und
hornförmig nach oben gekrümmt.

Diese Carmarinide von Nizza zeichnet sich vor allen übrigen Arten
dieser Subfamilie aus durch die umgekehrt herzförmige Gestalt ihrer
Genitalblätter, deren Basis nach aussen, die Spitze nach innen gerichtet ist, umgekehrt wie bei den übrigen. Auch der in 6 lange spitze
Lappen gespaltene Mundsaum weicht sehr von dem der übrigen Arten
ab. An eine Identität derselben mit der von Péron bei Nizza gefundenen *Geryonia hexaphylla*, oder mit der von mir ebendaselbst beobachteten *Carmarina hastata* kann daher wohl kaum gedacht werden.

Fundort: Im Mittelmeer bei Nizza. Leuckart.

4. Genus: **Geryonia**, Péron et Lesueur (sensu mutato).

Gattungscharakter: Körper aus sechs homotypischen Abschnitten zusammengesetzt. 6 Radialcanäle. Vom Ringcanal gehen zwischen den Radialcanälen blind geendigte
Centripetalcanäle in verschiedener Zahl aus. 12 Randbläschen. 6 oder 12 Tentakeln. Magenstiel nicht in Form
eines Zungenkegels in die Magenhöhle verlängert.

1. Geryonia umbella, Haeckel.

Geryonia proboscidalis, Gegenbaur (l. c. p. 254; Taf. VIII,
Fig. 16).

Schirm halbkugelig, von 2 Zoll Durchmesser, glashell, durchsichtig und farblos, wie der ganze Körper, die mattweissen Canäle und
Anhänge des Gastrovascularapparates ausgenommen. Magenstiel 2½
Zoll lang, cylindrisch, nach unten allmählich verjüngt. Magenschlauch
klein, rundlich, oft glockenförmig, meist gefaltet, mit ganzrandigem
Mundsaum. Die 6 Radialcanäle entspringen getrennt aus dem Magengrunde, steigen als 6 ziemlich breite weissliche Streifen in der Oberfläche des Magenstiels empor und gehen als Blattrippen mitten durch
die 6 opaken Genitalblätter hindurch. Diese sind gleichschenkelig dreieckig, die schmale Basis des Dreiecks ist nach innen gekehrt; die abgestumpfte Spitze erreicht fast den Ringcanal. Der Abstand zwischen
je 2 Genitalblättern ist viel breiter, als ein solches Blatt. Vom Ringcanal entspringen zwischen je 2 Blättern 5 (bei jüngeren Individuen 3)
blinde Centripetalcanäle, von denen der mittlere der längste, die beiden seitlichen die kürzesten sind. Die 6 Radialtentakeln sind hohl, sehr
beweglich, fadenförmig, länger als der Magenstiel. Die 6 Interradialtentakeln sind dagegen sehr kurz.

Das von GEGENBAUR aus Messina mitgebrachte Originalexemplar dieser Art, das ich untersuchen konnte, wurde der vorstehenden Beschreibung mit zu Grunde gelegt. Es sieht meiner *Carmarina hastata* im Ganzen sehr ähnlich, unterscheidet sich aber durch die verschiedene Zahl und Form der Centripetalcanäle und durch den völligen Mangel des Zungenkegels, von dem in der anscheinend ganz unverletzten Magenhöhle keine Spur zu entdecken war. Von *G. fungiformis* unterscheidet sie sich durch den viel kleineren Magen und die viel schmäleren und anders geformten Genitalblätter.

Fundort: Im Mittelmeer bei Messina. GEGENBAUR.

2. Geryonia fungiformis, HAECKEL.

Geryonia hexaphylla, PÉRON et LESUEUR (l. c. p. 329).
Geryonia hexaphylla, MILNE EDWARDS (l. c. Pl. 52, Fig. 3).
Geryonia proboscidalis, ESCHSCHOLTZ (l. c. p. 88).

Schirm halbkugelig, von 6—10 Centimeter (2—4 Zoll) Durchmesser, wasserhell, farblos, mit einigen schwachen Rosatinten. Magenstiel länger als der Schirmdurchmesser, cylindrisch, sehr stark, Magenschlauch sehr gross, cylindrisch oder kegelförmig, gefaltet, mit einfacher, runder Mundöffnung. Die 6 Radialcanäle laufen als Streifen am Magenstiel empor. Die 6 Genitalblätter sind auffallend breit, lanzettförmig, so dass sie sich mit ihrer nach innen gerichteten Basis berühren, während die äussere Spitze fast den Ringcanal erreicht. Zwischen je 2 Genitalblättern scheinen 7 blinde Centripetalcanäle vom Ringcanal abzugehen. Die 6 Radialtentakeln sind sehr lang, mehrmals länger als der Schirmstiel. Interradialtentakeln fehlen.

Diese Art scheint von allen bisher beobachteten Carmariniden der von mir bei Nizza gefundenen *Carmarina hastata* am nächsten zu stehen und ich würde beide für identisch halten und annehmen, dass der Zungenkegel, der weder in der Beschreibung noch in der Abbildung erwähnt wird, übersehen worden sei, wenn nicht auch die Form der Genitalblätter bei der von PÉRON bei Nizza gefundenen Art ganz anders dargestellt wäre. In der Abbildung erscheinen sie breit dreieckig und berühren sich mit ihren sehr breiten Basen, während bei *C. hastata* die viel schmäleren, flügelförmig ausgezogenen Basen der spiessförmigen Genitalblätter weit von einander abstehen. Jedenfalls scheinen bei Nizza mehrere Carmariniden vorzukommen; denn auch die von LEUCKART dort beobachtete und *G. proboscidalis* benannte Form (*Leuckartia longicirrata*) dürfte weder mit der von PÉRON und LESUEUR, noch mit der von mir bei Nizza gefundenen Art identisch sein.

Fundort: Im Mittelmeer bei Nizza. PÉRON et LESUEUR.

3. Geryonia conoides, Haeckel.

Geryonia hexaphylla, Brandt (l. c. p. 389: Taf. XVIII, Fig. 1, 2).

Liriope proboscidalis, Lesson (l. c. p. 331).

Schirm kegelförmig, von 3 Zoll Durchmesser und ebenso viel Höhe, durchsichtig, farblos, bis auf die röthlichen Centripetalcanäle und einen rosenrothen Ring am Schirmrand. Magenstiel kegelförmig. sehr stark, oben fingerdick. Das untere Ende sammt dem daran befestigten Magen war an dem einzigen Exemplare, das von Mertens gefunden wurde, abgerissen und der Verlust durch einen kleinen unförmlichen Stummel ersetzt. Die 6 grossen Genitalblätter sind gelblich, breit lanzettförmig; das äussere abgestutzte Ende erreicht den Ringcanal; die innere breite Basis läuft mit abgerundeten Ecken in einen kurzen stielähnlichen Fortsatz aus, der bis zur Basis des Magenstiels reicht. Die Zwischenräume zwischen den Blattbasen sind viel schmäler als diese selbst. Zwischen je 2 Blättern scheinen 9 blinde röthliche Centripetalcanäle vom Ringcanal abzugehen. Die 6 Radialtentakeln sind mehrmals länger als der Schirmstiel. Interradialtentakeln fehlen.

Diese Art ist jedenfalls von den andern 5, sämmtlich im Mittelmeer beobachteten, Carmariniden specifisch verschieden. Ob sie aber zu dieser oder zur folgenden Gattung gehört, lässt sich bei der Ungewissheit über die Bildung des Magens und die Abwesenheit des Zungenkegels nicht entscheiden. Das untere Ende des Magenstiels sammt dem Magen fehlte bei dem einzigen beobachteten Individuum eben so vollständig, wie ich es auch bei *Carmarina hastata* oft gefunden habe. Der lange aus dem Schirm hervorhängende Magenstiel lockt durch seine pendelnden Bewegungen wahrscheinlich als guter Köder die Fische an, die ihn dann abbeissen, oder er reisst auch wohl bei Angriffen auf andere Seethiere ab.

Fundort: Im grossen Ocean zwischen Japan und den Bonins-Inseln (36⁰ nördlicher Breite, 211⁰ westlicher Länge). Mertens.

5. Genus: **Carmarina**, Haeckel.

(»*Carmarina*« zusammengezogen aus *Carne marina* [See-Fleisch] nennen die Fischer in Nizza und an der Riviera ponente sowohl die grösseren Quallen, als auch andere gallertige durchsichtige pelagische Thiere.)

Gattungscharakter: Körper aus sechs homotypischen Abschnitten zusammengesetzt. 6 Radialcanäle. Vom Ringcanal gehen zwischen den Radialcanälen blind geendigte Centripetalcanäle in verschiedener Zahl aus. 12 Rand-

bläschen. 6 oder 12 (in einem gewissen Larvenstadium
18) Tentakeln. Magenstiel in Form eines langen soliden
Gallertkegels (»Zungenkegels«) in die Magenhöhle hinein
verlängert.

1. Carmarina hastata, HAECKEL.

Geryonia hastata, HAECKEL (vergl. Jenaische Zeitschrift I. Bd.
p. 327, Taf. XI. Fig. 1—10).

Die kurze Charakteristik dieser Art ist in der Jenaischen Zeitschrift I. Bd. p. 327 gegeben worden.

Fundort: Im Mittelmeer bei Nizza.

IV. Anatomie von Glossocodon eurybia (Liriope eurybia).

(Hierzu Taf. II und III.)

1. Körperform.

Schirm (Mantel) und Schirmstiel (Magenstiel).

Der erwachsene *Glossocodon eurybia*, welcher in Fig. 11, 12, 15
bei schwacher, in Fig. 13, 14 bei stärkerer Vergrösserung dargestellt
ist, hat die Gestalt eines ziemlich flachen Hutpilzes, dessen Schirm auf
einem langen dünnen Stiele sitzt. Der ganze Körper ist im Leben vollkommen glashell, durchsichtig und farblos; nur die reifen Genitalblätter und bisweilen auch der Magen sind ein wenig opak, weisslich
getrübt. Nach sehr reichlicher Nahrungsaufnahme erscheinen oft auch
die sämmtlichen Canäle des Gastrovascularsystems durch ihren Inhalt
weisslich gefärbt. Die letzteren Theile nehmen in der Regel auch einige
Zeit nach dem Tode eine mattweisse Färbung an, sowie dann auch die
mit Nesselzellen besetzten Theile, Mundsaum, Schirmrand und Tentakeln in derselben Weise getrübt werden. Eine röthliche oder grün-
liche Färbung einzelner Theile, wie sie bei andern Liriopiden häufig
vorkommt, ist bei unserer Art niemals zu bemerken.

Der Schirm oder die Umbrella (Fig. 11, 12 1) hat die Gestalt
eines dicken Uhrglases und bildet ein ziemlich flach gewölbtes Kugel-
segment, welches nur im Momente der stärksten Contraction des
Schirmrandes (so bei den heftigsten Schwimmbewegungen) sich der

Halbkugelform nähert. Die Schirmwölbung des ruhig im Wasser
schwebenden Thieres Fig. 11) ist sehr flach, so dass die Höhe des
Schirms nur ungefähr ein Drittel des Mündungsdurchmessers beträgt.
Der letztere misst bei dem erwachsenen Thiere 6—9, bisweilen bis zu
10ᵐᵐ. Die Höhe des Schirms schwankt zwischen 2 und 5ᵐᵐ. Die Dicke
seiner hyalinen Gallertsubstanz oder des Mantels ist wechselnd und
scheint, wie bei *Carmarina* vergl. unten) von der Menge der aufgenommenen Nahrung abhängig zu sein, so dass sie bei lange hungernden
Thieren bedeutend abnimmt. In der Regel nimmt die Gallertsubstanz
(l) der Umbrella in der Mitte der Scheibe fast die Hälfte, mindestens
ein Drittel der Höhe ein, während sie sich nach dem Rande hin rasch
verdünnt. Die Mantelgallerte ist durchaus homogen und structurlos
und schliesst, wie bei *Carmarina*, niemals Zellen ein.' Dagegen ist sie,
wie bei der letzteren, von zahlreichen feinen, dichotom verästelten
Fasern Fig. 25) durchzogen, welche von der oberen zur unteren
Schirmfläche ziehen und als festes Gerüst der weichen Gallertmasse Halt
verleihen (Fig. 87). Sie werden unten in dem letzten Abschnitt näher
beschrieben.

Dieselben gabelspaltigen Fasern, wie in der hyalinen homogenen
Schirmgallerte, sind auch in der gleichartigen Gallertsubstanz des langen
dünnen Schirmstieles oder Magenstieles (Pedunculus, Fig. 11,
12 p) nachzuweisen, welcher als eine solide homogene stielförmige
Verlängerung der Schirmgallerte aus der Mitte der unteren hohlen
Schirmfläche (Subumbrella) entspringt und an seinem freien untern
Ende den Magen trägt. Am Ursprunge dick kegelförmig, verjüngt sich
der Magenstiel ziemlich rasch in einen schlanken Cylinder, welcher sich
nach unten gegen den Magen hin nur noch wenig verdünnt, innerhalb
des Magens aber in den schlanken conisch zugespitzten Zungenkegel
sich fortsetzt. Die ganze Länge des Pedunculus von der Basis (in der
Mitte der Subumbrella) bis zur untern freien Spitze des Zungenkegels,
kommt in der Regel ungefähr dem Durchmesser des kreisrunden
Schirmrandes gleich, oder übertrifft denselben nur wenig, während er
bei jüngeren Thieren bedeutend dahinter zurücksteht. Der längste,
von mir gemessene Schirmstiel war 12ᵐᵐ lang, während er gewöhnlich nur 7—9ᵐᵐ erreicht. Seine Dicke in der Mitte beträgt gewöhnlich
0,5—0,8, selten bis 1ᵐᵐ. Die äussere Oberfläche des Gallertstiels ist
von den vier dünnen linearen Längsmuskelbändern (Fig. 18—21 m)
überzogen, welche mit den vier ungefähr eben so breiten, in der
Stieloberfläche vom Magengrund zur Subumbrella aufsteigenden Radialcanälen (Fig. 18—21 r) alterniren. Wenn die letzteren stark mit
Nahrungsflüssigkeit gefüllt sind, springen sie über das Niveau der

Muskelbänder derartig vor, dass die Cylinderform des Stiels zu einem
vierseitigen Prisma wird und sein Querschnitt nicht mehr kreisrund,
sondern quadratisch erscheint. Auf solchen Querschnitten quillt die
Gallertsubstanz (l) des Stiels, wenn die Muskeln (m) sich stark contra-
hiren, oft halbkugelig oder fast kugelig über die Schnittfläche vor
(Fig. 20).

Die Zunge oder der Zungenkegel (z), wie ich die innerhalb
des Magenschlauchs gelegene terminale Verlängerung des Magenstiels
nenne, ist ein solider gestreckt kegelförmiger Gallertzapfen von ½—1,
höchstens von 2^{mm} Länge, welcher bald ganz in die Magenhöhle zurückgezogen und dann schwer zu erkennen ist (Fig. 11, 14, 19, 20 z),
bald eine längere oder kürzere Strecke aus der Mundöffnung hervorgestreckt wird (Fig. 12, 13), letzteres besonders dann wenn der Magenschlauch sich nach aussen umstülpt (Fig. 13). Niemals habe ich den
zurückgezogenen Zungenkegel in der Weise knieförmig gebogen, ge-
knickt oder zusammengelegt gesehen, wie man ihn bei *Camarina*
(Fig. 4 z) häufig beobachten kann. Bei dieser letzteren hat er auch
eine länger gestreckte Cylinderform, während er bei *Glossocodon* meistens rein kegelförmig erscheint. Das untere Ende des Magenstieles
spitzt sich ganz allmählich kegelförmig in den Zungenkegel zu und die
Grenze zwischen beiden wird nur durch die Insertion des Magengrun-
des bestimmt. Die solide Gallertmasse des Kegels ist von einem sehr
dünnen Muskelbeleg und darüber von einem Epithel überzogen. Durch
Muskelcontraction kann seine reine Kegelform mehrfach modificirt erscheinen. Er kann nach verschiedenen Richtungen gebogen und wieder
gestreckt, bisweilen fast halbkreisförmig gekrümmt werden. Oefter ist
er durch eine oder mehrere ringförmige Furchen der Quere nach eingeschnürt; namentlich ist die feine Spitze durch eine terminale Ring-
furche oft fast knopfförmig abgesetzt. Anderemale erscheint die Basis
des Zungenkegels dünn zusammengeschnürt und die Spitze fast eiförmig angeschwollen, so dass er Kolbengestalt annimmt. Bisweilen kann
man an lebenden Thieren, deren Magen kragenartig umgestülpt oder
stark nach oben zurückgezogen ist, sehen, wie der Zungenkegel langsam hervorgestreckt und träge pendelnd, scheinbar tastend oder su-
chend, hin und her bewegt wird. Namentlich wenn kleine in der Nähe
des Mundes umherschwimmende Thierchen mit dem Mundsaum in
Berührung kommen oder einen Strudel in dessen Umgebung veran-
lassen, scheint der Gallertkegel wie ein Tentakel nach ihnen ausge-
streckt zu werden. Es scheint mir daher von den Vermuthungen, die
man sich über die Function dieses, bis jetzt nur bei *Carmarina* und
Glossocodon beobachteten seltsamen Organes bilden kann, diejenige am

meisten der Natur zu entsprechen, dass dasselbe zum Betasten, vielleicht auch zum Schmecken der Nahrung dient und daher wohl als
Zunge bezeichnet werden darf. Dass der Zungenkegel eine zum Ver-
wunden oder Tödten der Beute dienliche Waffe sei, dagegen spricht
einerseits die weiche Beschaffenheit seiner Gallertmasse, andrerseits
der Mangel von Nesselzellen in seinem Epithel. Ob der Zungenkegel von
Glossocodon eurybia in einer gewissen Lebensperiode als Knospenstock
fungirt, wie bei *Carmarina*, kann ich nicht sagen, da ich niemals Knospen
an demselben ansitzend gefunden habe. Bei *Glossocodon catharinensis*
dagegen scheint dies der Fall zu sein (vergl. unten den VIII. Abschnitt).

2. Gastrovascularsystem.

Mund, Magen, Ernährungscanäle und Geschlechtsorgane.

Der Magen (k) hängt bei dem ruhig schwebenden Thiere als ein
cylindrisches, glattwandiges, nicht gefaltetes Rohr (von 1—3 ^{mm} Länge
0,2—0,6—1 ^{mm} Durchmesser) von dem Magenstiel herab, dessen Contour ohne Grenze in die des Stiels übergeht, während die Substanz des
letzteren durch seine vollkommene Durchsichtigkeit sich von der oft etwas
getrübten dicken Magenwand absetzt (Fig. 11). Am dicksten und
trübsten ist der weissliche Mundsaum, der in gleichmässig geöffnetem Zustand meist ein regelmässiges Quadrat bildet (Fig. 16). Gewöhnlich ist der Mundrand des Magens mehr oder weniger weit man-
chettenartig nach aussen umgestülpt, sehr häufig sogar die ganze untere
Hälfte der Magenwand, so dass der Mundsaum die Insertion des Magenrohrs
am Stiele berührt oder noch darüber hinaufragt (Fig. 19, 20). Nicht selten
stülpt sich dann der Mundsaum nochmals nach vorn um, so dass man
dann auf einem Querschnitt 3 sich concentrisch umschliessende Magen-
blätter finden würde (Fig. 21). Seltener als diese doppelte Umstülpung
findet man den ganzen Magensack nach oben vollständig zurückgeschlagen, so dass der Zungenkegel in seiner ganzen Länge frei liegt und der
Magen eine stiefelartige Scheide um den untern Theil des Stieles bildet
(Fig. 13). Wenn der Magen reichliche Nahrung aufgenommen hat, so
kann er ein sehr viel grösseres Volum und die verschiedensten Formen
annehmen. Ebenso wechselnd erscheint Form und Ausdehnung des
quadratischen Mundsaums (o'). Bisweilen saugt sich das Thierchen fast
mit der ganzen innern Magenwand auf der Glasplatte fest an (Fig. 15, 16)
und es erscheint der Magen dann als eine ziemlich durchsichtige qua-
dratische Platte, von deren 4 Ecken 4 diagonale Rinnen (d) nach der
Mitte zu laufen, um sich dann bis zum Anfang der Radialcanäle an der
Basis des Zungenkegels fortzusetzen. Jede Rinne erscheint als die

Mittelrippe eines trüben elliptischen Blattes (Fig. 15 d, 16 d), das mit dem äussern Ende die Quadratecke berührt, und verhält sich zu diesen im Kleinen, wie jeder Radialcanal zu seinem Genitalblatt im Grossen. Das Epithel unterscheidet sich von dem helleren der übrigen Magenwand durch bedeutende Grösse, rundliche Form und dunkelkörnigen Inhalt der Zellen. Jede Zelle enthält ausser dem Kern eine Anzahl von dunkeln, stark lichtbrechenden, wie Fett glänzenden Körnern. Ich vermuthe, dass diese Zellen als einzellige Drüsen einen verdauenden Saft absondern und sehe die Blätter (d) als Magendrüsen an. Wenn der Mundsaum in der erwähnten Weise ausgedehnt ist, so erscheinen die Nesselzellen, welche den zusammengezogenen Mund als dicker Lippenwulst umgeben, ganz regelmässig auf 32 warzenförmig vorragende paarweis verbundene Nesselknöpfe vertheilt (Fig. 15, 16, 17 o'); 2 Paar getrennte Nesselknöpfe kommen auf jede Seite des Quadrats, 2 Paar auf jede abgestutzte Ecke desselben. Nicht selten wird jede Quadratseite des Mundsaums in der Mitte tief eingezogen, so dass derselbe dann deutlich vierlappig erscheint, besonders wenn zugleich jeder Lappen noch in der Mitte kahnförmig zusammengefaltet wird, so dass der Rücken der Drüsenrinne einen Kiel bildet und die beiden Hälften jedes Drüsenblattes sich bis zur Berührung nähern (Fig. 13, 18, 21). In diesem Zustande glaubt man dann 4 ganz getrennte selbstständige Mundlappen vor sich zu haben, wie sie für viele Medusen-Arten als charakteristisch gelten. Sobald aber die Falten sich ausgleichen und die tiefe Einziehung der Quadratseitenmitte aufhört, erscheint der Mundsaum wieder ganzrandig. Es geht hieraus hervor, wie wenig Werth auf die Gestalt und Lappenbildung des Mundes der Craspedoten zu legen ist, wenn man danach Arten oder gar Gattungen unterscheiden will. Bisweilen sah ich den Mundsaum unseres *Glossocodon* sogar deutlich achtlappig, indem statt der gewöhnlichen einfachen eine doppelte Einziehung jeder Quadratseite eingetreten war, und sowohl die Mitte der 4 Quadratseiten als die 4 Ecken in Form lappenförmiger Duplicaturen vortraten. Endlich sah ich bisweilen die doppelte Einziehung an 2 gegenüberliegenden, die einfache Einziehung an den beiden andern Quadratseiten, so dass der Mundsaum nur sechslappig erschien[1]). Die Lappenbildung des Mundsaums findet auch bei umgestülptem (Fig. 20) und sogar bei doppelt umgestülptem Magenrand (Fig. 21) nicht selten statt.

---

1) Offenbar ist es dasselbe wechselnde Verhältniss, welches Eschscholtz und Lesson verleitete, ein einzelnes Individuum von *Liriope exigua* generisch von dieser zu trennen (vergl. oben die Beschreibung dieser Art).

Die vier Radialcanäle (r) entspringen im Grunde des Magensackes, da wo derselbe am Magenstiele sich inserirt, und wo mithin
auch der Zungenkegel entspringt. Sie öffnen sich an der Basis des
letzteren in die Magenhöhle durch 4 runde Oeffnungen (i), die durch
einen Kreismuskel völlig von dieser abgeschlossen werden können.
Hier nehmen sie zugleich das Ende der Rinnen auf, welche von den
4 Drüsenblättern her wahrscheinlich den Verdauungssaft dem Magengrunde und den Radialcanälen zuführen[1]). Die vier runden Einmün-
dungsöffnungen der Radialcanäle sind bisweilen (wenn sie ganz zusammengezogen und verstrichen sind) im Magengrunde sehr schwer
oder gar nicht zu finden, während sie anderemale sofort in die Augen
fallen Fig. 14i, 16i, 19i). Aeusserst deutlich sah ich sie einmal in
geöffnetem Zustande (Fig. 17i), als ein glücklicher Zufall mir bei einem
auf dem Rücken liegenden Thiere, welches seinen Magenstiel empor-
richtete und den Magen weit öffnete, die volle Ansicht des Magengrun-
des von unten vor Augen führte. Es erschienen die 4 geöffneten
Mündungen der Radialcanäle als 4 länglich runde, durch ungefähr eben
so breite Zwischenräume getrennte Löcher, welche in ganz gleichen
Abständen den Zungenkegel (der in Fig. 17 z stark verkürzt erscheint),
umgaben. Wie die Einmündungsstellen der Radialcanäle in den Magengrund, so ist auch ihr Verlauf längs der Aussenfläche des Schirmstieles
und längs der Unterfläche des Schirmes bald sehr leicht und deutlich,
bald sehr schwierig oder fast gar nicht wahrzunehmen. Bei lebenden
Thieren nämlich, welche hungern oder nur sehr wenig Nahrung aufgenommen haben, erscheinen sowohl die Radialcanäle als das sie verbindende Ringgefäss vollkommen glashell und farblos und setzen sich fast
gar nicht von der gallertigen Schirmsubstanz, die das Licht ebenso bricht,
ab. Hat dagegen das Thier reichliche Nahrung aufgenommen, so füllen
sich Radialgefässe und Ringcanal mit sehr zahlreichen kleineren und
grösseren, meist stark lichtbrechenden und fettglänzenden Körnchen
und Bläschen, welche als Verdauungsproducte des Magens von diesem
in die Gefässe hineingetrieben und in diesen durch Flimmerbewegung
umhergeführt werden. Bisweilen erscheinen, nach überreichlicher
Nahrungsaufnahme, die Gefässe strotzend mit solchen assimilirten
Körnchen gefüllt, dadurch übermässig ausgedehnt, und weisslich gefärbt, so dass sie sich nun sehr deutlich von der glashellen farblosen
Schirmsubstanz absetzen. Ebenso werden sie auch meistens kurze Zeit
nach dem Tode weisslich getrübt; und durch Anwendung verschiedener

---

[1]) Bei *Liriope ligurina* beschreibt LEUCKART (l. c. p. 4) 4 ähnliche »Rinnen oder
Spalten«, deutet dieselben aber wohl irrig als die Oeffnungsspalten der Radialcanäle.

Flüssigkeiten, z. B. Mineralsäuren, welche in dem Epithel oder in dem Lumen der Gefässe körnige Niederschläge hervorbringen, kann man sich dieselben fast immer rasch zur Anschauung bringen. Das Lumen der Canäle scheint je nach der aufgenommenen Nahrungsmenge oder Wassermenge sehr zu wechseln, so dass man sie zu verschiedenen Zeiten von sehr verschiedener Breite findet. In ihrem Verlaufe längs der Oberfläche des Magenstieles sind die Radialcanäle (r) meist ebenso breit, als die 4 linearen Muskelbänder (m), durch welche sie voneinander getrennt werden (Fig. 13, 14, 18—21). Es erscheinen dieselben dann auf Querschnitten des Magenstieles als die abgerundeten Ecken eines Quadrats (Fig. 18—21). Meist treten auf solchen Querschnitten die klaffenden Lichtungen (q) der durchschnittenen Radialröhren sehr deutlich hervor, bisweilen selbst dann noch, wenn die homogene Gallerte des durchschnittenen Magenstiels über die Schnittfläche halbkugelig oder fast kugelig hervorgequollen ist (Fig. 20 I). Man überzeugt sich in letzterem Falle auf das Bestimmteste, dass der ganze Magenstiel von der homogenen Gallerte (l) gebildet wird und dass die 4 Radialröhren (r) sowie die 4 sie trennenden Muskelbänder (m) nur äusserlich auf seiner Oberfläche verlaufen. Deutlich setzen sich schon bei schwacher Vergrösserung die Canäle dadurch vor den fein längsstreifig erscheinenden Muskeln ab, dass das eigenthümliche subumbrale Epithel der Canäle in sehr bestimmter Zeichnung hervortritt (Fig. 20). Dasselbe besteht aus sehr grossen und hohen polyedrischen Cylinderzellen, welche sich durch sehr dicke Wände vor den übrigen Epithelien des Geryonidenkörpers auszeichnen. Die dicke Zellenwand ist bemerkenswerth wegen einer auffallend unregelmässigen, gleichsam unterbrochenen Zeichnung ihres doppelten Contours, welche vielleicht auf Porencanäle, die die Zwischenwände durchbrechen, zu beziehen ist. (Vergl. unten den letzten Abschnitt über die Gewebe.) Nur die der Subumbrella zugekehrte Wand der Radialcanäle besitzt dieses dicke Cylinderepithel, während die umbrale, der Gallertsubstanz zugekehrte Wand von einem aus kleinen flachen Zellen gebildeten Pflasterepithel ausgekleidet ist.

Nachdem die 4 Radialcanäle längs der Aussenfläche des Magenstiels gleichbreit emporgestiegen sind, biegen sie sich, an der Subumbrella angelangt, um und erweitern sich alsbald zu den 4 flachen, breiteiförmigen Taschen, in denen sich die Geschlechtsproducte entwickeln (Fig. 11—15 g). Diese 4 Genitalblätter sind bei den geschlechtsreifen Thieren von ansehnlicher Grösse, indem sie beinahe von der Basis des Magenstiels bis nahe an den Schirmrand reichen, so dass ihre nach aussen gewendete Spitze den Cirkelcanal erreicht oder sogar

noch etwas in denselben hinein vorspringt (Fig. 13). Das entgegengesetzte innere (dem Magenstiele zugewendete) Ende jedes Genitalblattes erscheint bald scharf abgerundet und von dem Radialcanal abgesetzt (Fig. 14), bald geht es mehr allmählich verschmälert in denselben über (Fig. 13); letzteres mehr bei den männlichen, ersteres bei
den weiblichen Thieren. Im Uebrigen ist die Form der Genitalien bei
beiden Geschlechtern ganz gleich; doch kann man sie häufig schon mit
blossem Auge daran unterscheiden, dass die Genitalblätter (Hoden)
des Männchens stärker weisslich getrübt erscheinen (Fig. 13 g') als die
helleren, mehr durchsichtigen Geschlechtstaschen (Eierstöcke) der
Weibchen (Fig. 14 g''). Der Abstand je zweier Genitalblätter voneinander an ihrer Basis übertrifft ihre eigene Breite bald um Weniges,
bald um das Zwei- bis Dreifache. Die Geschlechtsproducte entwickeln
sich bei beiden Geschlechtern aus dem subumbralen Epithel (r s),
welches die untere (der Schirmhöhle zugekehrte) Wand der blattförmig
flachen Ausstülpung der Radialcanäle bekleidet. Beim Männchen entstehen durch fortgesetzte Theilung dieser Epithelzellen äusserst zahlreiche und kleine kugelige Samenzellen von 0,004^{mm} Durchmesser,
deren jede ein einziges stecknadelförmiges Zoosperm zu entwickeln
scheint. Das Köpfchen der Zoospermien ist rundlich, der mässig lange
Faden sehr zart und dünn, sehr beweglich. Die Eier des Weibchens
entwickeln sich durch Vergrösserung und fortdauernde Vermehrung
jener Epithelzellen der unteren Taschenwand, so dass man bei geschlechtsreifen Thieren beständig Eier der verschiedensten Grössen
nebeneinander findet, alle in einer einzigen Ebene liegend. Die grösseren Eier springen, indem sie die vorliegenden circularen Muskelfasern
der Subumbrella auseinanderdrängen, über diese Ebene als flache
Buckel in die Schirmhöhle hinein vor und werden schliesslich durch
Bersten des dünnen Ueberzugs, den hier das flache Epithel der Subumbrella noch über ihnen bildet, frei. So wenigstens habe ich bei *Carmarina hastata* (Fig. 71), bei *Mitrocoma Annae* und anderen Craspedoten die Eier direct austreten sehen, während dieselben in anderen
Fällen wohl auch in die Strömung des Gastrovascularsystems hinein-
gerathen und durch den Magen und Mund entleert werden mögen. Die
Möglichkeit dieser Ausführungsweise ist jedenfalls dadurch gegeben,
dass der Hohlraum der flachen Geschlechtstaschen in der That beständig mit dem Lumen der Radialcanäle in offener Communication bleibt.
Zwar hat es auf den ersten Blick den Anschein, als ob die nach dem
Schirmrand gerichtete Fortsetzung der Radialcanäle geschlossen mitten
durch die Genitaltasche hindurchliefe, wie die Blattrippe durch das
Blatt (Fig. 13, 14); allein diese Trennung ist nur scheinbar und da-

durch bedingt, dass das Canalepithel in der Mitte der Blätter, wo an der subumbralen Canalwand der Radialnerv (a r), von radialen Muskeln begleitet, verläuft, seinen ursprünglichen Charakter behält und keine Geschlechtsproducte erzeugt. Von der offenbleibenden Communication der Canalhöhle mit der rechts und links von ihr ausgehenden Ausstülpung kann man sich leicht durch die Beobachtung der in den Gefässen circulirenden Körnchen überzeugen, die häufig auch zwischen die Samenzellen und namentlich zwischen die Eier hineingelangen. Zwischen den einzelnen Eierhaufen eines jeden Blattes ist sogar häufig, besonders an theilweis entleerten älteren Eierstöcken, eine Art lacunären Gefässnetzes bemerkbar, indem gewöhnlich die grössten und reifsten Eier einzeln oder zu wenigen vereint in bestimmten Abständen voneinander entfernt vorspringen: jedes von ihnen oder jedes Paar ist zunächst von einem Hofe mittelgrosser Eier umgeben, zwischen denen zahlreiche, ganz kleine und junge Eierchen liegen, und diese letzteren bilden ausserdem einen peripherischen Ring um die ganze Eiergruppe. Zwischen den so abgegrenzten Feldern bleiben nun häufig schmälere oder breitere eierfreie Zwischenräume übrig, welche eine freiere Circulation des Chylus gestatten (angedeutet in Fig. 11, deutlicher bei *Carmarina hastata* in Fig. 1 und 3). Die reifsten und grössten Eier sind in der Regel durch gegenseitigen Druck polyedrisch abgeplattet und erreichen einen Durchmesser von 0,05 bis 0,1 mm. Ihr Dotterprotoplasma ist durch dichte Mengen feiner, dunkler Körnchen getrübt (Fig. 86 g d). Ihr Kern (g v) ist eine helle, kugelige Blase von 0,02 bis 0,05 mm, welche einen sehr deutlichen kugeligen Nucleolus (g m) von 0,005 bis 0,01 mm zeigt. In diesem ist deutlich ein innerster Fleck (Keimpunct, Nucleolinus oder Punctum germinativum) zu unterscheiden (g p, Fig. 86). Ihre Membran

ist sehr zart und dünn und wird bei den jüngeren Eiern vollständig vermisst. Diese stellen hüllenlose Protoplasmaklumpen dar, welche den Kern umgeben. Die Menge des körnigen Protoplasma ist bei den jüngsten Eiern minimal, so dass diese fast nur aus dem Kerne mit seinem Nucleolus zu bestehen scheinen.

Fig. 86. Eier von *Glossocodon eurybia*. g d. Protoplasma (Dotter). g v. Keimbläschen (Nucleus). g m. Keimfleck (Nucleolus). g p. Keimpunct (Nucleolinus).

Das äussere spitze Ende der eiförmigen Genitalblätter erreicht, wie bemerkt, den breiten Cirkelcanal (c), welcher die 4 Radialcanäle am Schirmrande miteinander verbindet. Dieses Ringgefäss erscheint in der

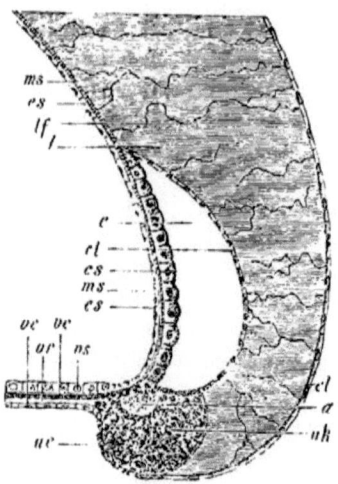

Fig. 87. Ein verticaler Radialschnitt
(Meridianschnitt) durch den Schirmrand
von *Glossocodon eurybia*, zwischen 2
Randbläschen. a. Nervenring. c. Ringgefäss. c l. Umbrales, c s. subumbrales
Epithel des Ringgefässes. e l. Epithel des
Gallertmantels. e s. Epithel der Subumbrella. l. Gallertsubstanz des Mantels
l f. Fasern in der Gallertsubstanz.
m s. Ringmuskeln der Subumbrella.
n e. Epithel des Ringknorpels. n k. Ringknorpel. v. Velum. v e. Ringmuskeln.
v e. unteres Epithel, v r. Radialmuskeln.
v s. oberes Epithel des Velum.

Regel sehr breit, oft fast halb so
breit wie ein Genitalblatt, oder eben
so breit als das Velum. Doch ist das
Lumen desselben von sehr wechselnder Ausdehnung, im prallgefüll-
ten Zustande fast cylindrisch, bei
geringer Füllung dagegen flach taschenförmig; im letzteren Falle liegen innere und äussere Wand des
Gefässringes nahe aneinander, so
dass derselbe auf dem radialen
Querschnitt ein sehr schmales Oval
oder eine Sichel darstellt (Fig. 87 c).
Auch an dem Ringcanale ist meist
schon bei schwacher Vergrösserung
die zierliche feine netzförmige Zeichnung sehr deutlich (Fig. 13), welche
durch die hohen und grossen dickwandigen Cylinderzellen des subumbralen Gefässepithels hervorge-
bracht wird (Fig. 87 c s), während
das umbrale, der Gallertsubstanz
des Schirmes zugekehrte Epithel
(Fig. 87 c l) auch am Cirkelgefässe
nur aus flachen, dünnwandigen
Pflasterzellen besteht. Die gewöhnliche Form des Randgefässes ist
übrigens bei *Glossocodon eurybia*
nicht wie bei den meisten Medusen
ein Kreis, sondern ein Polygon, bald
deutlicher viereckig, bald deutlicher achteckig. An dem unteren, dem
Knorpelringe zugekehrten Rande des Cirkelcanals wird diese eckige
Form durch die 8 einspringenden Winkel erzeugt, welche hier die unten zu beschreibenden centripetalen Spangen der äusseren Mantelfläche
hervorbringen. Der entgegengesetzte obere Rand des Ringcanals dagegen wird dadurch polygonal ausgebuchtet, dass derselbe beim Uebergange in die Genitalblätter ein wenig an deren Aussenwand hinauf-
läuft, während er in der Mitte zwischen zwei Genitaltaschen einen fast
halbkreisförmigen Vorsprung bildet, eine Andeutung jener bei *Carmarina* so entwickelten Centripetalcanäle (Fig. 13).

Ausser den 4 Radialcanälen münden in den Cirkelcanal, rechts

neben den radialen Randbläschen, die 4 Canäle ein, welche die Axe
der Tentakeln ihrer ganzen Länge nach durchziehen.

Der Cirkelcanal bildet übrigens nicht den eigentlichen Rand
des Schirmes, der denselben von dem Velum abgrenzt. Dieser äusserste
Schirmrand wird vielmehr von dem sogleich zu beschreibenden, von
einem Nesselepithel überzogenen Knorpelringe gebildet, auf dessen
oberem Rande der Nervenring und der untere Rand des Cirkelcanals
ruhen.

3. Skelet.

Knorpelring des Schirmrandes.

So befremdend und so wenig passend es auf den ersten Blick
scheinen mag, bei so weichen, gallertartigen und oft fast zerfliesslichen
Thieren, als es die meisten craspedoten Medusen und auch unsere Geryoniden sind, von einem Skelete zu sprechen, so ist doch in der That
in dem Körper der Geryoniden, wenigstens der beiden von mir untersuchten Repräsentanten dieser Familie, ein Theil vorhanden, welcher,
obwohl von keiner ansehnlichen Entwicklung, mir dennoch den Namen
eines Skeletes vollkommen zu verdienen scheint. Es ist dies ein dünner, cylindrischer oder halbcylindrischer Knorpelring (u k), welcher den untersten Theil des Schirmrandes bildet, so dass er nach
aussen und unten frei ist, nach oben an den unteren Rand des Gallertmantels und des Ringcanales, nach innen an den Nervenring und den
äusseren Rand des Velum stösst. Indem er zwischen diese verschiedenen Ränder eingeschaltet ist, dient er denselben wesentlich zur Stütze
und zur Insertion und giebt zugleich dem Mantelrande vermöge seiner
mit grosser Elasticität verbundenen Festigkeit seine bestimmte und
bleibende Kreisform.

Bei *Glossocodon* beschränkt sich das rudimentäre Skelet auf den
Ringknorpel (Fig. 38, 40, 41 u k). Bei *Carmarina* dagegen gehen von
dem Knorpelringe des Schirmrandes noch mehrere kurze, hackenförmig
gebogene, fadendünne Ausläufer in Form sehr schmaler Knorpelstreifen
aus, welche in der Aussenfläche des Gallertmantels in radialer Richtung emporsteigen, und welche ich deshalb marginale oder centripetale
Mantelspangen nenne (h). Es sind deren eben so viele als Randbläschen vorhanden und sie biegen sich von der Basis der Randbläschen
nach aussen und oben herum. Jede Mantelspange besteht nur aus einer
einzigen Reihe von Knorpelzellen und läuft von einem Muskelstreifen
und einem Nerven begleitet und von einem Streifen Nesselepithel überzogen, in der äusseren Mantelfläche centripetal bis zu der Stelle empor,

wo bei der Larve die interradialen und die radialen Nebententakeln
festsassen. Hier setzte sich bei den Larven der Knorpelstreif direct in
den viel dickeren Tentakelknorpel fort. Diese marginalen Mantelspangen mit ihren Nerven, Muskeln und Epithelstreifen sind zwar bei *Glossocodon* auch vorhanden. Es fehlt ihnen aber das Knorpelskelet, durch
welches die Spangen der *Carmarina* gestützt werden.

Von den früheren Beobachtern der Geryoniden ist der Knorpelring
meistentheils ganz übersehen, theils aber auch für einen Nervenring
oder für einen verdickten Epithelialsaum genommen worden. Die letztere
Verwechslung war um so leichter möglich, als der Knorpelring von
einem Epithel überzogen ist, das zahlreiche Nesselkapseln entwickelt,
und als die dunkeln Nesselkapseln das Licht fast in demselben Grade
brechen wie die glänzenden Knorpelhöhlen, so dass ich selbst auch
anfänglich oben das ganze Gebilde als Nesselsaum bezeichnet habe.

Der Knorpelring (Fig. 13, 14 u; Fig. 38, 40, 87 u k) des kleinen
Glossocodon eurybia ist sehr dünn, auf dem verticalen Radialschnitt halb-
cylindrisch, nach unten convex. Er besteht aus dichtgedrängten Reihen runder kleiner Knorpelzellen, welche durch ziemlich reichliche Intercellularsubstanz getrennt sind. Am besten zu untersuchen ist er bei
jüngeren Larven, wo erst wenige Zellenreihen übereinander liegen
(Fig. 41). Ueber das topographische Verhältniss des Knorpelringes zu
den Nachbartheilen ist der vorhergehende Holzschnitt Fig. 87, sowie
die unten folgende Darstellung des Nervenringes zu vergleichen. Bei
Carmarina hastata, wo das Knorpelskelet stärker entwickelt ist, werde
ich dasselbe genauer beschreiben. Ueber die nähere Beschaffenheit des
Medusenknorpels, welcher sowohl seines histologischen, wie seines
physikalischen und physiologischen Werthes wegen diesen Namen ver-
dient, ist der letzte Abschnitt dieser Arbeit (über die Gewebe der Geryoniden) zu vergleichen.

4. Muskelsystem.

Tentakeln, Velum und Subumbrella.

Schräg unterhalb der Spitze jedes Genitalblattes entspringt von
dem Schirmrande ein sehr contractiler, langer Faden, Tentakel oder
Randfaden (t). Genauer bezeichnet nehmen diese 4 Fangfäden
ihren Ursprung rechts neben den radialen Randbläschen (bei Betrachtung von aussen oder unten) und zwar oberhalb des Knorpelringes
des Schirmrandes, von der Aussenfläche des Cirkelcanals, von welchem
aus sich eine Verlängerung als feine Röhre durch die ganze Länge des
Tentakels hindurch bis zu seinem blinden Ende fortsetzt. Doch ist die

Flimmerbewegung oder die Strömung des Chylus in dieser Höhlung des
Fangfadens selten und meist nur in der erweiterten Basis zu beobachten, weil die der mikroskopischen Beobachtung zugänglich gemachten
Fangfäden sich meist in einem Zustande sehr starker Contraction befinden, bei welcher das Lumen des Tentakels ganz oder fast ganz ver-
schwindet, indem derselbe seinen flüssigen Axeninhalt in das Ringgefäss zurücktreibt. In diesem stark zusammengezogenen Zustande
gleichen die Tentakeln mit ihren wurmförmigen Bewegungen und ihrer
dichten Ringelung gewissen Annelidenformen (Fig. 13, 14). Sie übertreffen dann die Länge des Magenstieles meist nur wenig und erscheinen oft fast so breit als die Muskelbänder am Magenstiel. Ganz anders
erscheinen sie bei dem frei im Wasser schwimmenden Thiere, welches
sie nach allen Seiten wie Angeln verlängernd auswirft (Fig. 12), oder
bei dem ruhenden Thiere, bei dem sie in völlig erschlafftem Zustande
bewegungslos herniederhängen. Hier übertrifft ihre Länge mehrmals
die Länge des Magenstieles und sie erscheinen schon dem unbewaffneten Auge mit sehr zahlreichen und feinen Knoten besetzt, wie
zierliche Perlenschnüre. Jeder solcher Knoten oder jede Perle ergiebt
sich vergrössert (Fig. 24 u) als ein ringförmiger dunkler Wulst, welcher dicht mit Nesselzellen gespickt ist. Während diese Nesselwülste
bei den ganz lang ausgestreckten Tentakeln durch schmälere nessel-
zellenfreie Internodien getrennt sind, welche ihre eigene Länge um das
Drei- bis Vierfache übertreffen, schwinden dagegen bei starker Contraction der Randfäden diese Internodien vollständig, so dass nur Nesselring an Nesselring gereiht erscheint (Fig. 13, 14). Den grössten
Theil der Tentakelsubstanz bilden mächtig entwickelte Längsfaser-
bündel. Ihr feinerer Bau ist sehr schwierig zu erforschen, da Querschnitte und Längsschnitte, welche allein über denselben Auskunft geben können, nur sehr schwer bei der geringen Dicke der Tentakeln zu
erhalten sind. Was ich in dieser Beziehung ermitteln konnte, stimmt
mit dem complicirten Bau der Tentakeln von *Carmarina* überein, der
unten näher beschrieben werden wird. Sicher ist, dass auch hier bei
Glossocodon keine quergestreiften Muskeln, sondern nur glatte Fasern
die contractilen Tentakelelemente zusammensetzen.

Ganz verschieden von diesen 4 radialen Haupttentakeln, die sich
durch ihre wurmförmigen kriechenden und schlängelnden Bewegungen
auszeichnen, sind die 4 radialen Nebententakeln (s t), welche oberhalb
der ersteren von der Aussenseite des Schirmes entspringen, und die 4
interradialen Tentakeln (y). Beide gehen bei unserer Art noch vor der
Entwicklung der Genitalien verloren, während sie (mindestens die interradialen) bei anderen Geryoniden zeitlebens persistiren, so bei *Glos-*

socodon catharinensis und *G. mucronatus* und bei den oben in dem Subgenus *Xanthea* zusammengefassten Arten von *Liriope*. Diese 8 Larventolentakeln, sowohl die radialen, mit einem Nesselknopf versehenen (Fig. 39), als die interradialen, mit einer Reihe von Nesselpolstern versehenen (Fig. 40) bestehen aus einem cylindrischen Knorpelstabe, der von einem dünnen Muskelschlauche überzogen ist. Dieser ist nur aus longitudinal verlaufenden quergestreiften Muskelfasern zusammengesetzt und von einem einfachen Epithelschlauche überzogen. Alle 12 Tentakeln, welche in einem gewissen Stadium der Entwicklung Fig. 37) sich gleichzeitig zeigen, werden gebogen und verkürzt durch Wirkung der longitudinalen Muskelfasern. Die Ausdehnung der verkürzten Tentakeln geschieht bei den 4 radialen Haupttentakeln durch Erection, nämlich durch Injection von Ernährungsflüssigkeit aus dem Cirkelcanal in den Axencanal des Tentakels, bei den übrigen dagegen, die nicht hohl sind, durch die Elasticität des zusammengedrückten und sich wieder ausdehnenden Knorpelskelets.

Gleiche quergestreifte Muskelfasern, wie sie den Ueberzug der Larventolentakeln bilden, setzen auch die Bewegungsorgane des *Glossocodonschirmes*, Velum und Subumbrella zusammen. Das Velum (v) oder die Randmembran, welches ungefähr so breit als die Höhe des Cirkelcanales ist, zeigt Fig. 87 im Querschnitt. Es besteht aus einer oberen stärkeren Lage von Ringfasern (v c) und einer unteren schwächeren Lage von Radialfasern (v r). Erstere ist oben von einem Cylinderepithel (v s), letztere unten von einem Pflasterepithel (v e) bekleidet. Die circularen Muskelfasern des Velum setzen sich auch auf die Subumbrella fort (Fig. 87 m s), wo sie aber viel schwächer entwickelt erscheinen und sich gegen die Basis des Magenstieles ganz verlieren. Sie sind von dem dünnen Pflasterepithel der Subumbrella (Fig. 87 e s) überzogen. Unter der dünnen Ringmuskelschicht der Subumbrella finden sich noch 12 schmale longitudinale oder besser radiale Muskelbänder, von denen die 4 unpaaren in der äusseren Mittellinie der Radialcanäle die Radialnerven bis zum Grunde der Schirmhöhle begleiten, während die 8paarigen stärkeren Muskelstreifen die Seitenränder der 4 Radialcanäle säumen. An der Basis des Magenstieles treten dieselben paarweise zur Bildung der longitudinalen Stielmuskeln (m) zusammen, welche den Zwischenraum zwischen den Radialcanälen längs ihres Verlaufes am Magenstiele ausfüllen und unten in die oberflächliche Längsmuskelschicht des Magens übergehen.

5. Nervensystem.

Das Nervensystem habe ich bei *Glossocodon eurybia* sowohl als bei *Carmarina hastata* mit verhältnissmässig grösserer Deutlichkeit und Sicherheit nachzuweisen vermocht, als mir dies bei einer Anzahl anderer darauf untersuchter Medusen aus den verschiedensten Familien möglich gewesen ist. Die Geryoniden scheinen in dieser Beziehung wirklich ein besonders günstiges Beobachtungsobject zu sein, weil sich deutliche nervöse Elementartheile bei ihnen isoliren lassen. Immerhin ist aber auch hier der Nachweis derselben keineswegs leicht. Ich sehe mich daher um so mehr veranlasst, alles, was ich darüber durch sorgfältige Untersuchung ermitteln konnte, hier anzuführen, als dieser Gegenstand ohne Zweifel sowohl zu den wichtigsten als zu den schwierigsten in der Anatomie niederer Thiere gehört, und als gerade im gegenwärtigen Augenblicke die auffallendsten Widersprüche darüber bei den verschiedenen Forschern zu finden sind. Ich schicke einige Worte über die bisherigen Angaben über das Nervensystem der Quallen voraus.

Ein Nervensystem bei Medusen wurde zum ersten Male von Agassiz[1]) beschrieben und abgebildet, und zwar bei *Sarsia*, *Tiaropsis*, *Staurophora*, am ausführlichsten bei *Bougainvillia superciliaris*. Es wird als ein unterhalb des Cirkelcanals verlaufender, aus Zellen bestehender Nervenring geschildert, welcher hinter der Einmündungsstelle jedes der 4 Radialcanäle eine Anschwellung (Ganglion) bildet. Von diesen 4 Knoten aus steigen 4 Fäden an der Innenseite der Radialcanäle empor und vereinigen sich im Grunde der Glockenwölbung, an der Umbiegungsstelle der Radialcanäle zum Magenstiele, durch einen zweiten Ring, welcher in der Mitte zwischen je 2 Radialcanälen einen andern Faden, abermals an der Innenfläche der Schirmhöhle, herabschickt. Die 4 letzteren Nervenfäden sollen aber bloss bis zur Mitte der Glocke herabreichen. Als Elementartheile dieser Nervenfäden beschreibt Agassiz kernhaltige Zellen.

Der zweite Forscher, der für das Nervensystem der Medusen in die Schranken tritt, ist Fritz Müller, dessen Angaben über die Nerven von *Liriope catharinensis* (l. c. p. 313) ich hier wörtlich anführe: »Um das Ringgefäss zieht sich ein ziemlich undurchsichtiger gelblicher Saum, der namentlich nach aussen scharf contourirte rundliche Zellen von

---

1) Agassiz, Contributions to the history of the Acalephae of North America. (Memoirs of the American Academy of Arts and Sciences. Vol. IV. T. II. 1850.)

0,005 bis 0,008 ᵐᵐ Durchmesser zeigt und auf dem mehr oder weniger
reichliche Nesselzellen liegen. An der Basis der Tentakeln und in der
Mitte zwischen diesen Stellen zeigt er längliche Anschwellungen, denen
die sogenannten Randbläschen aufsitzen. Mit aller Wahrscheinlichkeit
ist er als Nervenring zu deuten: dafür spricht ausser den Randbläschen tragenden Anschwellungen, dass sich von jeder dieser Anschwellungen ein zarter, aber scharf begrenzter Strang nach oben verfolgen
lässt. ½ zur Basis der Tentakel, ½ zu Puncten, an denen das jüngere
Thier dem erwachsenen meist vollständig fehlende Tentakel getragen
hat.« Einen ähnlichen Nervenring mit 4 Knoten, von denen zahlreiche
Fäden (von jedem Knoten gegen 20) zu handförmigen Tentakeln ausstrahlen, fand Fritz Müller »mit überraschender Deutlichkeit ausge-
prägt« bei 2 verschiedenen Arten der brasilianischen Charybdeiden-
gattung *Tamoya* (*T. quadrumana* und *T. haplonema*) [1]).

Endlich spricht sich in der neuesten Zeit auch Leuckart [2]) zu Gun-
sten eines besonderen Nervensystems der Medusen aus. Er überzeugte
sich bei einer in der Nordsee weit verbreiteten *Eucope* »auf das Bestimmteste von der Existenz eines besonderen neben dem Ringgefässe
hinlaufenden Randfadens. Die Anschwellungen, die dieser Faden an
der Anhaftungsstelle der Randkapseln und Tentakel zeigt, bestehen aus
Zellen von ziemlich indifferentem Charakter, während die dazwischen
ausgespannten Commissuren eine Längsstreifung erkennen lassen.«

Gegenüber diesen neueren bestimmten Angaben haben gleichzeitig andere Forscher, welche das Nervensystem der Medusen auf-
suchten, es nicht gefunden, und die Existenz desselben eben so bestimmt
geleugnet. So erklären Keferstein und Ehlers [3]) die Linien, welche
Agassiz als Nervensystem beschreibt, »nur für Falten des Schwimm-
sackes oder der Gallertglocke, oder für die scharfen aus Zellen gebildeten Contouren der Radiärcanäle.« Auch die von Fritz Müller als Nervensystem beschriebene Bildung wird nicht von ihnen als solche aner-
kannt. Eben so wenig ist Claus [4]) geneigt, den Medusen ein distinctes
Nervensystem zuzugestehen. Er fand den von Fritz Müller beschriebenen Ring bei Medusen aus verschiedenen Familien wieder, will ihn
aber nicht als Nervenring gelten lassen, um so weniger, »als es sich
hier nicht um einen Gegensatz von Ganglienzellen und nach den einzelnen Organen ausstrahlenden Fasern handelt.« Claus findet, »dass

1 Fritz Müller, Zwei neue Quallen von Santa Catharina. Abhandl. der naturf.
Gesellschaft in Halle. Vol. V. 1859.

2 Troschel's Archiv für Naturgeschichte. XXX, 1. 1864.

3) W. Keferstein und Ehlers, Zoologische Beiträge. Leipzig 1861. p. 78.

4) Zeitschr. für wissenschaftl. Zool. 1864. XIV. p. 387.

der dem Ringgefäss dicht anliegende Strang 2 mehr oder minder scharf
gesonderte Zellenlagen unterscheiden lässt, von denen die untere nur
als Verdickung des Zellbeleges der Gefässwand anzusehen ist, während
die obere allein bei der Deutung als Nervenring in Betracht kommen
könnte,« da sie die Randbläschen trägt und überall an der Tentakelbasis Anschwellungen bildet. Allein auch die Zellen dieses »vermeint-
lichen Nervenringes« müssen als Theile des äusseren Epithels aufgefasst
werden, da sie mit dem Epithel der Tentakeln continuirlich zusammenhängen und häufig Nesselkapseln erzeugen.

Von den Bildungen, welche ich in Folgendem beschreiben werde
und als Nervensystem mit Sicherheit deuten zu dürfen glaube, bemerke
ich im Voraus, dass sie weder mit den von AGASSIZ, noch mit den (wahrscheinlich damit identischen) bei *Liriope* von FRITZ MÜLLER als Nerven
aufgefassten Theilen zusammenfallen. Nur die von letzterem bei *Tamoya* gesehenen und namentlich die von LEUCKART als Nerven beschriebenen Theile scheinen dieselben zu sein, die ich bei den Geryoniden als solche habe nachweisen können. Der sichere Nachweis
des Nervensystems ist immer erst möglich durch Darstellung nervöser
Elementartheile, wie solche sich sowohl bei *Glossocodon* als namentlich
auch bei *Carmarina* mit überzeugender Deutlichkeit aus den umgebenden Geweben herausschälen und isoliren lassen.

Bei lebendigen sowie bei frisch getödteten Individuen von *Glossocodon eurybia* ist das Nervensystem nur sehr schwer zu erkennen, da
die lebende Nervensubstanz in ihrem Lichtbrechungsvermögen sich
sehr wenig von den benachbarten Theilen, namentlich der hyalinen
Schirmgallerte unterscheidet, und ausserdem so vollkommen durchsichtig, farblos und wasserklar ist, dass sie sehr leicht ganz übersehen
wird. Viel besser und leichter lässt sich das Nervensystem (ebenso wie
das Gastrovascularsystem) bei Medusen verfolgen, die schon einige Zeit
todt sind, und bei denen die beginnende Zersetzung die verschiedenen
Gewebe in verschiedenem Grade zu trüben beginnt. Auch durch vor-
sichtigen Zusatz verschiedener Reagentien, namentlich verdünnter Mineralsäuren, kann man sich die Medusennerven leichter zur Anschauung bringen. Doch ist auch dann die Erkenntniss derselben an
verschiedenen Stellen durch mehrfache Hindernisse in verschiedenem
Grade erschwert.

Das Nervensystem von *Glossocodon* besteht aus einem schmalen
hellen längsstreifigen Ringe (a), welcher zwischen Ringcanal und Knorpelring längs des Schirmrandes verläuft und an der Basis der 8 Sinnesbläschen zu 8 aus kleinen Zellen bestehenden Ganglien von geringer
Grösse anschwillt (f). Von jedem der 4 stärkeren radialen Ganglien,

welche unterhalb der Einmündungsstelle der 4 Radialcanäle in den Cirkelcanal unmittelbar unter den radialen Randbläschen liegen, gehen 4 Nervenfäden ab: 1. der erste und stärkste Nerv (a r) begleitet den Radialcanal in seiner ganzen Länge vom Schirmrand bis zum Magen. 2. Ein schwächerer (h n) geht durch die radiale Mantelspange (h) zur Basis des radialen Nebententakels. 3. Ein dritter geht zum radialen Haupttentakel. 4. Der vierte kürzeste ist der breite bandförmige Sinnesnerv (n), welcher innerhalb des radialen Randbläschens verläuft. Jedes der 4 schwächeren interradialen Ganglien, welche unterhalb der Basis der interradialen Larvententakeln, und unmittelbar unter dem interradialen Randbläschen liegen, giebt nur 2 Nervenstränge ab, nämlich 1. den breiten Sinnesnerven, welcher innerhalb der letzteren verläuft (n) und 2. den Spangennerven (h n), welcher durch die marginale Mantelspange zur Basis der interradialen Knorpeltentakeln läuft.

Ueber das genauere Verhalten der einzelnen Abschnitte des Nervensystems konnte ich bei *Glossocodon* Folgendes ermitteln. Der Nervenring (Fig. 13, 14 a) ist ein sehr dünner, blasser und zarter halbcylindrischer Strang, welcher mit seiner nach unten gekehrten Convexität grösstentheils in den oberen Theil des Ringknorpels (u k) eingesenkt ist, während sein oberer, flacher und ziemlich ebener Rand in der Mitte zwischen dem unteren Rande des Cirkelcanals (c) und dem äusseren Rande des Velum (v) liegt, von ersterem zum Theil verdeckt (Fig. 87 a). Sein Durchmesser beträgt nur etwa ¹⁄₆ oder ¹⁄₄ von dem des Knorpelringes. Da er gleichsam in eine Rinne desselben theilweis eingeschlossen liegt, so ist er auf Flächenansichten nur mit grosser Mühe als ein heller, blasser Streif zu erkennen, um so schwieriger, als auch der dicke hyaline Gallertmantel,

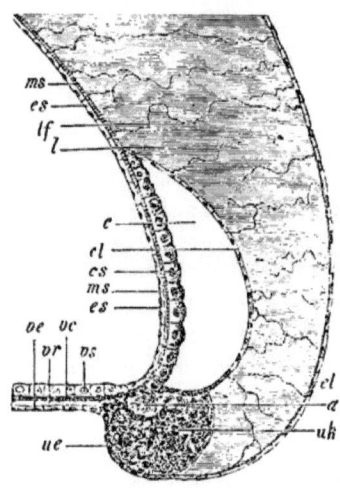

Fig. 87. Ein verticaler Radialschnitt (Meridianschnitt) durch den Schirmrand von *Glossocodon eurybia*, zwischen 2 Randbläschen. a. Nervenring. c. Ringgefäss. c l. Umbrales, c s. subumbrales Epithel des Ringgefässes. e l. Epithel des Gallertmantels. e s. Epithel der Subumbrella. l. Gallertsubstanz des Mantels. l f. Fasern in der Gallertsubstanz. m s. Ringmuskeln der Subumbrella. u e. Epithel des Ringknorpels. u k. Ringknorpel. v. Velum. v c. Ringmuskeln, v e. unteres Epithel, v r. Radialmuskeln, v s. oberes Epithel des Velum.

der das Licht fast ebenso wie der Ringnerv bricht, noch von aussen her den Schirmrand umgreift und theilweis verdeckt. Nur bei jüngeren noch nicht geschlechtsreifen Thieren und bei Larven mittleren Alters kann man auch auf Flächenansichten, namentlich bei Betrachtung des Schirmrandes von innen, von der Schirmhöhle her, den Ringnerven deutlicher erkennen, besonders dann, wenn der Cirkelcanal leer oder stark zusammengezogen ist. Viel besser tritt er aber auf glücklich geführten und hinreichend dünnen Querschnitten des Schirmrandes hervor, welche allerdings sehr schwierig anzufertigen, und nur selten und erst nach längerem Bemühen in einiger Vollkommenheit zu erhalten sind (Fig. 86 a). Was Fritz Müller bei *Liriope catharinensis* (l. c. p. 314) als Nervenring beschreibt, »ein ziemlich undurchsichtiger gelblicher Saum, der namentlich nach aussen scharf contourirte rundliche Zellen von 0,005—0,008 mm Durchmesser zeigt, und auf dem mehr oder weniger reichliche Nesselzellen liegen,« ist ohne Zweifel der Knorpelring. Der Nervenring enthält bloss unter den Randbläschen, wo er zu den Ganglien anschwillt, Nervenzellen, welche aber kleiner, blasser und zarter, als die des Knorpelrings sind (vergl. unten den Abschnitt über die Gewebe). Zwischen den Knoten erscheint die blasse zarte Substanz des Nervenringes nur fein längsgestreift (Fig. 38 a, 40 a).

Die Ganglienknoten (f) des Nervenrings sind bei *Glossocodon* viel schwieriger als bei *Carmarina* nachzuweisen, da es bei ersterem nur mit der grössten Mühe glückt, hinreichend klare Querschnitte, wie sie bei letzteren oft sehr schön gelingen (Fig. 63, 64), durch den Schirmrand an den Stellen anzufertigen, wo die Randbläschen auf den Ganglienknoten aufsitzen. Dagegen gelingt es bisweilen beim Zerzupfen des Schirmrandes ein Randbläschen (b) im Zusammenhang mit dem zugehörigen Ganglion (f) zu erhalten (Fig. 22). Bei jüngeren Thieren kann man dasselbe auch auf Flächenansichten bisweilen als ein flachgewölbtes, noch nicht halbkugeliges Polster erkennen, welches über den Knorpelring hervorragt und das Bläschen trägt.

Von den verschiedenen Nervensträngen, die von den Ganglien des Nervenrings abgehen, sind am leichtesten die innerhalb der Randbläschen verlaufenden Sinnesnerven zu untersuchen (Fig. 22, 23, 40, 48). Ihr Verlauf wird sogleich bei den Sinnesbläschen beschrieben werden. Sehr schwierig dagegen sind die 4 Nerven nachzuweisen, die zu den 4 radialen Haupttentakeln gehen. Viel leichter erkennt man die 8 Spangennerven (hn, Fig. 38, 40), welche den mittleren Theil der 8 marginalen Mantelspangen (h bilden und vom Ganglion aus in der Aussenfläche des Mantelrandes centripetal bis zu der Stelle emporsteigen, wo bei der Larve die 4 interradialen und die 4 radialen Neben-

4 *

tentakeln festsassen. Die Mantelspangen sind auch schon von FRITZ
MÜLLER bei *Liriope catharinensis* gesehen und als Tentakelnerven gedeutet worden (l. c. p. 314, Fig. 7, 24). Jedoch entspricht nicht die
ganze Spange dem Nerven. Der letztere verläuft vielmehr in der Mitte
über dem breiteren darunter liegenden Muskelstrange (h m), der sich
durch die Querstreifung seiner dunkleren Fasern deutlich von den helleren und blässeren Nervenfasern unterscheidet. Beide sind ausserdem
nach aussen von dem Spangenepithel überdeckt, welches zerstreute
Nesselzellen enthält.

Nerven, welche von den Ganglien zum Velum gehen, habe ich so
wenig bei *Glossocodon*, als bei *Carmarina* nachweisen können. Dagegen sind die 4 starken R a d i a l n e r v e n auch bei ersterem ziemlich
leicht zu erkennen und zu isoliren, namentlich bei geschlechtsreifen
Thieren. Sie begleiten die 4 Radialcanäle in ihrer ganzen Länge vom
Schirmrande bis zum Magen, wo sie sich über dessen Oberfläche aus-
zubreiten scheinen. Sie erscheinen als 4 ziemlich breite und platte,
lineare, fein längsstreifige Bänder, welche in der Mittellinie der äusseren Wand der Radialcanäle verlaufen und zwischen dem subumbralen
Epithel und der Ringmuskelschicht der Subumbrella liegen. Das Verhalten der Radialcanäle bei ihrer Ausbreitung auf dem Magen blieb mir
auch hier wegen der Undurchsichtigkeit und Dicke dieses Theiles unbekannt.

6. Sinnesbläschen (Randbläschen).

Gleich den übrigen Geryoniden besitzt *Glossocodon eurybia* doppelt
so viele sogenannte Randkörper oder Randbläschen (besser Sinnesbläschen genannt) als Radialcanäle. Alle 8 Sinnesbläschen verhalten sich
hinsichtlich ihrer Grösse, Structur und Lage gleich. Alle liegen eingeschlossen in dem unteren Rand der Mantelgallerte, zwischen dem
unteren Rande des Cirkelcanals nach innen und der Basis der Mantelspange nach aussen. Die 4 radialen Sinnesbläschen sitzen unterhalb
der Einmündung der 4 Radialcanäle in den Cirkelcanal, links neben
der Insertion der radialen Haupttentakeln (bei der Betrachtung des
Schirms von aussen oder von unten). Die 4 interradialen Randbläschen sitzen in der Mitte zwischen jenen, gerade unterhalb der Basis der
(beim erwachsenen Thiere abfallenden) interradialen Tentakeln. Die
bisherigen Angaben über Lage und Structur der Randbläschen bei den
Geryoniden enthalten sehr viel Irrthümliches, und es erscheint daher
ein näheres Eingehen auf die wahren Verhältnisse derselben besonders
geboten; doch werde ich das Meiste, was ich hierüber ermitteln konnte,
nicht hier, sondern bei *Carmarina hastata* anführen, deren ausseror-

dentlich grosse Randbläschen ein ganz vorzügliches Beobachtungsobject bilden. Ich beschränke mich daher hier auf Mittheilung nur des Wesentlichsten und auf Ergänzung und Berichtigung der Angaben, welche FRITZ MÜLLER über die Randbläschen der nahe verwandten *Liriope catharinensis* mitgetheilt hat.

Zunächst ist besonders hervorzuheben, dass die Sinnesbläschen von *Glossocodon eurybia*, wie von den anderen Geryoniden, nicht, wie man bisher angenommen hat, frei auf dem Schirmrande aufsitzen, sondern in der Mantelgallerte des unteren Schirmrandes eingeschlossen liegen. Die bisher allgemein gültige, aber irrige Annahme, dass dieselben frei auf der Aussenfläche des Schirms angebracht sind, wird auch noch von FRITZ MÜLLER getheilt, welcher in seiner Fig. 24 (l. c.) einen »schematischen Längsschnitt« durch den Schirmrand am Ursprunge eines interradialen Tentakels giebt. Hier liegt das Randbläschen nach aussen und oben von dem (als Ganglion gedeuteten) Knorpelring des Schirmrandes und die als »Tentakelnerv?« gedeutete marginale Mantelspange geht von oben und aussen nach unten und innen herab zum unteren Rande des Cirkelcanals, wobei sie an der inneren Seite von Bläschen und Knorpelring vorbeigeht. In der That aber verläuft die marginale Mantelspange sammt dem eingeschlossenen Tentakelnerven ausserhalb der genannten Theile, in der Aussenfläche des Mantels, und das Randbläschen liegt, von dem untersten Randtheil der Schirmgallerte umhüllt, so auf dem Ganglion (f) des Nervenrings und dem Knorpelringe auf, dass es nach innen an den Cirkelcanal stösst, nach aussen von der Mantelspange bedeckt wird. Man kann sich von diesem Lagerungsverhältniss leicht auch auf Flächenansichten des Schirmrandes durch wechselnde Einstellung des Focus auf seine verschiedenen Schichten überzeugen. Auf das Klarste und Unzweifelhafteste aber tritt dasselbe sofort bei Betrachtung solcher verticalen Radialschnitte durch den Mantelrand entgegen, wie ich sie von *Carmarina hastata* in Fig. 63 und 64 abgebildet habe. Ob diese verborgene Lage der Randbläschen in der Gallertsubstanz des Mantels bei den craspedoten Medusen weiter verbreitet ist, müssen fernere Untersuchungen lehren. Sicher ist, dass sie nicht allgemein verbreitet ist, indem bei anderen Craspedoten z. B. Eucopiden, Trachynemiden, Aeginiden, etc. die Randbläschen frei, oft selbst mittelst eines kurzen Stieles, auf dem Schirmrande aufsitzen.

Die 4 radialen und die 4 interradialen Sinnesbläschen von *Glossocodon eurybia* sind von gleicher Bildung (Fig. 22, 23). Jedes stellt eine sehr zarte durchsichtige Kugel von 0,08 mm Durchmesser dar, welche mit der unteren, ein wenig abgeplatteten Fläche (Basis) auf der gangliösen Anschwellung (f) des Ringnerven, wie auf einem dicken kurzen Stiele

aufsitzt. Die sehr dünne, doch bei starker Vergrösserung doppelt contourirte Wand des Randbläschens wird von einer homogenen Membran
gebildet, und ist innen von einem einfachen platten Pflasterepithel ausgekleidet. Der Innenraum des Bläschens wird von einer homogenen
hyalinen Masse ausgefüllt, welche eine wässrige Flüssigkeit zu sein
scheint. In diese ragt von oben, von der oberen freien Wölbung des
Bläschens, ein hier mittelst eines kurzen breiten Stieles angeheftetes
helles kugeliges Körperchen (Fig. 22, 23 s) hinein, dessen Durchmesser
halb so gross, als der des umschliessenden Randbläschens ist, und
welches einen oder mehrere kleine dunkle concentrisch geschichtete
Concretionen (x) umschliesst.

Die genannten Theile sind von denjenigen Forschern, denen wir
bisher die eingehendsten Beobachtungen über Geryoniden verdanken,
insbesondere von GEGENBAUR, LEUCKART, FRITZ MÜLLER gesehen und in
verschiedener Weise gedeutet worden. Gegenüber der allgemeinen
Aehnlichkeit, welche diese mit Flüssigkeit erfüllten und eine Concretion
umschliessenden Bläschen mit den einfachen Gehörorganen der anderen niederen Thiere (Mollusken, Würmer etc.) zeigen, hebt schon
GEGENBAUR [1]) hervor, dass die Concretionen in den Randbläschen der
Geryoniden, wie der anderen craspedoten Medusen, bewegungslos
seien, und »dass die Concretion nicht frei in den Bläschen liegt, sondern durch einen kurzen Stiel mit der Wandung derselben verbunden
ist, ja dass von diesem Stiele aus noch eine sehr feine Membran über
die ganze Concretion sich hinwegzieht, und sie somit vollständig gegen
das Lumen des Bläschens hin umschliesst. Bei wiederholtem Nachfor-
schen sieht man dann zuweilen eine noch viel dickere Umhüllung der
Concretion.« Was die Deutung der Randbläschen betrifft, so ist
GEGENBAUR geneigt, sie für »Sinnesorgane«, jedoch nicht bestimmt für
»Gehörorgane« zu halten, da den im Bläschen eingeschlossenen Concretionen die freie Beweglichkeit abgeht, die sich sonst bei den ana-
logen Otolithen niederer Thiere allgemein findet. LEUCKART dagegen
deutete die Randbläschen seiner *Geryonia exigua* (unserer *Liriope
ligurina*), mit Bestimmtheit als »Gehörkapseln« und beschreibt dieselben (l. c. p. 6, Taf. 1, Fig. 4) folgendermassen: »Die Gehörkapsel
misst etwa $\frac{1}{25}$''' und stellt ein sphärisches Bläschen dar, dessen hintere
Fläche etwas abgeplattet ist und von der Strömung des Ringgefässes
bespült wird. Die vordere Wand ist nicht unbeträchtlich verdickt und
trägt ein zweites kleineres Bläschen ($\frac{1}{60}$'''), das in die Kapsel hinein-

---

1) C. GEGENBAUR, Bemerkungen über die Randkörper der Medusen. Müllers
Archiv 1856 p. 234; Taf. IX, Fig. 3—5.

hängt. Dieses innere Bläschen enthält die Otolithen, einen grösseren Hauptotolithen ($\frac{1}{100}'''$) von sphärischer Gestalt und 2 kleinere Nebenotolithen, die demselben anliegen, so dass diese Gehörsteine ganz dasselbe Aussehen haben, wie die des unpaaren Gehörorgans von *Monocelis* unter den Turbellarien.« Aehnlich beschreibt endlich auch Fritz Müller die Randbläschen von *Liriope catharinensis* (l. c. p. 311; Taf. XI, Fig. 9—11): »Die rundlichen Blasen haben etwa $0,03^{mm}$ Durchmesser und zeigen eine doppelte Contour; am oberen Rande entfernt sich die innere von der äusseren, eine Art breiten kurzen Stiel bildend, auf dem eine gelbliche Kugel von $0,02^{mm}$ Durchmesser aufsitzt. Diese, dem Stiel gegenüber leicht ausgehöhlt, umfasst hier eine kleinere, stark lichtbrechende Kugel. Häufiger bietet sich das Randbläschen dem Auge so dar, dass man die grössere Kugel als Halbmond der kleineren sich anschliessend sieht, seltener so, dass sie als concentrische Hülle derselben erscheint.« Fritz Müller theilt die Auffassung von Agassiz und erklärt die Randbläschen der craspedoten Medusen »als Auge, die kugelige Concretion als Linse, die grössere Kugel, in welche diese eingebettet ist, als Sehnerve«.

Wie man sieht, stimmen die 3 genannten Forscher in der anatomischen Beschreibung der Randbläschen der Geryoniden überein, während sie in der physiologischen Deutung derselben weit auseinander gehen. Doch sind sowohl diesen drei, als auch allen anderen Beobachtern, die noch die Randbläschen von Geryoniden untersucht haben, mehrere höchst wesentliche anatomische Verhältnisse im Innern der Randbläschen entgangen, welche mir für ihre Deutung als Sinnesorgane von dem grössten Gewicht zu sein scheinen. Ich fand diese merkwürdigen Eigenthümlichkeiten der feineren Structur zuerst an den verhältnissmässig sehr grossen Randbläschen von *Carmarina hastata* auf, bei welchen ich dieselben unten ausführlich beschreiben werde. Erst nachher konnte ich das Wesentliche derselben auch in den viel kleineren Randbläschen von *Glossocodon eurybia* wiederfinden, obwohl die geringe Grösse und vollkommene Durchsichtigkeit der Theile hier die Erkenntniss sehr erschwert. Die bezüglichen Structurverhältnisse, die bei den 4 radialen und den 4 interradialen Randbläschen ganz gleich sind[1]), bestehen kurz in Folgendem (Fig. 22 ein Randbläschen, halb von aussen, halb von der Seite, Fig. 23 ein Randbläschen, halb von aussen, halb von oben gesehen).

---

1) Bei *Liriope scutigera* giebt Mc Crady (l. c. p. 208) an, dass die radialen und die interradialen Randbläschen verschieden seien, die ersteren doppelt, die letzteren einfach. An der Basis jedes Radialtentakels befände sich danach »a double

Innen an der Basis des Randbläschens, wo dasselbe dem Ganglion
(f) des Nervenringes aufsitzt, befindet sich ein flaches, wahrscheinlich
mit dem letzteren in unmittelbarem Zusammenhange stehendes Polster
(w) von länglich runder Form, zusammengesetzt aus rundlichen und
spindelförmigen sehr blassen und zarten Zellen. Ich halte dasselbe
für eine im Innern des Bläschens gelegene und unmittelbar mit dem
ausserhalb darunter liegenden Nervenknoten verbundene Anhäufung
von Nervenzellen und bezeichne sie als Basalganglion (w). Auf
beiden Seiten, rechts und links, (wenn man das Randbläschen en face,
von innen oder von aussen betrachtet) verlängert sich das länglich-
runde oder spindelförmige Nervenpolster in einen sehr platten, zarten
und blassen, aber ziemlich breiten und deutlich (obwohl sehr fein)
längsstreifigen bandförmigen Strang, den ich für den Sinnesnerven
halte (n,). Die beiden einander gegenüberstehenden Sinnesnerven
laufen wie 2 halbkreisförmig gekrümmte Bügel, gleich den beiden
Hälften eines Meridiankreises, an den beiden Seiten jedes Randbläschens, seiner Innenwand eng anliegend, empor, um sich an dem oberen,
der Basis entgegengesetzten Pole wieder in eigenthümlicher Weise zu
vereinigen (n„). Hier nämlich scheinen sich die feinen Fäserchen,
welche die beiden Nervenbügel zusammensetzen, zu durchkreuzen
und zu einem Strange zu verflechten, der alsbald in das kugelige, die
Otolithenconcretion umschliessende Körperchen eintritt, welches er
mit der Bläschenwand verbindet und als dessen Stiel er erscheint.
Dieses gewöhnlich kugelige, bisweilen auch unregelmässig rundliche
Körperchen (Fig. 49—51), welches von GEGENBAUR als »Umhüllung der
Concretion«, von LEUCKART als »zweites, kleines, inneres Bläschen«, von
FRITZ MÜLLER als »Sehnerv« bezeichnet ist, halte ich für einen zweiten
inneren Nervenknoten, welchen ich kurzweg das Sinnesganglion (s)
nennen will. Es zeigt sich dasselbe nämlich bei starker Vergrösserung
als eine kugelige, seltener unregelmässig runde Kapsel von 0,04 mm
Durchmesser, welche in einer zwar zarten, aber doppelt contourirten
membranösen Umhüllung eine aus dichtgedrängten kleinen Zellen zusammengesetzte Masse umschliesst. Diese Ganglienzellen sind sehr
zart und blass, aber nach Zusatz von Essigsäure nebst ihrem Kern

---

capsule, consisting of two cysts, one above the other, and connected by an intermediate (tubular?) thread apparently a continuation of the membrane of the
cysts.« Ich glaube diese auffallende Angabe einfach dadurch erklären zu können,
dass ich das untere der beiden radialen über einander liegenden Bläschen für das
(junge) Randbläschen halte, das obere dagegen für das Rudiment des radialen
Nebententakels, und das die beiden Bläschen verbindende »intermediate tubular
thread« für die centripetale Mantelspange.

deutlich zu erkennen. Mitten in diesen Zellenhaufen ist der sogenannte
»Otolith« oder die »Linse« eingebettet, welche durch ihr starkes Lichtbrechungsvermögen am meisten von allen Inhaltstheilen des Bläschens
in die Augen springt. Rings um dieselbe scheinen sich zwischen den
umlagernden Zellen die Enden der gekreuzten Nervenfasern auszu-
breiten. Bei jüngeren Individuen, nicht selten auch bei erwachsenen
(Fig. 49—51) sind statt einer einzigen solchen Concretion mehrere beisammen vorhanden, und die Entwicklungsgeschichte zeigt, dass bei den
Larven dies die Regel ist und dass die grossen durch Verschmelzung
mehrerer kleinerer entstehen (vergl. Fig. 44—48). Die Form dieser
Concretionen ist bei *Glossocodon* ziemlich unregelmässig rundlich, oft
fast höckerig. Gewöhnlich ist eine grössere birnförmige Concretion
vorhanden, welche an einer Seite oder Ecke eine kleine Höhlung zeigt,
in der meistens ein zweites kleineres Körnchen oder Steinchen liegt.
Nicht selten umfasst dieses dann noch ein drittes. Bisweilen sind 2
grössere und daneben noch mehrere kleinere Concretionen vorhanden.
Dann ist die rundliche Form des Sinnesganglion (s) auch sehr unregelmässig, fast zweilappig eingeschnürt (Fig. 49—51). Die Concretionen
sind sehr stark lichtbrechend, undeutlich concentrisch geschichtet und
bestehen aus einer organischen, mit phosphorsaurem Kalk (?) verbundenen Grundlage.

Was die Deutung der Randkörperchen nach Feststellung dieses
complicirteren Baues anlangt, so wird zunächst ihre allgemein gültige
Stellung als Sinnesorgane dadurch nur befestigt. Was aber die
speciellere Feststellung der Sinnesqualität betrifft, so scheint mir diese
dadurch nach keiner Richtung hin bestimmter bezeichnet zu werden.
Im Gegentheil glaube ich, dass damit nur die wesentliche Differenz dieser Randbläschen von anderen ähnlichen Sinnesorganen niederer Thiere,
z. B. von den meist zunächst damit verglichenen Gehörbläschen der
Würmer und Mollusken, noch mehr bestätigt und ausdrücklich hervorgehoben wird. Da das concentrisch geschichtete Concrement, welches
gewöhnlich als Otolith gedeutet wird, ganz in der zelligen, von mir als
Sinnesganglion gedeuteten Blase eingeschlossen ist, und ausserdem die
Nervenfasern rings um dasselbe innerhalb jener Zellenmasse auszustrahlen scheinen, so springt die auffallende Verschiedenheit dieses Organs von den mit frei beweglichen Otolithen versehenen Gehörbläschen
anderer niederer Thiere sofort in die Augen. Weder die morphologi-
schen noch die physikalischen Verhältnisse jenes Apparates lassen eine
directe Vergleichung mit diesen letzteren zu. Noch weniger freilich
als die von den meisten Autoren angenommene Deutung der Randbläschen unserer Medusen als Gehörorgane kann die von AGASSIZ und FRITZ

Müller vertretene Ansicht befriedigen, dass dieselben Augen seien.
Abgesehen von dem völligen Mangel jeden Pigmentes, der allerdings
auch bei unzweifelhaften Augen einiger niederer Thiere bisweilen vorkommt, ist jedenfalls die Deutung der Concretion als »Linse« ganz un-
haltbar. Bei *Glossocodon eurybia* wenigstens hat dieses Concrement keineswegs eine regelmässig abgerundete, sondern eine ziemlich unregelmässige, bei den verschiedenen Individuen sehr verschiedene Form.
Bald ist es kugelig, bald ellipsoid, bald uneben und höckerig, sehr häufig
birnförmig oder fast kegelförmig. Meistens ist an der einen (und zwar
gewöhnlich an der der Eintrittsstelle des Nerven zugewendeten) Seite
eine zweite, viel kleinere, unregelmässige Concretion mit der grösseren
verbunden, und zwar gewöhnlich gleichsam in ein Grübchen auf der
letzteren Oberfläche halb versenkt. Anderemale ist dies Grübchen allein leer vorhanden. Bisweilen finden sich neben der grossen Concretion auch 2 — 3, selten noch mehrere, kleinere, welche ebenfalls der
Oberfläche der grösseren anliegen. Solche hat auch Leuckart bei *Liriope ligurina* gesehen und als »Nebenotolithen« beschrieben. Endlich
ist noch die Lage der Concretion wechselnd, bald ganz im Innern des
Sinnesganglion eingeschlossen, bald an einer Stelle der Innenfläche seiner Wand anliegend, gewöhnlich der unteren Wand, welche der Eintrittsstelle der Nerven entgegengesetzt ist. Alle diese Verhältnisse sind
mit der Deutung der Concretion als »Linse« und des sie umschliessenden Sinnesganglion als »Sehnerv« durchaus unvereinbar. Auch die
Lage der Randbläschen gerade hinter den Mantelspangen, welche sie
von aussen her verdecken (Fig. 40) würde zu ihrer Auffassung als
Augen schlecht passen.

Die Deutung der Sinnesorgane niederer Thiere gehört ohne Zweifel zu den schwierigsten Objecten der vergleichenden Physiologie und
ist der grössten Unsicherheit unterworfen. Wir sind gewohnt, die von
den Wirbelthieren gewonnenen Anschauungen ohne Weiteres auch auf
die wirbellosen Thiere der verschiedenen Kreise zu übertragen und bei
diesen analoge Sinnesempfindungen anzunehmen, als wir selbst besitzen. Und doch ist es viel wahrscheinlicher, dass hier wesentlich
andere Sinnesempfindungen zu Stande kommen, von deren eigent-
licher Qualität wir uns keine bestimmte Vorstellung machen können;
wie es z. B. sehr wahrscheinlich ist, dass die Empfindung der Licht-
und Schallwellen, für welche bei den höheren Thieren verschiedene
Organe differenzirt sind, bei den niederen an ein und dasselbe Sinnesorgan, natürlich in unvollkommener Ausbildung, gebunden vorkommen. Als ein solches »gemischtes Sinnesorgan«, über dessen eigentliche Function wir uns natürlich vorläufig jeder bestimmteren Ver-

muthung enthalten müssen, möchte ich auch die Randkörper eines grossen Theiles der Medusen, und namentlich die sogenannten »Randbläschen« bei den Geryoniden, Trachynemiden etc. betrachtet wissen.

Dass ein ähnlicher Bau der Randbläschen, wie ich ihn hier von den Geryoniden beschrieben, auch bei anderen craspedoten Medusen verbreitet ist, zeigen mir Beobachtungen an einzelnen Repräsentanten anderer Familien, wie namentlich an mehreren bei Nizza beobachteten Trachynemiden, Aeginiden und Eucopiden. Doch scheint bei diesen meistens der Nerv, welcher die Wand des Randbläschens durchbohrt, als ein einfacher ungetheilter Strang, gewöhnlich als ein kurzer Cylinder, in das kugelige oder eiförmige, mit wenigen Zellen erfüllte Sinnesganglion einzutreten, welches die Concretion umschliesst. So finde ich es z. B. sehr deutlich bei *Rhopalonema umbilicatum* (*Calyptra umbilicata*), wo das eiförmige Sinnesganglion frei in die Mitte des geräumigen Randbläschens vorragt und auf dem die Bläschenwand von unten her durchbohrenden Sinnesnerven wie auf einem Stiele aufsitzt. Die Concretion ist in dem oberen, der Nerveneintrittsstelle entgegengesetzten Ende des Ganglion wandständig eingeschlossen. Aehnlich bildet auch V. Hensen gelegentlich in seinen ausgezeichneten Studien über das Gehörorgan der Decapoden die Randbläschen einer nicht näher bestimmten *Eucope* ab[1] und bemerkt dazu: »Hier fand sich in den zahlreichen Otolithensäcken an der centralen Seite eine verdickte Stelle, als verdickte Epithelschicht zu deuten. Von hier aus sah man sehr feine Haare nach einem Steine zu strahlen, der in der Mitte des Sackes lag. Der Stein war aber in einer inneren Blase, die er nicht ganz ausfüllte, und an die eine Seite dieser Blase gingen auch wieder Haare heran. Die Häärchen waren sehr blass und wenig lichtbrechend.« Wenn ich die Abbildung (l. c. Fig. 24 B) mit jenen oben erwähnten Bildern der Randbläschen mehrerer von mir in Nizza beobachteten Eucopiden (namentlich *Phialidium viridicans* und *ferrugineum*) und Trachynemiden (*Rhopalonema velatum* und *umbilicatum*) vergleiche, so finde ich zwischen beiden die grösste Aehnlichkeit und zweifle nicht, dass die von Hensen als »Häärchen« aufgefassten feinen blassen Linien die Fasern des Sinnesnerven sind und die beiden äussersten »Häärchen« die Contouren des Nerven, der wie ein Stiel das die Concretion umschliessende Sinnesganglion (die »innere Blase«) trägt.

Die Theilung des in das Randbläschen eingetretenen Sinnesnerven in 2 an entgegengesetzten Seiten des Randbläschens aufsteigende und sich oben vor dem Eintritt in das Sinnesganglion wieder vereinigende

---

1) Zeitschr. für wissenschaftl. Zool. XIII, 1863. p. 355, Anm.

Aeste, oder, wenn man lieber will, die Existenz eines der Innenwand des Randbläschens anliegenden Nervenringes, gebildet aus 2 halbkreisförmigen Nervenbügeln, die von entgegengesetzten Seiten des Basalganglion unten ausgehen und oben sich mit ihren Fasern durchkreuzen, — diese höchst merkwürdige Bildung scheint den Geryoniden eigenthümlich zu sein, und ist von mir bei keiner andern Meduse wieder gesehen worden.

Dass die Sinnesorgane im Allgemeinen mehr als andere Körpertheile einer weitgehenden Differenzirung und Abänderung durch Anpassung unterworfen sind, und auch bei sonst nächstverwandten Thieren bedeutende Modificationen erleiden können, ist eine wichtige und weitverbreitete Erscheinung. Unsere Geryoniden liefern davon ein neues auffallendes Beispiel. Wie im IX. und X. Abschnitt dieser Untersuchungen gezeigt werden wird, ist die Familie der Aeginiden mit derjenigen der Geryoniden durch unmittelbare genealogische Verwandtschaft auf das Engste verbunden: *Cunina rhododactyla* entsteht als Knospe auf der Oberfläche der Zunge in der Magenhöhle von *Carmarina hastata.* Diese beiden anscheinend so sehr verschiedenen Medusen gehören demnach als verschiedene Generationen dem Formenkreise einer einzigen Species an. Ihre Uebereinstimmung im inneren Baue ist weit grösser, als es die sehr verschiedene äussere Körperform errathen lässt. Mehr aber als alle anderen Körpertheile sind bei beiden Medusenformen die Sinnesbläschen in Zahl, Lagerung, Grösse, Form und feinerem Bau verschieden.

V. Metamorphose von Glossocodon eurybia (Liriope eurybia).

(Hierzu Taf. III.)

Die Fortpflanzungs- und Entwickelungsverhältnisse der Geryoniden waren vor weniger als 10 Jahren noch völlig unbekannt. Man hielt sie für einfacher als diejenigen der meisten andern Medusenfamilien. Doch lernte man, nachdem zuerst Leuckart 1856 an seiner *Geryonia exigua* (*Liriope ligurina*) die Existenz eines Larvenzustandes nachgewiesen hatte, die Metamorphose der Larven einer vierzähligen Geryonide genau kennen durch die treffliche Darstellung, welche Fritz Müller 1859 von den »Formwandelungen der *Liriope catharinensis*« lieferte. Die Abkunft dieser Larven aus dem befruchteten Ei konnte nicht festgestellt werden; doch zweifelte man nicht daran, da man eine ungeschlechtliche Vermehrungsweise niemals bei den Geryoniden beobachtet

hatte. Erst 1861 veröffentlichte KRONN gelegentlich eine kurze Notiz,
nach welcher er bereits im Jahre 1843 eine *Geryonia* beobachtet hatte,
die, obwohl geschlechtsreif, im Magen eine aus dichtgedrängten Knospen
zusammengesetzte Aehre trug. Mir fiel diese in einer Anmerkung versteckte wichtige Notiz erst in die Hände, als bereits die ersten drei Abschnitte der vorliegenden Monographie gedruckt waren, weshalb ich die
im Ende des zweiten Abschnittes enthaltene Angabe, dass noch niemals
ungeschlechtliche Fortpflanzung bei den Geryoniden beobachtet worden sei, zu entschuldigen und zu verbessern bitte. Unmittelbar nachher hatte ich selbst Gelegenheit mich auf das Bestimmteste von der
Richtigkeit der KRONN'schen Angabe zu überzeugen, indem ich auch im
Magen mehrerer Individuen meiner *Carmarina hastata* eine dichte
Knospenähre aus dem Zungenkegel hervorsprossend vorfand. Nur sind
diese Knospen nicht, wie KRONN glaubte, die Embryonen der Carmarinide, sondern einer ganz davon verschiedenen achtstrahligen Meduse,
wie im VIII. Abschnitte gezeigt werden wird. Es scheinen demnach
die Fortpflanzungserscheinungen der Geryoniden weit verwickelter zu
sein, als man bisher annahm.

Bei *Glossocodon eurybia* habe ich niemals einen ähnlichen
Knospungsvorgang bemerkt. Namentlich zeigte von mehreren hundert
untersuchten Individuen kein einziges in der Magenhöhle eine ähnliche
Knospenähre wie die *Carmarina*, obwohl der Zungenkegel bei beiden
gleich entwickelt ist. Die Möglichkeit einer ähnlichen ungeschlechtlichen Fortpflanzung und eines damit verbundenen Generationswechsels
ist jedoch dadurch keineswegs ausgeschlossen, vielmehr aus anderen
Gründen wahrscheinlich, wie im X. Abschnitt gezeigt werden wird.
Es muss deshalb noch zweifelhaft bleiben, ob die Larven, deren Metamorphose in *Glossocodon* ich durch alle Stadien hindurch verfolgte, ungeschlechtlichen Ursprungs sind oder aus den befruchteten Eiern dieses
Thieres hervorgegangen. Künstliche Befruchtungsversuche, die ich an-
stellte, blieben leider sämmtlich ohne Erfolg. Alle Larven, die ich
beobachtete, habe ich frei schwimmend pelagisch gefischt.

Die Metamorphose der Larve von *Glossocodon eurybia* erfolgt, geringe Abweichungen ausgenommen, in derselben Weise wie bei der
von FRITZ MÜLLER beobachteten *Liriope catharinensis*, so dass ich die
Darstellung dieses trefflichen Forschers nur in Bezug auf das feinere
Detail der Vorgänge und insbesondere in Bezug auf den feineren Bau
der Larven wesentlich zu ergänzen vermag. Die jüngsten Larven,
welche ich fing (Fig. 26 — 28), stellten kleine hyaline Gallertkugeln
von 0,3 bis 0,4 ^{mm} dar, deren Oberfläche fein punctirt erschien. Die
Puncte stellen sich bei stärkerer Vergrösserung als die regelmässig ver-

theilten Kerne des Epithels dar, welches als einfache Zellenschicht die
Oberfläche der homogenen Gallertkugel überzieht, dessen hüllenlose
Zellen sich aber noch nicht von einander sondern lassen, sondern zu
einem Coenepithel verschmolzen sind (vergl. den letzten Abschnitt).
Da von Tentakeln, Randbläschen oder anderen Anhängen, sowie von
Theilen des Gastrovascularsystemes noch keine Spur zu bemerken ist,
so beschränkt sich die einzige an diesen vollkommen durchsichtigen
und wasserklaren Gallertkügelchen wahrnehmbare Organisation auf die
erste Anlage der Schirmhöhle und des Velum. Die Schirmhöhle,
welche als eine kleine grubenförmige Vertiefung an einer Stelle der
Oberfläche auftritt, fand ich bei verschiedenen Embryonen, deren Kugel den gleichen Durchmesser von 0,3 bis 0,4^{mm} zeigte, von ziemlich
verschiedener Ausdehnung; bald erschien sie nur als ein ganz flaches
Grübchen, wie eine napfförmige Vertiefung auf einem bestimmten kleinen runden Felde der Kugeloberfläche; bald drang sie tiefer in deren
Gallertmasse ein und dehnte sich dabei halbkugelig oder fast kugelig
aus. Doch erreichte auch dann ihre Höhe höchstens ⅓ der Schirmhöhe. Das kreisrunde Grübchen wird zu einer kammerartigen Höhle
abgeschlossen durch das Velum oder die Randmembran (v), welches
als eine sehr zarte häutige Platte wie ein Diaphragma über die Gruben-
öffnung weggespannt ist, so dass es die unterbrochene Kugelform des
Gallertkörpers wieder herstellt. Die Epithelzellen sowohl, welche die
Innenfläche der kleinen Schirmhöhle auskleiden, als diejenigen, welche
das Velum zusammensetzen, sind ziemlich dickwandige Cylinderzellen,
dicker, körniger und undurchsichtiger als das klare, zarte Pflasterepithel
der Schirmoberfläche. Letzteres repräsentirt die Zellenschicht des
Ectoderms, während die scharf davon geschiedenen Epithelien des
Velum und der Schirmhöhle das Entoderm zusammensetzen. Aus
diesem, dem Entoderm, scheinen alle die verschiedenen Bildungen
hervorzugehen, die wir nun in der Schirmhöhle und von dem Velum
aus sich entwickeln sehen, während das Ectoderm auf die äussere
Oberflächenbedeckung des Gallertschirmes beschränkt bleibt. Von dem
Ectoderm wird wahrscheinlich auch vorzugsweise oder allein die hyaline,
vollkommen structurlose Gallerte abgeschieden, welche beide Zell-
schichten voneinander trennt und die Hauptmasse des kugeligen Embryonalkörpers bildet.

    Die jüngsten Embryonen, welche Fritz Müller von *Liriope catha-
rinensis* beobachtete, sind den oben beschriebenen sehr ähnlich, »von
kleinzelligem Gefüge, und zeigen eine geschlossene Höhle, die etwa
⅓ des Durchmessers einnimmt und excentrisch dicht unter der Oberfläche der Kugel gelagert ist. An dieser Stelle zeigt letztere eine die

innere Höhle etwas überragende und über das Niveau der Kugel unbedeutend sich erhebende minder durchsichtige Platte. Der nächste Fortschritt ist die Eröffnung der inneren Höhle durch Bildung eines Lochs in dieser Platte, die sich bald durch ihre Contractionen als Velum zu erkennen giebt. « Bei den ähnlichen kugeligen Embryonen von *Liriope eurybia* habe ich mich von der wirklichen Praeexistenz einer geschlossenen Schirmhöhle niemals mit Sicherheit überzeugen können. Ich sah nämlich mehrmals, dass Embryonen, deren Velumplatte bereits die mittlere Eingangsöffnung in die kleine Schirmhöhle deutlich zeigte (Fig. 27 und 28), kurze Zeit nachher eine völlig geschlossene Höhle, ohne Spur einer Oeffnung im Velum zeigten (Fig. 26). Es hatte sich das Velum langsam so vollständig zusammengezogen, dass seine Oeffnung völlig verstrichen war. Durch wiederholte Untersuchung eines und desselben Individuums zu verschiedenen Zeiten überzeugte ich mich, dass die Thierchen abwechselnd die Höhle durch Relaxation des Velum weit öffnen und dann wieder durch ganz vollständige Zusammenziehung desselben so verschliessen können, dass keine Spur von der völlig verstrichenen Eingangsöffnung mehr zu erkennen ist. Es ist mir daher zweifelhaft geblieben, ob die Schirmhöhle im Inneren des kugeligen Embryonalkörpers durch excentrische Aushöhlung und nachherigen Durchbruch der einschliessenden Platte (Velum) entsteht, oder vielmehr durch Excavation eines Grübchens von der äusseren Oberfläche der Kugel aus, in welchem Falle das Velum durch Verdickung und centripetales Wachsthum des kreisförmigen Grubenrandes entstehen würde. Im erstern Falle würde der Durchbruch des Velum dieses erste Entwicklungsstadium in zwei Abschnitte trennen, den ersten mit geschlossener, den zweiten mit geöffneter Schirmhöhle.

Das zweite Entwicklungsstadium (Fig. 29 und 30) von *Glossocodon eurybia* wird dadurch charakterisirt, dass im Umkreise des Velum die ersten Anhänge, nämlich 4 gleichweit voneinander entfernte kleine Wärzchen hervorsprossen, die rasch zu kurzen Cylindern mit einem endständigen Nesselknopfe und einer darauf gesetzten Geissel auswachsen (Fig. 29 und 30 st). Wir bezeichnen diese primordialen Anhänge, welche in den Ebenen der später auftretenden Radialcanäle hervorkeimen, als radiale Nebententakeln oder embryonale Radialtentakeln (st). Dieselben treten entweder alle 4 zusammen gleichzeitig auf, oder, was der häufigere Fall zu sein scheint, es treten bloss 2, in einer Meridianebene einander gegenüberstehende Tentakeln auf und zwischen diesen entstehen erst nachträglich die beiden andern, welche in der zweiten, auf jener ersten senkrechten Meridianebene liegen. Dasselbe Gesetz, das paarweise Erscheinen der in

Vierzahl vorhandenen Theile, wiederholt sich mit bemerkens-
werther Constanz auch bei den folgenden später sich entwickelnden
Anhängen, so dass von je 4 zusammengehörigen Tentakeln, Randbläschen u. s. w. zuerst nur ein Paar gegenständige erscheint und erst
nachher zwischen jene sich das andere Paar einschaltet.

In der Structur und in den Bewegungserscheinungen gleichen die
radialen Nebententakeln (Fig. 38 st und Fig. 39) wesentlich den dem-
nächst auftretenden interradialen Tentakeln (y) und unterscheiden sich
dagegen sehr von den zuletzt erscheinenden radialen Haupttentakeln (t).
Die letzteren sind hohl und sehr beweglich, die beiden ersteren solid,
starr und sehr wenig beweglich. Jeder radiale Nebententakel (Fig. 39)
besteht aus 3 Stücken, nämlich I. dem dicken cylindrischen, unteren
Hauptstück, II. dem mittleren kugeligen Nesselknopf, und III. dem dünnen cylindrischen, oberen Geisselanhang. Der letztere (s f) ist anfangs
fast eben so lang, später aber kaum halb so lang, oder selbst mehrmals kürzer, als das 3- bis 4mal so dicke basale Hauptstück. Er ist
aus sehr kleinen polyedrischen Zellen zusammengesetzt und läuft bald
nach der Spitze geisselartig verdünnt aus, bald endigt er dort in eine
kolbenförmige Anschwellung, welche an einer Seite ganz oberflächlich
eine geringe Anzahl (4 bis 8) grössere, stark lichtbrechende, durch
gegenseitigen Druck polygonal abgeplattete Körperchen enthält
(Fig. 39). Meistens erscheint der fadenförmige Geisselanhang mehrfach
gebogen oder geschlängelt. Der dicke kugelige Nesselknopf (s u), aus
dessen Mitte er hervortritt, besteht aus radialgestellten, dicht aneinander
gedrängten Nesselzellen und ist fast doppelt so dick, als das cylindrische basale Hauptstück. Dieses hat wesentlich den Bau der interradialen Tentakeln und besteht aus einer einfachen Reihe von etwa 6 bis
12 kurzcylindrischen Zellen derjenigen Art, die wir unten als Medusenknorpel beschreiben werden (s k). Der so entstehende Cylinder
ist von einer sehr dünnen Lage longitudinaler quergestreifter
Muskelfasern überzogen (s m) und diese wiederum von einem ziemlich lockeren kleinzelligen Epithelialschlauche umhüllt (s e). Wie
in der Structur, so gleichen auch in den Bewegungen die radialen Nebententakeln den eben so starren interradialen Tentakeln. Bald werden sie in schneller Zuckung an den Schirm hinauf- und wieder an das
Velum herabgeschlagen, bald beschränkt sich ihre Bewegung auf un-
bedeutende, S-förmige Biegungen und auf ein allmähliches Heben und
Senken. Bald findet man sie ganz aufgerichtet und der äussern Schirmfläche angedrückt, bald völlig nach innen geschlagen und an die Aussenfläche des Velum angelegt, bald von dem Schirmrande wie Quasten
herabhängend. Sie wachsen nur sehr langsam und nur ungefähr bis

zu dem Zeitpuncte, wo die ersten Randbläschen sich entwickeln. Aller-
höchstens erreichen sie die halbe Länge des Schirmradius, und gehen
nach dem Auftreten der letzten Randbläschen bald verloren, indem sie
zuerst verkümmern und dann abfallen.

Gleichzeitig mit der Entwickelung der 4 ersten Tentakeln und
ihres Nesselknopfes bildet sich auch der schmale Knorpelring, welcher das gleichartige Epithel der Schirmhöhle (Subumbrella) und des
Velum voneinander abgrenzt. Die an der Grenze beider befindlichen
Zellen vergrössern sich und scheiden Intercellularsubstanz ab.

Bald nach dem ersten Auftreten der radialen Nebententakeln
sprossen zwischen ihnen am Aussenrande des Velum 4 andere Höckerchen hervor, welche rasch zu bedeutend längeren Anhängen, den interradialen Tentakeln (y) sich entwickeln. Ihre Anwesenheit bezeichnet das dritte Stadium der Entwickelung (Fig. 31 bis 34).
Sie sind ebenfalls solid, cylindrisch, anfangs fast gleich dick von der
Basis bis zur abgerundeten Spitze, späterhin dagegen an der Basis
etwas kolbenartig verdickt (Fig. 40). Bei der vollkommenen Durchsichtigkeit dieser wasserhellen Cylinder lässt sich ihre Structur weit
leichter als bei den radialen Haupttentakeln ermitteln. Die Hauptmasse
jedes interradialen Tentakels wird aus einer ziemlich beschränkten Anzahl von sehr grossen, wasserklaren Zellen des unten näher zu beschreibenden Medusenknorpels gebildet (Fig. 40 y k). Bei jüngeren Tentakeln sind deren nur 5, 10 bis 15 von gestreckt cylindrischer
Form vorhanden, welche in einer einzigen Reihe hintereinander liegen.
Späterhin vermehren sich dieselben nicht allein durch Bildung von
Querscheidewänden, sondern auch durch Entstehung von longitudinalen und schräg verlaufenden Zellenwänden, jedoch nur in der unteren
Hälfte des Tentakels, wodurch sich diese etwas kolbenförmig verdickt.
Doch findet man auch dann auf einem Querschnitt durch die Tentakelbasis meist nur 2, höchstens 3 bis 4 solcher Knorpelzellen nebeneinander. Diese solide Zellenaxe, welche die Form und Grösse des Tentakels
bestimmt, ist überzogen von einer continuirlichen einfachen Lage
quergestreifter Muskelfasern (y m). Doch ist dieser cylindrische Muskelschlauch nur sehr dünn und besonders bei lebenden Thieren sehr leicht zu übersehen, da er nur aus einer einzigen Schicht von
longitudinalen Muskelfasern besteht, welche sehr regelmässig, eine
neben der andern gelagert, von der Basis des Tentakels bis zu seiner
Spitze verlaufen. In Fig. 40 sind dieselben nur an dem basalen Theile
dargestellt. Transversale (circulare) oder schräg verlaufende Muskelfasern fehlen den interradialen Tentakeln durchaus. Die Streckung
der durch Contraction aller longitudinalen Muskelfasern etwas verkürz-

ten und verdickten Tentakeln geschieht lediglich durch die Elasticität
des Knorpelskelets. An den beiden Profilrändern der Tentakeln (am
scheinbaren Längsschnitt) lässt sich die sehr geringe Dicke der Muskelschicht messen. Sie beträgt nur 0,002 ^{mm}. Sie erscheint hier als ein
matt glänzender gelblicher Streifen, welcher das Licht nur wenig anders bricht, als der innere daran liegende Knorpel und als der äussere
daran liegende Epithelialüberzug (y e). Dieser letztere ist an den
gerade ausgestreckten Tentakeln mit erschlaffter Musculatur, welche er
sehr straff anliegend überzieht, schwer zu erkennen, leichter an den
stark gebogenen oder theilweise zusammengezogenen Tentakeln, wo er
sich an der concaven Seite in Falten legt (Fig. 40 y e). Er besteht aus
einer einzigen Lage kleiner, heller, polygonaler Pflasterzellen mit Kern.
An der unteren oder inneren Seite der Tentakeln, welche aber bei den
gewöhnlich aufwärts gekrümmten Tentakeln nach aussen gerichtet ist,
entwickeln sich in diesem Epithelialüberzuge an bestimmten Stellen
Gruppen von Nesselzellen, welche eine Anzahl polsterförmig gewölbter,
elliptischer Nesselballen oder Nesselpolster (y u) zusammensetzen.
An den ganz jungen Interradialtentakeln, welche eben erst als kurze,
dicke Cylinder aus dem Umkreise des Velum hervorgesprosst sind, bildet sich erst nur ein einziger solcher, fast kugeliger Nesselballen an der
abgerundeten Spitze. Unmittelbar neben diesem nach unten erscheint
dann ein zweiter; bald folgt bei dem rasch fortschreitenden basalen
Wachsthum des Tentakels ein dritter und vierter nach und schliesslich
ist an den ganz entwickelten Tentakeln eine Reihe von 6 bis 8, höchstens 10 hintereinander liegender Nesselballen zu bemerken. Je jün-
ger dieselben sind, desto weiter sind sie voneinander entfernt, desto
weniger springt ihr Polster über die Unterfläche des Tentakels hervor,
desto geringer ist die Zahl der in ihnen zusammengestellten Nesselzellen und desto näher liegen sie der Tentakelbasis. Die jüngsten, der
letzteren am nächsten stehenden Ballen sind ganz flache, nur ein paar
Nesselkapseln enthaltende Hügel, deren Abstand voneinander ihren
eigenen Durchmesser übertrifft. Die Basis der älteren Interradialtentakeln, mindestens das untere Drittel, oft mehr als die Hälfte, ist ganz
frei von Nesselballen.

Die interradialen Tentakeln sprossen gewöhnlich, wie die zuerst
angelegten radialen Haupttentakeln, paarweise hervor (Fig. 31). Das
jüngere Paar erscheint erst dann, wenn die beiden älteren gegenständigen schon 1 oder 2 Nesselpolster gebildet haben. Diese letzteren sind
daher dann auch später noch eine Zeit lang daran zu erkennen, dass
sie 1, seltener 2 Nesselballen mehr zeigen als die beiden zwischen ihnen
stehenden jüngeren. Später verwischt sich dieser Unterschied. Die

Bewegungen der starren Interradialtentakeln gleichen denen der radialen Nebententakeln. Bald schnellen sie in plötzlicher Zuckung empor und werden eben so plötzlich wieder nach unten geschlagen; bald krümmen sie sich langsam und werden ganz allmählich gehoben und gesenkt. Verkürzen können sie sich nur sehr unbedeutend, so weit es die Elasticität ihres Knorpelskelets erlaubt. In diesen Beziehungen gleichen sie den ähnlichen starren Tentakeln der Trachynemiden und Aeginiden. Meistens werden sie vollkommen nach aufwärts gekrümmt getragen, so dass ihre untere mit Nesselballen besetzte Fläche nach aussen sieht (Fig. 33 bis 35).

Wenn die interradialen Tentakeln etwa 4 bis 6 Nesselpolster entwickelt haben und wenn ihre Länge den grössten Schirmdurchmesser erreicht hat, so dass sie die Länge der radialen Nebententakeln um das Drei- oder Vierfache übertrifft, so beginnt die erste Anlage des Gastrovascularsystemes sich zu zeigen. Es differenzirt sich nämlich das bis dahin aus vollkommen gleichartig aussehenden Zellen zusammengesetzte Epithel des Entoderma, welches die Schirmhöhle als Subumbrella auskleidet und das Velum überzieht, in der Weise, dass am Schirmrande, an der Grenze von Velum und Subumbrella, ein breiter Streif (die Anlage des Cirkelcanals) erscheint, der aus grösseren und dickwandigeren Zellen zusammengesetzt ist. Gleichzeitig differenziren sich in der Fläche der flach gewölbten oder halbkugeligen oder fast kugeligen Subumbrella selbst 2 eben solche breite Streifen, welche sich rechtwinklig in der Mitte der Subumbrella kreuzen und je 2 gegenständige radiale Nebententakeln paarweise verbinden. Dies sind die Anlagen der 4 Radialcanäle, welche, wie der sie aussen verbindende Cirkelcanal, anfangs so breit sind, dass zwischen ihnen nur 4 verhältnissmässig enge Quadrantenfelder der Subumbrella frei bleiben, welche mit einem blasseren und flacheren, aus kleineren und dünnwandigeren Zellen bestehenden Epithel bekleidet sind. In der Mitte der Schirmhöhlenwölbung, wo die 4 Radialcanäle sich kreuzen, wird nun auch bald eine kleine runde Oeffnung, der Mund, sichtbar, welcher unmittelbar in die sich aushöhlenden Canäle hineinführt. Von einem eigentlichen Magen und Magenstiele ist noch keine Spur vorhanden. Der Schirm, welcher um diese Zeit meist zwischen 0,5 und 0,8 mm Durchmesser hat, zeigt meistens noch die ursprüngliche Kugelform oder ist nur wenig abgeflacht, ebenso die relativ noch sehr kleine Schirmhöhle, deren Höhe höchstens $\frac{1}{4}$ bis $\frac{1}{3}$ von der des Schirmes beträgt.

Der vierte Abschnitt der Entwickelung (Fig. 35 und 36) ist charakterisirt durch das Auftreten der Sinnesorgane, und zwar

der 4 interradialen Randbläschen (b i). Es erscheinen diese erst
bei Larven von ungefähr 0.8 bis 1 bis 1,3 ^{mm} Durchmesser, bei denen
das Gastrovascularsystem bereits angelegt ist und deren 1 bis 1,3 ^{mm}
lange interradiale Tentakeln bereits 4 bis 6 Nesselpolster entwickelt
haben. Es besteht hier ein kleiner Unterschied von *Glossocodon catha-*
rinensis, dessen erste Randbläschen schon früher auftreten, nämlich
schon bei Larven, deren interradiale Tentakeln erst die Länge des
Schirmradius erreicht und erst 1 bis 2 Nesselknöpfe entwickelt haben
(l. c. p. 317). Auch die Sinnesbläschen erscheinen, wie die Tentakeln,
paarweise und zwar tritt das erste Paar an der Basis der beiden älteren,
zuerst hervorgesprossten interradialen Tentakeln auf. Zwischen dem
untersten Ende von deren Basis und dem Knorpelring der Velumperi-
pherie, auf dem jene aufsitzen, erscheint ein helles Knöpfchen, aus Zellen
zusammengesetzt (Fig. 44). Bald dehnt sich dies zu einem kugeligen
Bläschen aus, in dessen Höhlung ein zweites kugeliges, helles, zelliges
Körperchen wandständig eingeschlossen ist (Fig. 45). In letzterem, der
Anlage des Sinnesganglion, treten dann nachher 1, 2 bis 4, bisweilen
selbst 6 bis 8 kleine, unregelmässige, dunkle, stark lichtbrechende
Körperchen auf (Fig. 46), welche erst secundär zu einer einzigen oder
2 grösseren otolithischen Concretionen verschmelzen (Fig. 48). Gleichzeitig sammelt sich eine grössere Menge von Flüssigkeit zwischen dem
Sinnesganglion und der umschliessenden Blase an, und an der Wand
der letzteren werden die beiden bügelförmigen Sinnesnerven sichtbar,
welche von dem Anheftungspuncte des Sinnesganglion zu der gegenüberstehenden Bläschenbasis (am Knorpelring) verlaufen Fig. 47 und 48).
Gewöhnlich erst nach der vollständigen Ausbildung des ersten gegenständigen Paares der interradialen Randbläschen erscheint das damit
alternirende zweite Paar derselben, welches sich ebenso an der Anheftungsstelle des jüngeren Paares der interradialen Tentakeln entwickelt.

Die weiteren Veränderungen, welche die Larve in dieser vierten
Periode während der Entwickelung der 4 ersten Sinnesbläschen auf-
weist, bestehen vorzüglich in der Entwickelung des Magens und
in der stärkeren Ausdehnung der Schirmhöhle. Letztere nimmt eine
halbkugelige oder noch flacher gewölbte Form an und ihre Höhe beträgt
ungefähr die Hälfte der ganzen Schirmhöhe. In ihrem Grunde erscheint der Magen als eine flache, breite, abgestutzt kegelförmige
Hervorragung, gleich einem niedern Trichter mit abgeschnittener
Spitze. Er entwickelt sich durch röhrenförmige Verlängerung des wulstig verdickten runden Mundsaums, der nun auch häufig schon eine
deutlich viereckige Form zeigt oder in contrahirtem Zustande selbst in
4 kreuzweise stehende Lappen (Falten) ausgezogen erscheint. Im

Grunde der ganz niedrigen, flachen Magenhöhle (die sich jetzt ganz gleich derjenigen der Aequoriden und namentlich der Aeginiden verhält) ist um diese Zeit fast regelmässig eine sehr stark lichtbrechende, fettglänzende Kugel zu bemerken, welche in einer weniger glänzenden, concentrischen Kugel (von dreimal so grossem Durchmesser) eingeschlossen ist. Ein gleiches Gebilde habe ich constant im Magengrunde jüngerer Individuen von *Rhopalonema umbilicatum* (*Calyptra umbilicata*) beobachtet.

Mit der Ausdehnung der Schirmhöhle ist auch ein rasches Wachsthum des Velums, sowie des anliegenden Knorpelringes am Schirmrande verbunden. Die Oeffnung des Velums, welche den Eingang in die Schirmhöhle bildet, erweitert sich bedeutend (Fig. 36).

Endlich wird auch in diesem vierten Abschnitt der Entwickelung die Anlage des Nervensystems zum ersten Male deutlich sichtbar, dessen eigentliche Differenzirung allerdings vielleicht schon in eine frühere Zeit fällt, aber wegen der ausserordentlichen Feinheit dieses Gebildes sehr schwer zu constatiren ist. Auch jetzt noch während der Entwickelung der 4 ersten Randbläschen erscheint das Nervencentrum nur als ein äusserst blasser und zarter, feinstreifiger, schmaler Ring oberhalb des Knorpelringes am Schirmrande, zwischen diesem und dem Cirkelcanal. Leichter und deutlicher sind die 4 kurzen, blassen Nervenfäden zu verfolgen, welche von dem Nervenringe aus zu der Basis der 4 radialen Nebententakeln verlaufen und sich um so mehr verlängern, je weiter jetzt die letzteren von ihrer anfänglichen Anheftungsstelle am Schirmrande sich entfernen und an der Aussenfläche des Schirmmantels emporsteigen. Es entstehen so in letzterer die 4 centripetalen Spangen, welche oben beschrieben sind, theils verursacht durch die Ausdehnung der Schirmöffnung und das Wachsthum des Schirmrandes, theils dadurch, dass die Tentakeln, indem sie sich von dem Schirmrande entfernen, die für sie bestimmte Portion von Nesselzellen, Muskelfasern und Nervenfasern in Form eines schmalen Stranges, eben jener centripetalen Spange (h), mit heraufnehmen.

Die Larve von *Glossocodon* im vierten Stadium der Entwickelung hat die grösste Aehnlichkeit mit denjenigen Medusen, welche von Eschscholtz als *Eurybia exigua* (l. c. p. 118) und von Gegenbaur als *Eurybiopsis anisostyla* (l. c. p. 247) beschrieben worden sind. Namentlich letztere ist ohne Zweifel als die Larve von *Liriope mucronata* anzusehen. Die Larven lieben es in diesem Stadium, sich häufig in eigenthümlicher Weise zusammenzuziehen, wie dies schon von Fritz Müller bei seiner *Liriope catharinensis* beschrieben ist. »Das Velum wird fast bis zu völligem Verschlusse contrahirt und gleichzeitig die die Radiär-

gefässe begleitenden Muskeln, wodurch die Schirmhöhle eine vierlappige Gestalt annimmt; die Tentakeln werden durch diese Contractionen nach innen geschlagen und schnellen dann plötzlich wieder nach
aussen.« Diese plötzlichen zuckenden Bewegungen habe ich sowohl an
den radialen Nebententakeln als an den interradialen nicht selten
mehrere Male hintereinander wahrgenommen, wenn ich das bewe-
gungslose, starre Thierchen plötzlich aus seinem Ruhezustande auf-
störte. Sie stehen in eigenthümlichem Contraste zu den langsamen,
pendelartigen Bewegungen und Krümmungen, deren diese starren, soliden Tentakeln ebenfalls fähig sind.

Die fünfte Periode der Formwandelung von *Glossocodon
eurybia* (Fig. 37) ist ausgezeichnet durch das paarweise Erscheinen der 4 radialen Haupttentakeln (t), welche späterhin, beim
erwachsenen Thiere, von allen 12 Tentakeln allein übrig bleiben. Die
Larven, bei denen man sie zuerst hervorsprossen sieht, haben einen
Durchmesser von 2, 2½ bis 3 mm. Das erste Paar erscheint unterhalb
des älteren gegenständigen Paares der radialen Nebententakeln, das
zweite, mit dem ersten alternirende, unterhalb des jüngeren Paares
der letzteren. Bisweilen treten alle 4 fast gleichzeitig auf, andere Male
aber auch das zweite Paar viel später, nachdem das erste schon eine
beträchtliche Länge erreicht hat. Die radialen Haupttentakeln erscheinen zuerst unmittelbar über dem Knorpel- und Nervenringe als kurze,
dicke, kegelförmige Höckerchen (Fig. 38 t), welche eine hohle Ausstülpung des Cirkelcanals nach aussen darstellen. Die Höhlung des
letzteren setzt sich unmittelbar in das Lumen des Tentakels fort, wie
die Nesselwülste des letzteren mit dem Nesselepithel des Schirmrandes
in genetischem Zusammenhange stehen. Die radialen Haupttentakeln
liegen nicht in derselben Meridianebene mit den entsprechenden, über
ihnen befindlichen Nebententakeln. Ihr Ursprung liegt nämlich constant schräg neben den centripetalen Spangen, welche von den einspringenden Winkeln des Schirmrandes zu der Basis der letzteren
hinauflaufen. Ebenso liegt er später schief neben dem radialen Randbläschen, das sich an dieser Stelle entwickelt. Betrachtet man den
Schirm von aussen oder von unten, so liegt die Ausstülpung des Haupttentakels aus dem Ringgefäss stets rechts von der zugehörigen Spange
und vom Randbläschen. Die radialen Haupttentakeln wachsen ziemlich
rasch, so dass sie häufig schon vor dem Auftreten der radialen Randbläschen die interradialen, und in ausgedehntem Zustande selbst den
Schirmdurchmesser, an Länge übertreffen. Das jüngere Paar bleibt oft
lange Zeit bedeutend kürzer als das ältere (Fig. 37).

Während sich die radialen Haupttentakeln so ausbilden, beginnen

die interradialen, deren Nesselpolster an Zahl zunehmen, in gleicher
Weise an der Aussenfläche des Mantels emporzusteigen, wie es vorhin
von den radialen Nebententakeln beschrieben wurde. Sie bleiben also
nur noch durch eine centripetale Mantelspange mit dem Schirmrande
in Verbindung. Zugleich wächst auch der Magen beträchtlich durch
Verlängerung seiner Wände und geht aus der flachen Kegelform in die
Gestalt einer gleichweiten cylindrischen oder fast vierseitig prismatisch
abgeflachten Röhre über, welche in der Schirmhöhle bisweilen ungefähr
bis zum Niveau des Velum herabhängend gefunden wird. Ferner werden an dem wulstig verdickten Mundsaume des Magens erst 4, dann 8,
zuletzt 16 Paare von warzigen Nesselzellengruppen sichtbar (Fig. 17).
Endlich erscheint um diese Zeit oft schon im Grunde der Magenhöhle
die erste Anlage des Zungenkegels als ein spitzes, conisches oder eiför-
miges Zäpfchen (Fig. 42 z). Die Canäle des Gastrovascularapparates
werden relativ schmäler, indem die Subumbrella zwischen den Radialcanälen schneller als diese selbst wächst.

In dem sechsten Entwickelungsstadium gelangt die progressive Metamorphose von *Glossocodon eurybia* zum Abschluss, indem
nun auch noch die 4 radialen Sinnesbläschen erscheinen und
indem aus einer Verlängerung des Zungenkegels der Magenstiel hervorgeht. Es ist diese Verwandelung schon an Larven von 3 bis 3½ᵐᵐ
Durchmesser bemerkbar. Die 4 radialen Sinnesbläschen (b r) entwickeln sich meistens ebenso paarweise, wie die interradialen, links
neben den radialen Haupttentakeln und gerade unterhalb der radialen
Nebententakeln, in einer Meridianebene mit diesen, und am unteren
Ende der centripetalen Mantelspange, welche letztere mit dem Schirmrande verbindet. Das erste Paar der Randbläschen erscheint an der
Basis des älteren, das zweite an der des jüngeren Paares. Der Vorgang
der Entwickelung ist ganz derselbe, wie bei den interradialen Randbläschen (b i).

Der Magenstiel oder Schirmstiel (p) entsteht nun dadurch, dass
der Zungenkegel (z), welcher bisher als ein ganz freier Kegel vom
Grunde der Magenhöhle in dieselbe hineinragte, allmählich den Magengrund ganz ausfüllt, und indem er sich in einen unten conisch zugespitzten Cylinder auszieht, ringsum mit dem basalen Theile der Magenwand dergestalt verwächst, dass nur die 4 Löcher frei bleiben, durch
welche die 4 Radialcanäle in die Magenhöhle münden (Fig. 42). Diese
Löcher ziehen sich dann beim weiteren Wachsthume des cylindrischen
Zungenkegels zu 4 Röhren aus, welche in der Oberfläche des letzteren
liegen und aus dem Magen zur Subumbrella aufsteigen. Indem hierbei
gleichzeitig der mit dem Zungenkegel verwachsene Magen von dem

Grunde der Schirmhöhle abgehoben und schliesslich aus dieser hinaus-
geschoben wird, bildet sich der jüngere, aus dem Grunde der Schirmhöhle immer weiter nachwachsende Theil des Zungenkegels, in dessen
Oberfläche die 4 aufsteigenden Radialcanäle liegen, zum späteren Magenstiele aus. Der cylindrische Basaltheil des jungen Magenstieles erscheint bei seinem raschen Wachsthume anfänglich oft dünner, als der
bisweilen fast kolbenförmig angeschwollene, conisch zugespitzte, freie
Theil, der als Zungenkegel in die Magenhöhle hineinragt (Fig. 13).
Späterhin jedoch wird dieses Verhältniss umgekehrt, so dass der cylindrische Magenstiel an seiner Basis im Grunde der Schirmhöhle weit
dicker, als am unteren freien Theile erscheint.

Die weiteren Veränderungen, welche in der sechsten Periode noch
zu bemerken sind, erscheinen von mehr untergeordneter Art und beziehen sich hauptsächlich auf beträchtliche Verlängerung der radialen
Haupttentakeln, sowie auf die ansehnliche Abflachung des Schirmkör-
pers, verbunden mit Erweiterung der Schirmhöhle. Hauptsächlich ist
es das überwiegende Wachsthum des Schirmrandes, wodurch diese Veränderungen bewirkt werden. Dasselbe bewirkt auch
die Verlängerung der Radialcanäle, welche jetzt relativ schmäler erscheinen, sowie die weitere Verlängerung der 8 centripetalen Mantelspangen, welche von den 8 einspringenden Winkeln des Schirmrandes
aus in der äusseren Mantelfläche zu der Basis der 4 interradialen und
der 4 radialen Nebententakeln hinaufsteigen. Dadurch werden die 8
letzteren immer weiter an der Aussenfläche des Schirmmantels herauf-
gedrängt, so dass sie zuletzt oft fast auf halber Höhe des Schirmes aussen aufsitzen. Die radialen Haupttentakeln dagegen entfernen sich
nicht weiter vom Schirmrande. Die radialen Nebententakeln gehen bereits ihrem Untergange entgegen, indem sie ihre Nesselknöpfchen verlieren. Auch die interradialen, welche mit der Ausbildung von 8 bis
10 Nesselpolstern ihre höchste Höhe der Entwickelung und eine Länge
von etwa 2 ^{mm} erreicht haben, wachsen nun nicht mehr.

Glossocodon eurybia erscheint jetzt auf der Höhe seiner morpholo-
gischen Ausbildung angelangt. Das Thierchen (meist von ungefähr
4 ^{mm} Durchmesser) besitzt 12 Tentakeln in 3 Kreisen, 8 Sinnesbläschen
und alle anderen Theile, welche sich am erwachsenen Thiere vorfinden,
mit einziger Ausnahme der Geschlechtsorgane. Auch diese beginnen in
seltenen Ausnahmsfällen schon sich zu entwickeln. Derartige geschlechtsreife Individuen mit allen 12 Tentakeln habe ich
2 oder 3 Mal beobachtet. Als ich das erste von diesen fand, war ich
versucht, dasselbe für eine besondere Gattung und Art der Geryoniden-
familie zu halten, bis ich mich späterhin von der grossen Variabi-

lität der Entwickelung in dieser Familie überzeugte. Diese gestattet sehr beträchtliche Variationen in der Aufeinanderfolge und der
Zeit des Erscheinens der einzelnen Theile; so dass sich im Einzelnen
viele und bedeutende Abweichungen von dem hier gegebenen die Regel darstellenden Schema nachweisen lassen.

Die weiteren Veränderungen, welche nun noch die im sechsten
Stadium der Entwickelung angelangte Larve durchläuft, bestehen nicht
allein in der Entwickelung der Geschlechtsorgane, sondern auch in
einer regressiven Metamorphose der Tentakeln, nach welcher man noch
zwei weitere Entwickelungsstadien unterscheiden kann. Die siebente
Periode der Verwandelung würde durch das Verschwinden
der 4 radialen Nebententakeln charakterisirt sein, welche
zuerst von allen 12 Tentakeln abfallen, wie sie auch zuerst erschienen
sind. Schon in den vorhergehenden Perioden hatten dieselben ein ver-
kümmertes Aussehen angenommen, waren schlaff und welk geworden
und hatten ihren Nesselknopf verloren. Jetzt fallen dieselben an ihrer
Basis ab und zwar entweder alle 4 gleichzeitig oder ein Paar nach dem
andern, wahrscheinlich zuerst das ältere, zuerst erschienene Paar und
erst nach ihm das jüngere, damit alternirende Paar.

Ebenso würde der achte Abschnitt des Larvenlebens
durch den Wegfall der 4 interradialen Tentakeln bezeichnet
sein. Diese scheinen in der Regel alle 4 zusammen gleichzeitig abzufallen; seltener beobachtete ich erwachsene Individuen, an denen nur
noch die Rudimente von 2 gegenständigen interradialen Tentakeln
(wahrscheinlich des jüngeren Paares) vorhanden waren, während die
beiden anderen, mit ihnen alternirenden (vermuthlich das ältere Paar)
schon abgefallen waren. Auch bei den interradialen Tentakeln scheinen, wie bei den radialen Nebententakeln, dem völligen Verschwinden
derselben mehrfache Veränderungen vorherzugehen, welche eine all-
mähliche Rückbildung bezeichnen. Die Tentakeln werden schlaff, fal-
tig, welk, verlieren ihren eigenthümlichen starren und vollen Habitus,
und werden nicht mehr so steif aufrecht getragen. Namentlich biegt
sich die erschlaffte Spitze zuerst um, wie denn überhaupt diese regres-
sive Metamorphose von der Spitze der interradialen Tentakeln beginnt
und allmählich nach der Basis zu fortschreitet. Die abgewelkte Spitze
scheint oft stückweise abzufallen, wie die abnehmende Zahl der Nesselpolster lehrt. Endlich hat die Rückbildung auch ihre Basis ergriffen;
diese fällt ebenfalls ab, und es besitzt nun das erwachsene Individuum
nur noch die 4 bleibenden radialen Haupttentakeln.

Die Entwickelung der Geschlechtsorgane beginnt in der
Regel erst, wenn die 8 Larvententakeln abgestreift sind. In seltenen

Fällen, wie schon bemerkt, erscheinen dieselben bereits im sechsten Stadium, wenn noch alle 12 Tentakeln gleichzeitig vorhanden sind. Viel häufiger ist der Fall, dass dieselben bereits in der siebenten Periode sich zu entwickeln beginnen, wenn zwar die 4 radialen Nebententakeln abgefallen, die 4 interradialen Tentakeln aber noch vorhanden sind. Doch ist auch dies immer nur als eine, wenn auch nicht seltene, Ausnahme zu betrachten, als Regel dagegen, dass die Geschlechtsreife erst nach dem Abfalle aller 8 Larvententakeln eintritt. Die Entwickelung der Genitalien geschieht bei beiden Geschlechtern in gleicher Weise und beginnt damit, dass die 4 linearen, gleich breiten Radialcanäle in der Mitte ihres Verlaufes an der Subumbrella sich ein wenig erweitern oder vielmehr in der Fläche der letzteren ausdehnen. Diese anfangs schmal lanzettförmige Verbreiterung wird allmählich breiter und breiter, dehnt sich auch entlang des Radialcanals aus und wird so zuletzt zu der ovalen, blattförmigen Tasche, welche das fertige Genitalorgan darstellt. An der unteren, der Schirmhöhle zugekehrten Fläche der taschenförmigen Ausbuchtungen entwickeln sich beim Männchen die Samenzellen, beim Weibchen die Eier.

VI. Anatomie von Carmarina hastata (Geryonia hastata).

Hierzu Taf. I, IV, V.

1. Körperform.

Schirm (Mantel) und Schirmstiel (Magenstiel).

Die erwachsene *Carmarina hastata*, welche in Fig. 1, 2 und 3 in natürlicher Grösse dargestellt ist, gehört zu den grössten und ansehnlichsten craspedoten Medusen, indem der Durchmesser ihres flach gewölbten Schirmes 50 bis 60 ^{mm}, die Höhe desselben 30 bis 40 ^{mm} und die Länge des Schirmstieles oder Magenstieles sogar 60 bis 90 ^{mm} erreicht. Der grösste Theil des hutpilzförmigen Thieres ist farblos, wasserklar und durchsichtig; nur die Genitalien unterscheiden sich durch ihr opakes, matt weissliches Aussehen, das in manchen Fällen, jedoch nicht constant und in verschiedenem Grade, auch das gesammte Gastrovascularsystem zeigt. Einige Zeit nach dem Tode nimmt diese weissliche oder gelbliche Trübung zu, so dass dann der Cirkelcanal sowie die radialen und centripetalen Canäle sehr deutlich hervortreten. Bei den meisten erwachsenen Thieren dieser Art, die ich beobachtete, waren bestimmte Körpertheile röthlich gefärbt, namentlich die reichlich

mit Nesselzellen und mit Muskelfasern versehenen Organe, wie Mund,
Magen, die 6 Muskelbänder am Magenstiel, der Nesselsaum am Schirmrand, die radialen Tentakeln und in geringerem Grade bisweilen auch
das Velum. Die intensivste Färbung zeigten Magen, Nesselsaum und
Tentakeln. Die Intensität der Färbung war sehr verschieden; meist
matt rosenroth, bisweilen kaum bemerkbar. Ein einzelnes Individuum
zeichnete sich durch fast lebhaft purpurrothe Färbung aus; andere,
sonst nicht verschiedene, waren aber auch fast farblos, so dass diese
oft sehr auffallende Färbung für den Speciescharakter von keinem Gewicht ist.

Die Form des Schirmes oder der Umbrella (Fig. 1 und 2) ist
bald fast halbkugelig, bald aber flacher gewölbt, so dass die Höhe des
Schirmes bald fast ²/₃, bald kaum ¹/₃ des Durchmessers beträgt. Die
Dicke des Gallertmantels (1) beträgt bald ¹/₄, bald fast die Hälfte der
Schirmhöhe. Wechsel der Manteldicke, der Schirmhöhe und Schirmwölbung scheinen in unmittelbarem Zusammenhange zu stehen und
zum Theil von der aufgenommenen Nahrungsmenge abzuhängen. Zwei
sehr wohlgenährte Individuen mit sehr dickem Gallertmantel und hoch-
gewölbtem Schirme, welche ich 5 Tage lang in reinem Seewasser ohne
alle Nahrung hielt, hatten während dieser Zeit bedeutend an Manteldicke und Schirmwölbung eingebüsst und erschienen viel flacher und
dünner. Nach dem Schirmrande zu nimmt die Dicke des Gallertmantels allmählich und gleichmässig ab (Fig. 1 und 2). Im Zustande der
stärksten Contraction, bei den heftigsten Schwimmbewegungen nimmt
die eigentliche Wölbung des Schirmgipfels nur wenig zu, da vorzugsweise die unteren und mittleren Theile der Glocke, oft fast cylindrisch,
zusammengezogen werden. Fig. 2 stellt ein Thier in diesem Momente
dar, bei welchem der im höchsten Grade contrahirte Schirm sich eben
wieder zu dilatiren beginnt und das erschlaffende Velum durch den
mächtigen Stoss des ausgetriebenen Wassers nach unten vorgetrieben
wird.

Aus der Mitte der Unterfläche des Schirmes entspringt mit breit
kegelförmiger Basis der dicke, solide, cylindrische Schirmstiel oder
Magenstiel (Pedunculus, Fig. 1 und 2 p), welcher 60 bis 90 ᵐᵐ
lang, also eben so lang oder um die Hälfte länger als der Schirmdurchmesser ist und sich sehr allmählich gegen den Magen hin kegelförmig
verdünnt (Fig. 99 p). In der Mitte beträgt seine Dicke gewöhnlich
5 bis 8 ᵐᵐ. Wenn die in seiner Oberfläche aufsteigenden 6 Radialcanäle sehr prall gefüllt sind, erscheint er oft auf dem Querschnitt fast
sechseckig. Der Raum zwischen diesen 6 Canälen wird von 6 halb so
breiten oder eben so breiten Muskelbändern eingenommen. Abgesehen

von diesem Ueberzuge der Oberfläche besteht der Magenstiel aus derselben hyalinen, vollkommen homogenen Gallertsubstanz wie der
Schirmmantel selbst, dessen Fortsetzung er ist. Die schmalen verästelten, unten im letzten Abschnitt näher zu beschreibenden Fasern,
welche bei *Glossocodon* diese Gallerte durchziehen, scheinen bei *Carmarina* noch weit zahlreicher und mehr verästelt zu sein (Fig. 88 I f).
Auf Querschnitten des Magenstiels quillt die Gallertmasse oft halbkugelig oder fast kugelig vor (Fig. 5 l).

Die Gallertmasse des
Magenstiels setzt sich bei *Carmarina* ebenso wie bei *Glossocodon*, unmittelbar nach
seinem Eintritt in den Magen, in die Z u n g e oder den
Z u n g e n k e g e l (Fig. 2, 4
und 5 z) fort, der hier im
Verhältniss noch stärker entwickelt ist als bei *Glossocodon*.
Die Gestalt des Zungenkegels
ist bei *Carmarina* mehr gestreckt cylindrisch und erst
nach dem fein zugespitzten
unteren Ende zu allmählich
kegelförmig verdünnt (Fig.
4 z). Doch ist bisweilen auch
die Basis ein ziemlich dicker
Kegel (Fig. 5 z), während
andere Male der Magenstiel
sehr plötzlich in den viel
dünneren Zungenkegel zu-
sammengezogen erscheint.
Bisweilen ist die untere feine
Spitze spindelförmig ange-

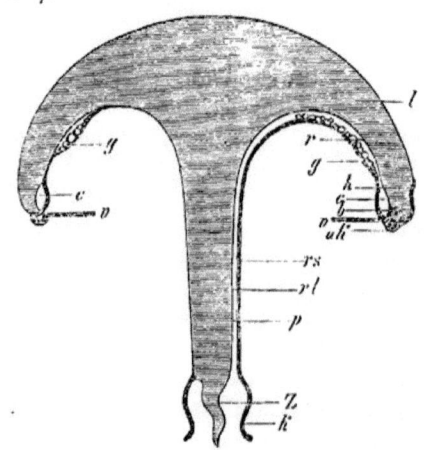

Fig. 99. Schema eines radialen Verticalschnittes durch eine erwachsene geschlechtsreife
Carmarina hastata, rechts durch einen Radialcanal in seiner ganzen Länge, links durch den
Seitenflügel eines Genitalblattes in einer interradialen Ebene geführt. b. Randbläschen.
c. Ringgefäss. g. Geschlechtsproducte. h. Mantelspange. k. Magen. l. Gallertmantel. p. Magenstiel. r. Radialcanal. r l. Umbrales, r s. subumbrales Epithel des Radialcanals. u k. Knorpelring. v. Velum. z. Zunge.

schwollen (Fig. 5). Die Gallertsubstanz des Kegels ist überzogen von
einem einschichtigen Epithel, das aus polygonalen kernhaltigen Zellen
von zweierlei Art zusammengesetzt ist (Fig. 6). Diese sind in der Weise
auf 6 Paare alternirender bandförmiger Längsstreifen vertheilt, dass
6 breitere Streifen, die aus kürzeren und breiteren Zellen bestehen,
abwechseln mit 6 schmäleren Streifen, die aus längeren und schmäleren Zellen zusammengesetzt sind. Die 12 alternirenden Bänder laufen
in langgezogenen Spirallinien um die Axe des Kegels (Fig. 6). Unter

dem Epithel befindet sich eine sehr dünne Lage von longitudinalen
Muskelbändern. Vermöge seiner Contractilität kann der Zungenkegel
weit aus dem Munde hervorgestreckt werden (Fig. 5), während er auch
vollständig in die Magenhöhle zurückgezogen werden kann. Im letzteren
Falle wird er mehrfach knieförmig oder wellenförmig gebogen und zusammengelegt (Fig. 4). Bei dem ruhenden, bewegungslos im Wasser
schwebenden Thiere ist dann oft keine Spur von dem Zungenkegel
wahrzunehmen (Fig. 1); sobald aber das Thier gereizt und in lebhafte
Bewegung versetzt wird, oder wenn ein anderes vorbeischwimmendes
Thier in die Nähe des Mundes kommt, streckt es den Zungenkegel weit
aus der Mundöffnung hervor und bewegt ihn wie tastend hin und her
(Fig. 2). In einer gewissen Lebensperiode fungirt der Zungenkegel als
Knospenstock (Fig. 75), worüber unten der VIII. Abschnitt zu vergleichen ist.

2. Gastrovascularsystem.

Mund, Magen, Ernährungscanäle und Geschlechtsorgane.

Der Magen (k) erscheint von dem unteren Ende des Magenstieles
deutlich abgesetzt, theils durch seine trübere opake Beschaffenheit und
das oft runzelig gefaltete Aussehen seiner Wände, theils durch seine
spindelförmig oder glockenförmig erweiterte Gestalt. Doch ist die
letztere sehr wechselnd, bald mehr kegelförmig oder cylindrisch, bald
mehr sechsseitig-pyramidal oder prismatisch abgeflacht. Ebenso wechselnd ist auch das Verhalten des Magens zum Munde und die Gestalt
des letzteren. Der Mund (o) bildet bald bloss die trichterartig erweiterte und mit einem verdickten Saum umgebene Ausmündung der Magenhöhle, welche stärker gefaltet und gerunzelt ist als die eigentliche
Magenwand (Fig. 5); bald ist die Mundhöhle als eine besondere trichterförmige Cavität durch eine enge Einschnürung von der darüber gelegenen kugeligen oder spindelförmigen Magenhöhle getrennt (Fig. 1, 2
und 4). Die Wände sowohl der Mund- als Magenhöhle sind äusserst
contractil und können sich ebenso bei Aufnahme grosser Nahrungskör-
per enorm ausdehnen, oft um das Mehrfache ihrer ursprünglichen
Durchmesser, als sie, im entgegengesetzten Falle, auf einen sehr kleinen
unansehnlichen Körper sich zusammenziehen können. Die Wände bestehen aus einer sehr entwickelten äusseren longitudinalen und inneren
circularen Muskelfaserschicht. Bei der geringen Durchsichtigkeit und
der bedeutenden Dicke der Wände ist der Verlauf der Muskelfasern auf
Flächenansichten schwer zu verfolgen, während sich auf Querschnitten

(Fig. 73) die innere dicke Ringfaserlage (k c) von 0,005 mm scharf von
der äusseren dünnen Längsfaserlage (k l) von 0,002 mm absetzt. Am
leichtesten lassen sich einzelne Bündel von Längsmuskeln isoliren.
Der meist in zahlreiche grössere und kleinere Falten gelegte Mundtrich-
ter ist von einem verdickten röthlichen Nesselsaum (Fig. 4 o' und 5 o')
umgeben, der aus sehr zahlreichen warzenförmig vorspringenden Nesselpolstern zusammengesetzt ist (Fig. 89). Jedes halbkugelige Polster
enthält eine Gruppe von radial gestellten Nesselzellen. Da die Con-
tractions- und Faltungszustände des Mundes noch mehr als die des
Magens wechseln, so ist auch die Form der Mundöffnung sehr variabel und kann auch hier, wie dies
bereits bei *Glossocodon* nachgewiesen wurde, nicht
zur systematischen Charakteristik benutzt werden.
Bald erscheint die Mundöffnung sehr weit, kreisrund
und fast glatt, bald einfach sechseckig, bald sternförmig in 6 oder selbst in 12 Falten gelegt, bald
scheinbar in 6 lange Lappen getheilt (Fig. 74), die
aber bei näherer Betrachtung sich ebenfalls als einfache Duplicaturen ergeben. Der scheinbar tief
sechstheilige Mundsaum kann plötzlich wieder zu
einer ganzrandigen kreisrunden Oeffnung verstrei-

Fig. 89. Ein rund-
lich zusammenge-
zogenes Stückchen
des Mundsaums von
Carmarina hastata
mit der marginalen
Reihe von Nessel-
knöpfen.

chen. Vom Mundrande aus ziehen zum Magengrunde 6 bandförmige
Drüsenblätter, bestehend aus zahlreichen büschelförmigen Gruppen
grosser einzelliger Drüsen (Fig. 73 d), deren dunkelkörniger Inhalt oft
sehr deutlich sich absetzt von den helleren und blasseren Zellen des
geschichteten Cylinderepithels (Fig. 73 k i), das die innere Magenfläche
auskleidet. Diese 6 Magendrüsen scheinen sich ähnlich, wie die 4 Drüsenblätter im Magen von *Glossocodon* zu verhalten, sind jedoch hier noch
schwieriger zu untersuchen.

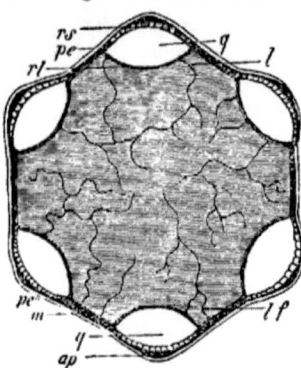

Die sechs Radialcanäle (r)
entspringen im Grunde des Magen-
schlauches, unmittelbar über der Stric-
tur, durch welche der Magen sich
mehr oder weniger deutlich vom Magenstiele absetzt, und umgehen so den

Fig. 88. Horizontaler Querschnitt durch
den Magenstiel von *Carmarina hastata*. a p.
Radialnerv. l. Gallertsubstanz des Schirmstiels.
l f. Fasern in der Gallertsubstanz. m. Längsmuskeln. p e. Epithel des Magenstiels. r l. Umbrales, r s. subumbrales Epithel der aufsteigenden Radialcanäle.

Ursprung des Zungenkegels (Fig. 4). Die 6 kreisrunden oder länglich
runden, durch einen Schliessmuskel völlig gegen die Magenhöhle abschliessbaren Ursprungsöffnungen der Canäle sind bisweilen in geöffnetem Zustande sehr deutlich sichtbar (Fig. 4 i). Auf dem Querschnitte des Magenstiels (Fig. 4 und 5) erscheinen die durchschnittenen
Gefässe (q) meist als querelliptische Löcher (Fig. 88 q); wenn sie durch
reichliche Nahrungprall gefüllt und ausgedehnt sind, auch wohl kreisrund; anderseits ist das Lumen, wenn sie entleertund zusammengezogen sind, oft kaum wahrnehmbar; die Canäle erscheinen dann als platte
Bänder. Danntritt auch in der Mittellinie der Aussenfläche jedes Canals
sehr deutlich die rinnenförmige Einziehung hervor, in deren Grunde
der absteigende Theil des Radialnerven verläuft (Fig. 4 a″). Die kleinen,
oft dichotom getheilten Querfalten, welche von dieser Längsrinne ausgehen, bergen vielleicht Seitenäste des Nerven, die zu den Muskeln
gehen. Nach unten setzen sich die 6 Längsfalten der äusseren Canalwände auch auf die Magenoberfläche fort, sind hier ebenso mit gespaltenen Querästchen besetzt und enthalten vielleicht die Fortsetzung der
6 Radialnerven zu Magen und Mund (Fig. 4). Von ihrem Ursprunge
am Magengrunde an bleiben die Radialcanäle in ihrem ganzen Verlaufe
bis zum Cirkelcanale fast gleichbreit, mit Ausnahme der taschenförmigen Erweiterungen bei geschlechtsreifen Thieren. Von den 6 ebenso
breiten oder nur halb so breiten röthlichen Muskelbändern (m), durch
welche sie längs ihres Verlaufs auf dem Magenstiele getrennt werden,
setzen sie sich durch weissliche opake Färbung meist scharf ab, auch
durch den Mangel der feinen Längsstreifung, welche erstere oft schon dem
unbewaffneten Auge zeigen (Fig. 1 und 2). Bei schwacher Vergrösserung markiren sie sich ausserdem durch das fein netzförmige Aussehen,
das die dickwandigen grossen Zellen ihres Epithels hervorbringen
(Fig. 5 r). Auch hier ist es, wie bei *Glossocodon*, nur das subumbrale,
nach aussen gelegene Epithel der Radialcanäle (Fig. 88 r s), welches
aus diesen hohen derbwandigen Cylinderzellen besteht, während das
umbrale, der Gallertsubstanz zugekehrte Epithel (Fig. 88 r l) nur aus
zarten, flachen Pflasterzellen besteht. Im Grunde der Höhlung des
Schirmes angelangt, biegen sich die 6 Radialcanäle auf dessen Unterfläche (Subumbrella) um, und erweitern sich nun alsbald zu den flachen
taschenförmigen Geschlechtsorganen.

Die 6 Geschlechtsorgane oder G e n i t a l b l ä t t e r (g) der erwachsenen
Carmarina hastata zeigen eine Form, welche für diese Art sehr charakteristisch ist (Fig. 1 bis 3 g). Während nämlich bei jüngeren Individuen, deren Genitalien sich eben erst entwickeln, jedes Genitalblatt die
Form eines langgezogenen gleichschenkligen Dreiecks hat, dessen Höhe

die Breite seiner nach innen gerichteten Basis um das Doppelte übertrifft und dessen Spitze bis nahe an den Cirkelcanal reicht, ziehen sich
späterhin die beiden Ecken der Basis in flügelförmige, dreieckige, seitliche Anhänge aus; zugleich wächst die Mitte der Basis mehr nach innen hinein: die beiden Seitenränder oder Schenkel des Dreiecks aber
treten in der Mitte ein wenig bauchig erweitert vor, und die nach aussen gerichtete Dreiecksspitze rundet sich ab. So erhält jedes Blatt eine
charakteristische Spiess– oder Spontonform, nach der ich dieser Species
ihren Namen gegeben habe und welche dieselbe leicht von den verwandten Carmariniden (auch abgesehen von dem Zungenkegel) unterscheiden lässt (Fig. 1 bis 3 g). Der Abstand zwischen beiden einander
zugewandten Spitzen je zweier benachbarter Genitalblätter ist bei
vollkommen geschlechtsreifen Thieren ungefähr ebenso gross als der
Abstand der beiden Seitenspitzen jedes einzelnen Genitalblattes. Die
Spitze erreicht den Cirkelcanal nicht ganz, wenigstens in der Regel.
Die Form und Grösse der Genitalblätter ist bei beiden Geschlechtern
nicht verschieden, doch kann man dieselben schon mit blossem Auge
oft dadurch unterscheiden, dass die Hoden des Männchens (Fig. 2 g')
feiner und gleichmässiger punctirt und dadurch stärker weisslich getrübt erscheinen, als die gröber körnigen, im Ganzen helleren und
durchsichtigeren Ovarien des Weibchens (Fig. 1 und 3 g''). Ihrer Entstehung nach sind die Genitalblätter nichts anderes als sehr flache seitliche Ausstülpungen der Radialcanäle, mit deren Lumen ihre niedrige
taschenförmige Höhlung auch beständig in offener Communication
bleibt. Die Geschlechtsproducte, sowohl die Samenzellen des Männchens als die Eier des Weibchens, entwickeln sich nur aus dem Epithel
der unteren, subumbralen, der Schirmhöhle zugekehrten Wand dieser
Taschen und gelangen, nachdem sie die circularen Muskelfasern der
Subumbrella auseinander gedrängt, unmittelbar nach aussen. Das Bersten des dünnen Epithelialüberzuges der Subumbrella, welche durch
die grossen reifen Eier zu einer äusserst zarten Platte ausgedehnt wird,
und der Austritt aus deren Spalt sind bisweilen direct zu beobachten.
In allen diesen Beziehungen verhalten sich die Genitalien der *Carmarina* nicht wesentlich von denen des *Glossocodon* verschieden. So bilden
namentlich auch hier die reifen Eier halbkugelige Vorsprünge über die
Oberfläche der Subumbrella nach innen (Fig. 7 1 g) und auch hier sind
die Eier meistens dergestalt gruppirt, dass in bestimmten Abständen
vertheilte grössere Eier von Gruppen kleinerer hofartig umgeben sind,
und dass zwischen diesen rundlich polygonalen Eierhaufen wandungs-
lose Hohlräume übrig bleiben, die mit dem in der Mitte durch das Genitalblatt offen hindurch tretenden Radialcanal bleibend in freier Com-

munication stehen und von ihm aus Nahrungssaft zugeführt erhalten.
Die sehr kleinen kugelrunden Samenzellen, deren jede ein einziges
stecknadelförmiges Zoosperm zu entwickeln scheint, haben 0,006 bis
0,008 mm Durchmesser. Die Eier sind sehr grosse, kugelige oder polyedrisch abgeplattete Klumpen von 0,1 bis 0,15, bisweilen selbst von
0,2 mm Durchmesser. Aus ihrem dunkeln, körnigen Dotter-Protoplasma
(Fig. 71 g d) tritt der grosse, helle, kugelige Kern oder das Keimbläschen (von 0,04 bis 0,06 mm), oft deutlich doppelt contourirt, sehr scharf
hervor. In dem sehr grossen Nucleolus desselben (Keimfleck) (von
0,01 bis 0,015 mm) ist constant ein ansehnlicher Keimpunct (Nucleolinus, Punctum germinativum) (von 0,001 bis 0,003 mm) nachzuweisen.
Eine den Dotter umschliessende Membran fehlt mindestens den jüngeren Eiern vollständig und ist auch an den älteren höchstens als eine
sehr zarte Haut, vielleicht nur eine festere Rindenschicht des Dotters
vorhanden.

Der Cirkelcanal (c), welcher die durch die Mitte der Genitalblätter hindurchgetretenen 6 Radialcanäle aufnimmt, ist bei der erwachsenen Carmarina ungefähr so breit, oft aber auch kaum halb so
breit als das Velum, und wie dieses, im Verhältniss zu dem grossen
Schirm, weit schmäler als bei Glossocodon. Meist ist er von gleicher
Breite mit den Radialcanälen (Fig. 1 und 3). Wie bei diesen, ist sein
Lumen je nach dem verschiedenen Füllungszustande mit Nahrung sehr
verschieden, bald bandförmig eng, dünn und hoch, bald fast cylindrisch
ausgedehnt. Daher erscheint er auf Querschnitten bald sehr dünn und
schmal, bald mehr oval oder fast kreisrund (Fig. 71 c). Auch hier besitzen die beiden Canalwände ganz verschiedenes Epithel (Fig. 63, 64
und 71), indem das umbrale (innere) aus flachen zarten Pflasterzellen
(c l), dagegen das subumbrale (äussere, der Gallertsubstanz abgewen-
dete) aus hohen dickwandigen Cylinderzellen besteht (c s). Nach unten
grenzt der Cirkelcanal an den Knorpelring und den Nervenring. Nach
oben sendet er die centripetalen blindgeendigten Fortsätze aus, welche
für die Gattungen Carmarina und Geryonia so charakteristisch sind.

Die erwachsene geschlechtsreife Carmarina hastata besitzt zwischen je zwei Radialcanälen sieben blinde Centripetalcanäle,
so dass deren im Ganzen 42 vorhanden sind. Demnach münden in den
Cirkelcanal, wenn man noch die 6 Axencanäle der Tentakeln und die
6 offenen, vom Magen kommenden Radialcanäle dazuzählt, nicht weniger als 54 Gefässe ein (Fig. 1 und 3). Die 42 Centripetalcanäle entwickeln sich nicht alle gleichzeitig; vielmehr treten zuerst nur 6 auf,
je einer in der Mitte zwischen 2 Radialcanälen (Fig. 57); dann treten
12 andere auf, in der Mitte zwischen letzteren und jenen ersteren

(Fig. 58 und 59 ; zuletzt endlich treten in der Mitte zwischen den nun
vorhandenen 24 Gefässen gleichzeitig ebenso viele andere auf. Diese letzten 24 Centripetalcanäle erreichen nur ungefähr die Hälfte oder 2 Drittel
der 18 ersten, so dass also zwischen je 2 Radialcanälen sich 3 längere
und 4 kürzere blinde Centripetalcanäle vorfinden. Die längeren reichen
mit ihren Spitzen bis zwischen die seitlichen Spitzen der Genitalblätter
hinein. Die blinden Enden sind meistens stumpf, seltener zugespitzt
(Fig. 1 und 3 e).

3. Skelet.

Knorpel des Schirmrandes und der Mantelspangen.

Der Ringcanal bildet bei *Carmarina*, ebenso wie bei *Glossocodon*,
nicht den Schirmrand selbst. Vielmehr findet sich unter demselben
noch ein eigener, dicker, wulstiger Reif, welcher die eigentliche Grenze
zwischen Schirmrand und Velum bezeichnet. Es ist dies ein sehr entwickelter Knorpelring (u k), der von einem Nesselepithel überzogen
ist und ein stützendes Skelet für das ganze Thier bildet, wie dies schon
bei *Glossocodon* bemerkt wurde. Zwischen ihm und dem unteren Rande
des Cirkelcanals liegt der Nervenring (a). Ausserdem stehen auch die
Sinnesbläschen, die centripetalen Mantelspangen und die Tentakeln
durch ihre Lage und Insertion zu dem Schirmrande und dessen verschiedenen ringförmigen Organen in der engsten Beziehung. Es erscheint mir deshalb dieser Theil des Medusenkörpers von besonderer
Wichtigkeit und ich sehe mich um so mehr veranlasst, hier auf dessen
anatomische Verhältnisse genauer einzugehen, als dieselben bisher trotz
ihrer hohen Bedeutung ganz vernachlässigt worden sind und als sich in-
folge dessen theils nur ganz unvollständige, theils sehr unrichtige Angaben über die hier beisammenliegenden Theile vorfinden.

Der einzige Forscher, der dem wichtigen Baue des Schirmrandes
bei den Geryoniden bisher einige Aufmerksamkeit geschenkt hat, ist Fritz
Müller, der auch allein den vortheilhaften Gedanken gehabt hat, durch
Querschnittsdarstellungen die Lagerungs- und Verbindungsverhältnisse
der hier beisammenliegenden Theile aufzuklären. Doch sind die beiden
Querschnitte des Mantelrandes, die er von seiner *Liriope catharinensis*
giebt (l. c. Fig. 24 und 25), ganz schematisch gehalten, wie er auch
selbst angiebt. Wahrscheinlich sind dieselben nur aus Flächenbildern
abstrahirt. Schwerlich sind sie durch directe Anschauung gewonnen,
da die Lagerung der verschiedenen Theile des Schirmrandes nicht der
Natur entspricht und daher auch ihre Deutung irrig ausgefallen ist.

Uebrigens ist auch jene Geryonidenart so klein, dass es wohl sehr schwer sein würde, vom Mantelrande derselben befriedigende Querschnitte anzufertigen. Querschnitte können hier aber allein zum Ziele führen. Ein vorzügliches Object zur Anfertigung derselben bot mir nun meine grosse *Carmarina hastata* und zahlreiche, sehr klare und demonstrative Schnitte, welche ich durch ihren verhältnissmässig dicken Mantelsaum an verschiedenen Stellen anfertigen konnte, haben mir die ziemlich schwierigen anatomischen Verhältnisse desselben so weit klar gelegt, dass ich die folgenden Angaben mit voller Sicherheit vertreten zu können glaube. (Vergl. Fig. 63, 64 und 71 nebst deren Erklärung.) Allerdings habe ich nur in Salzlösungen aufbewahrte Thiere zu den Schnitten benutzt, da ich am lebenden Thiere dergleichen zu versuchen versäumt hatte; indess waren die wesentlichen Verhältnisse an den gut conservirten Thieren doch vollkommen klar und sicher zu erkennen und zahlreiche von dem lebenden Thiere entnommene Flächenansichten kamen mir dabei wesentlich erläuternd und bestätigend zu Hülfe. (Vergl. Fig. 63 bis 66.)

Der eigentliche Mantelsaum des Schirmrandes von *Carmarina hastata*, d. h. der untere zugeschärfte, freie Rand der Gallertscheibe oder der homogenen gallertigen Mantelsubstanz (v), erscheint schon für das blosse Auge nach unten ringsum abgeschlossen und namentlich von dem Velum abgegrenzt durch einen dicken, wulstigen, kreisförmigen Reifen oder Ring, der sich durch seine undurchsichtige Beschaffenheit und meistens auch durch röthliche Färbung von dem weniger opaken und weisslichen darüberliegenden Cirkelcanal unterscheidet (Fig. 1 bis 3 u, Fig. 63 bis 66 u k). Dieser dicke, wulstige Ring hat von allen Theilen des Mantelsaums die bedeutendste Dicke, Consistenz und Festigkeit und bildet eigentlich die feste Grundlage, das Skelet des Schirmrandes, welches vermöge seiner Resistenz und Elasticität demselben auch bei der stärksten Contraction des Velum seine Kreisform wahrt. Von früheren Beobachtern ist dieser wulstige, kreisrunde Saum des Schirmrandes hier, wie bei anderen Medusen, als der Nervenring betrachtet worden. Er enthält aber keine nervösen Elemente, sondern besteht wesentlich aus einem cylindrischen oder halbcylindrischen Knorpelringe (u k), umhüllt von einer Epithelialschicht, deren cylindrische Zellen namentlich an der äusseren Seite zahlreiche Nesselkapseln entwickeln (u e). Ich habe daher oben den ganzen Ringwulst als Nesselsaum (u) bezeichnet. Doch ist dieser Name besser auf den schmalen Ringstreifen von Nesselepithel zu beschränken, der den Knorpelring überzieht. Die membranlosen Zellen (Fig. 70 u k,) des Knorpelringes sind kleiner und mehr rundlich als die Knorpel-

6*

zellen in den marginalen Mantelspangen und namentlich als die sehr
grossen Knorpelzellen der embryonalen Larvententakeln. Dagegen ist
ihre Intercellularsubstanz (Fig. 70 u k_v), die Knorpelgrundsubstanz,
reichlicher entwickelt, als die der letzteren (Fig. 70). Die Cylinder-
epithelzellen (Fig. 63 bis 66 u e), welche den Knorpelring in einer einfachen Lage überziehen, entwickeln Nesselkapseln hauptsächlich an der
nach aussen gekehrten, weniger an der unteren Seite des Ringknorpels,
während sie nach innen flacher werden und in das Epithel der unteren
Fläche des Velum (v e) übergehen.

Die relative Lagerung der dem Ringknorpel zunächst anliegenden
und ihn von oben her bedeckenden Theile ist nun der Art (Fig. 63, 64
und 71), dass die obere Fläche des Knorpelrings (während die untere
convexe frei nach unten und aussen sieht) nach innen anstösst an die
Basis des Velum (v), nach aussen an den Mantelrand, d. h. den untersten verdünnten Rand der Schirmgallerte (l) und in der Mitte zwischen diesen beiden an den unteren Rand des Cirkelcanals (c). Der
Nervenring (a) liegt unmittelbar nach innen und unten von dem letzteren. Auf Querschnitten durch den Mantelrand zwischen 2 Tentakeln
(Fig. 71) erscheint daher der Nervenring (a) als das Centrum, um
welches sich die anderen Theile anlagern; und zwar liegt dann die Basis (der angewachsene Aussenrand) des Velum (v) an der inneren, der
untere Rand des Cirkelcanals (c) an der oberen, der untere Rand des
Gallertmantels (l) an den äusseren und die obere ebene Fläche des
Ringknorpels an der unteren Fläche des Nervenrings. So an allen
Stellen des Mantelrandes zwischen den Tentakeln und den Randbläschen. Wird dagegen der Querschnitt durch die Basis eines Tentakels
oder noch besser durch die Insertion eines Randbläschens geführt, so
wird das Lagerungsverhältniss etwas geändert (Fig. 63 und 64). Das
Randbläschen (b) ist nämlich in dem unteren Rande der Schirmgallerte
eingeschlossen, wird hier nach aussen von der centripetalen Mantelspange (h), nach innen von dem unteren Rande des Cirkelcanals (c)
begrenzt, und drängt den letzteren hier so nach innen, dass derselbe
sich vom Ringnerven entfernt, und dass die obere Seite des Nerven,
der hier zu einem Ganglion (f) anschwillt, unmittelbar unter dem
Randbläschen liegt.

Als Resultat dieser anatomischen Untersuchung des Schirmrandes ergiebt sich also, dass derselbe nicht, wie bisher angenommen
wurde, bloss aus dem unteren Rande des Cirkelcanals und einem
Zellen- oder Nervenringe gebildet wird, sondern dass in die Zusammensetzung desselben nicht weniger als 6 verschiedene ringförmige

Theile eingehen, nämlich: 1. der Knorpelring (u k), 2. der mit Nesselzellen versehene Epithelüberzug desselben oder der Nesselring (n e), 3. der Nervenring (a), 4. der Gefässring oder Cirkelcanal (c); nach innen stösst an diese Theile 5. der äussere ringförmige Rand des Velum (v), nach aussen und oben endlich 6. der untere ringförmige, verdünnte Rand der Gallertscheibe (l) oder der Mantelrand.

Ebenso wenig als der Schirmrand haben bisher die marginalen centripetalen Mantelspangen, welche bei den Geryoniden vom Schirmrande zur Basis der Larvententakeln in der Aussenfläche des Mantels emporsteigen, eine genügende Beachtung gefunden. Und doch verdienen sie diese wegen ihrer Beziehung zu jenen embryonalen Tentakeln in hohem Grade. Der Einzige, der diese wichtigen Gebilde erwähnt, ist FRITZ MÜLLER. Der Beschreibung des Schirmrandes von *Liriope catharinensis* fügt er hinzu: »Mit aller Wahrscheinlichkeit ist er als Nervenring zu deuten; dafür spricht ausser den Randbläschen tragenden Anschwellungen, dass sich von jeder dieser Anschwellungen ein zarter, aber scharf begrenzter Strang nach oben verfolgen lässt, 4 zur Basis der Tentakeln, 4 zu Puncten, an denen das jüngere Thier dem erwachsenen meist vollständig fehlende Tentakeln getragen hat« (l. c. p. 214). In der Abbildung (Fig. 24), wo dieser Strang irrig an die innere Seite des Randbläschens und des Mantelsaums verlegt wird, ist derselbe als »Tentakelnerv?« bezeichnet.

Die Gebilde, welche ich »marginale oder centripetale Mantelspangen« (h) nenne, sind in der gleichen Anzahl wie die Randbläschen vorhanden, bei *Carmarina* also 12. Sie verlaufen in der Aussenfläche des Mantelsaums oder des unteren Randes des Gallertmantels und steigen hier von der Basis der 12 Randbläschen in radialer (centripetaler) Richtung empor zu der Basis der 6 interradialen Tentakeln (y) und zu der Basis der 6 radialen Nebententakeln (s t). Die radialen Mantelspangen sind von den interradialen nicht wesentlich verschieden. Beim erwachsenen Thiere sind beide fast von gleicher Länge, während bei der Larve die älteren radialen Spangen an Länge die erst später sich verlängernden interradialen Spangen bedeutend übertreffen. Die Mantelspangen eignen sich bei *Carmarina hastata* wegen der beträchtlichen Grösse dieses Thiers besonders für eine nähere Untersuchung, wobei wieder Querschnitte durch den Mantelrand von besonderem Werthe sind (Fig. 63 und 64). Jede centripetale Mantelspange ist wesentlich eine Fortsetzung oder ein Ausläufer des Schirmrandes, in welche alle Theile desselben, mit Ausnahme des Gastrovascularcanales, eingehen. Es ist also in jeder Spange ein Knorpelstreif, ein Muskelbeleg, ein Ner-

venstrang und ein Epithelialsaum mit Nesselzellen zu unterscheiden
(Fig. 63 bis 65). Die feste und formgebende Grundlage, das Skelet
jeder Spange, liefert, wie im Schirmrande selbst, der Medusenknorpel.
Allerdings bildet derselbe nur einen schmalen Streifen, aus einer einzigen Reihe schmaler, langgestreckter Knorpelzellen bestehend (Fig. 63
h k und 64 h k). Indessen reicht die Festigkeit ihrer derben Grundsubstanz oder der Knorpelkapseln doch hin, um der Mantelspange auch
bei den verschiedensten Contractionszuständen des Schirmes ihre charakteristische Form zu wahren. Diese ist bei *Carmarina hastata* in der
Weise hornförmig oder verkehrt S-förmig gekrümmt, dass die untere
Hälfte eine starke Convexität nach aussen, die obere eine eben so
starke Vorwölbung nach innen (in die Mantelgallerte hinein) zeigt
(Fig. 1 und 2 h). Die Spange ist von unten nach oben allmählich verdünnt, so dass sie an der Basis, wo sie vom Mantelrand ausgeht, am
dicksten ist. Dem entsprechend nehmen die Knorpelzellen von unten
nach oben allmählich an Dicke ab, an Länge aber gleichzeitig zu; die
untersten sind daher fast münzenförmig abgeflacht, die mittleren Cylinder von gleicher Länge und Dicke, die oberen langgestreckte Cylinder,
welche oben convex, unten concav sind. Wie bei den interradialen
Tentakeln und bei den radialen Nebententakeln ist das Knorpelskelet
zunächst umhüllt von einem continuirlichen Muskelrohre (h m), dessen
quergestreifte Fasern sämmtlich longitudinal verlaufen. An der inneren
Seite, wo die Mantelspange der äusseren Fläche des unteren Schirmrandes angewachsen ist, folgt nun unmittelbar das sehr dünne, gross-
zellige Plattenepithel des Ectoderm. An der äusseren Seite des Span-
genmuskels (h m) dagegen liegt der zarte, blasse Nervenstrang an (h n),
welcher von dem Ganglion des Ringnerven zur Basis des Larvententa-
kels emporsteigt. Dieser endlich ist überlagert von demselben Cylinderepithel, das den Knorpelring umkleidet, und das, wie dort, zahlreiche Nesselzellen entwickelt (h c).

Die Mantelspange ist also ihrem Baue nach wesentlich als ein
Ausläufer des Schirmrandes zu betrachten und diese Auffassung
wird durch die Entwickelungsgeschichte vollkommen gerechtfertigt. Die Mantelspangen entstehen dadurch, dass die Larvententakeln, sowohl die interradialen als die radialen Nebententakeln, welche
ursprünglich unmittelbar aus dem Mantelrande hervorkeimen und diesem aufsitzen, sich späterhin von demselben entfernen und, durch
Wachsthum des gallertigen Mantelrandes, eine Strecke weit an dessen
Aussenfläche hinaufsteigen. Dabei nehmen sie von den benachbarten,
für sie brauchbaren Theilen ein Stück mit fort, ziehen gewissermaassen
einen Zipfel des Schirmrandes nach sich, der so zu der centripetalen

Spange sich verlängert. So entsteht auch der einspringende Winkel an der Basis der Spange, welcher durch eine Einziehung des Schirmrandes bedingt ist. So lange die Larvententakeln existiren, ist die wesentliche Function der Mantelspangen darin zu suchen, dass sie den centripetalen Nerven von dem Nervenring zur Tentakelbasis hinüberführen. Der Nerv bleibt auch späterhin, nach dem Abfall der Larvententakeln, noch bestehen, und strahlt wahrscheinlich seine Fäden über die Manteloberfläche aus.

4. Muskelsystem.

Tentakeln, Velum und Subumbrella.

Carmarina hastata besitzt als erwachsenes und geschlechtsreifes Thier nur 6 radiale Tentakeln (Haupttentakeln), indem die 6 interradialen Tentakeln und die 6 radialen Nebententakeln, welche die Larve auszeichnen, noch vor dem Eintritt der Geschlechtsreife (wie bei *Glossocodon eurybia*) verloren gehen. Diese letzteren werden daher unten in der Entwickelungsgeschichte beschrieben werden. Die 6 radialen Haupttentakeln, welche uns hier allein beschäftigen, sind aussen am Schirmrande, schräg gegenüber der Einmündungsstelle der 6 Radialcanäle in den Cirkelcanal, befestigt, entspringen jedoch (ebenfalls wie bei *Glossocodon*) nicht von dieser Einmündungsstelle selbst, sondern neben derselben, auf der rechten Seite (bei der Betrachtung des Schirmrandes von aussen oder von unten). Oft sind sie um mehr als das Doppelte ihrer eigenen Breite von jener Einmündung entfernt. Die Insertion der Tentakeln am Schirmrande ist ferner oberhalb des Knorpelrings, so dass der Canal, den das Ringgefäss in jeden Tentakel hinein sendet, und der diesen bis zu seinem blinden Ende durchläuft, die ganze Dicke des Gallertmantels oberhalb des Knorpelringes durchbrechen muss (Fig. 98).

Die Tentakeln der erwachsenen *Carmarina* sind im Verhältniss zur beträchtlichen Grösse des Thieres sehr dünn (verhältnissmässig viel dünner als bei *Glossocodon*), aber zugleich sehr lang. Wenn sie in vollkommen erschlafftem Zustande von dem Mantelrande des bewegungslos im Wasser schwebenden Thieres herabhängen (Fig. 1), erreicht ihre Länge oft über 1, selbst bis 2 Fuss, so dass sie die Länge des Magenstiels bisweilen um mehr als das Vierfache übertreffen. Jeder Tentakel erscheint dann wie eine zierliche Perlenschnur, da die sehr zahlreichen ringförmigen, röthlichen Nesselwülste, welche in gleichen Abständen den Tentakel besetzen, durch 3- bis 4mal so lange, dünnere, farblose, nesselfreie Internodien voneinander getrennt sind. Doch bedarf es nur

88   VI. Anatomie von Carmarina hastata.

einer geringen Reizung, z. B. einer leisen Berührung der Tentakeln
oder des Schirmes mit der Nadel, um die Tentakeln zur Verkürzung zu
bewegen, wobei sich die Perlenschnüre in der zierlichsten Weise langsam aufrollen, indem die einzelnen Perlen durch Contraction der Internodien genähert werden. Bei heftigerer Reizung, z. B. beim Abschnei-
den eines Tentakels, gerathen die Fäden in sehr lebhafte Bewegung,
und während das erregte Thier mit zusammengezogenem Schirme kräf-
tige Schwimmstösse ausführt, bewegen sich die langen, feinen Fäden,
wie ein Knäuel von vielen verschlungenen Anneliden, im buntesten
Spiel wild durcheinander und gewähren mitunter ein höchst anziehen-
des Schauspiel. Namentlich verschlingen sich mehrere Tentakeln dann
oft zu dicken Knoten, welche wahrhaft unentwirrbar erscheinen (Fig. 2).
Wie ein Convolut zahlreicher dünner Würmer kriechen und schlängeln
sich die verschiedenen Fäden durcheinander, bis dann plötzlich wieder
die Lösung des scheinbar unauflöslichen Knotens eintritt und die einzelnen Fäden frei sich durch das Wasser schlängeln. Auch die abgerissenen Stücke der Fäden zeigen noch grosse Beweglichkeit und kriechen wie Würmer umher. Bisweilen sind auch die ruhig herabhän-
genden Fäden in Knoten verschlungen und hängen dann in zierlichen
Bogen zusammen, wie das in Fig. 1 von 3 Tentakeln dargestellt ist.

Die radialen Haupttentakeln von *Carmarina hastata* zeichnen sich
durch eine überraschende Complication ihrer Structur aus, die wahrscheinlich bei allen Geryoniden in gleicher Weise wiederkehrt, die aber
bis jetzt den Beobachtern völlig entgangen ist. Schon bei der äusser-
lichen Betrachtung der Tentakeln bei schwacher Vergrösserung gewahrt
man eine Anzahl von abwechselnd helleren und dunkleren Längsstreifen, die namentlich an den durchsichtigen nesselfreien Internodien
sehr deutlich hervortreten. Versucht man nun, durch Anfertigung von
Querschnitten sich genauer über die Anordnung und Bedeutung dieser
longitudinalen Bänderung zu unterrichten, so wird man auf gut gelungenen Querschnitten durch ein äusserst zierliches Bild überrascht, welches in Fig. 60 bei schwacher Vergrösserung (70) dargestellt ist, während
Fig. 61 einen radialen Ausschnitt desselben bei stärkerer Vergrösserung
(300) zeigt. Während es noch ziemlich leicht gelingt, leidliche Querschnitte zu gewinnen, so ist dagegen die Anfertigung von hinreichend
dünnen Längsschnitten mit sehr grossen Hindernissen verbunden, und
auch wenn diese ziemlich gelungen sind, so ist dennoch die Deutung
des eigenthümlichen Baues, der nur aus der Vergleichung der durch
longitudinale und transversale Schnitte erhaltenen Bilder sich feststellen lässt, mit ausserordentlichen Schwierigkeiten verknüpft. Obwohl
ich wochenlang diese Tentakeln auf Längs- und Querschnitten und mit

Hülfe verschiedener Reagentien untersucht habe, und obwohl ich über
die wesentlichen Eigenthümlichkeiten ihrer Structur jetzt klar zu sein
glaube, so muss ich dennoch auf eine bestimmte Deutung derselben
verzichten. Es ist dies hauptsächlich dadurch bedingt, dass die musculösen Elementartheile der wurmförmig sich zusammenziehenden
Tentakeln ganz andere sind, als diejenigen, welche die anderen Muskeln
des Körpers zusammensetzen.

Auf gelungenen Querschnitten durch einen radialen
Haupttentakel, die eine kreisrunde Scheibe darstellen (Fig. 60
und 61) gewahrt man von innen nach aussen folgende 4 Schichten:
1. ein inneres, die Centralhöhle des Tentakels begrenzendes Cylinderepithel (t c); 2. einen aus hellen, concentrischen, kreisrunden Streifen
zusammengesetzten Ring (t c); 3. eine dicke Mittelschicht, welche aus
ungefähr 60 Paaren von abwechselnd hellen und dunkeln radialen
Streifen zusammengesetzt ist (t l und t m); 4. ein äusseres, zahlreiche
Nesselzellen enthaltendes Cylinderepithel (t u). Das genauere Verhalten
dieser 4 concentrischen Lagen ist folgendes: 1. das innere Cylinderepithel (t c) von 0,03 ^{mm} Dicke besteht aus einer einzigen Lage
von hohen, schmalen, cylindrischen Zellen mit Kern, welche wahrscheinlich Flimmercilien tragen und das Lumen des hohlen Tentakels
unmittelbar umgeben. 2. Die zweite concentrische Lage (t c), der ganz
durchsichtige, glashelle, fast structurlose Ring, welcher im Mittel
0,03 ^{mm} breit ist und das Canalepithel als ebenso dickwandiger Hohl-
cylinder umfasst, zeigt sich bei sorgfältiger Untersuchung aus kleineren
concentrischen, hyalinen, kreisrunden Ringen von 0,01 ^{mm}
Breite zusammengesetzt. 3. Die dritte, sehr mächtige, ringförmige ra-
dialgestreifte Schicht (t l und t m), die ungefähr 4- bis 6mal so
breit, als jede der beiden ersten ist (im Mittel 0,1 bis 0,15 ^{mm} breit),
erscheint zusammengesetzt aus ungefähr 60 hellen, hyalinen Radialstreifen und ebenso vielen damit alternirenden dunkleren, scharf davon abgesetzten Streifen. Die Zahl dieser abwechselnden radialen
Streifenpaare ist in verschiedenen Lebensaltern verschieden und nimmt
mit dem Alter zu. Bei erwachsenen Thieren finden sich deren meistens
zwischen 50 und 60, selten bis gegen 70 Paare vor. Die glasartig
durchsichtigen, hellen Streifen (t l), welche aus derselben Substanz
wie die concentrischen Ringe der zweiten Lage (t c) bestehen, erscheinen meist ganz structurlos, oder nur sehr undeutlich und zart gewür-
felt oder gepflastert, wie aus sehr kleinen, rundlich–polygonalen Körperchen zusammengesetzt. Die meisten hellen Radialstreifen sind
linear, gleich breit vom inneren bis zum äusseren Ende. Das letztere
ist convex abgerundet, während sich das innere Ende kaum von der

gleichartigen hyalinen Substanz der zweiten Lage abgrenzt. Einige
helle Radialstreifen sind bisweilen nach aussen hin gabelig getheilt,
indem gewöhnlich nicht alle dunklen Streifen durch die ganze Dicke
der dritten Schicht von aussen nach innen durchgehen, sondern einige
meistens nur eine gewisse Strecke weit von aussen nach innen hinein-
ragen (Fig. 60 und 61). Diese dunklen Radialstreifen (t m) sind
nicht gleichbreit linear wie die hellen mit ihnen alternirenden Streifen,
sondern von aussen nach innen allmählich verschmälert, so dass sie innen in eine stumpfe Spitze auslaufen, während sie aussen mit breiterer
Basis in die unterste Schicht der vierten Lage unmerklich übergehen.
Jeder dunkle Radialstreifen ist zusammengesetzt aus 2 unregelmässigen
nebeneinander verlaufenden Reihen von glänzenden, runden oder
länglichrunden, bisweilen auch durch gegenseitigen Druck etwas polygonal abgeplatteten Körperchen von 0,003 bis 0,01 mm Durchmesser,
welche durch eine scheinbar feinkörnige dunkle Zwischenmasse, bestehend aus kleineren und grösseren dunklen Körnchen, getrennt sind.
Sowohl diese Zwischenmasse, als die beiden Reihen glänzender Körperchen sind chemisch verschieden von der hyalinen Substanz der hellen Radialstreifen. Jede der beiden Reihen glänzender Körperchen bildet häufig einen ziemlich regelmässigen Saum um den Rand des ihr
anliegenden hellen Radialstreifens und umsäumt auch noch das äussere,
oft nach aussen vorquellende Ende des letzteren, indem sie in die
nächste Reihe des benachbarten dunklen Streifens übergeht, welche
den entgegengesetzten Rand des hellen hyalinen Streifens säumt. An
dem inneren Ende des dunklen Radialstreifens sind die glänzenden
Körperchen meist kleiner und durch zahlreichere dunkle Körperchen
feineren Kalibers getrennt. In der radialen Mittellinie jedes dunklen
Radialstreifens nehmen die kleineren dunkleren Körperchen nach aussen hin eine breitere Zone ein und gehen endlich unmerklich über in
die feinkörnige dunkle Substanz, welche auch in der tiefsten Lage der
vierten und äussersten Schicht des Querschnitts sich findet. 4. Diese
vierte concentrische Lage endlich wird gebildet durch das äussere
Cylinderepithel (t u) des Tentakels, welches in den nesselfreien
Internodien ungefähr so hoch wie das innere Epithel (0,03 mm stark),
in den damit alternirenden Nesselwülsten aber 2- bis 3mal so stark
(0,06 bis 0,08 mm hoch) und aus mehreren, mindestens 3 verschiedenen
Schichten zusammengesetzt ist (Fig. 91 A). Die innerste Lage, welche
ich die Schicht der Büschelzellen nenne, wird aus sehr dünnen,
fast fadenförmigen Cylinderzellen zusammengesetzt, welche büschel-
weis auf dem convexen Aussenrand der hyalinen Radialstreifen sitzen
und oft mehrfach verbogen, bisweilen fast wellenförmig geschlängelt

erscheinen. Jedes Büschel (Fig. 91 B) besteht aus etwa 5 bis 10 dünn cylindrischen, in der Mitte einen länglichen Kern enthaltenden Zellen (Fig. 91 C), welche eine central stehende kegelförmige dicke Zelle (Fig. 91 D) umfassen. Die nach aussen gekehrte Basis der Kegelzelle scheint vertieft zu sein zur Aufnahme des unteren oder inneren dünnen Endes einer ähnlichen Kegelzelle der zweiten oder mittleren Epithel-schicht. Diese mittlere Lage nenne ich Schicht der Flaschen-zellen, weil sie grossentheils aus sehr eigenthümlichen, einer lang-halsigen Weinflasche ähnlichen Zellen besteht (Fig. 91 E). Der lange, oft am Ende knopfförmig verdickte Hals der letzteren liegt in der drit-ten oder nesselnden Epithelschicht und füllt die Zwischenräume zwi-schen deren Nesselzellen aus, wäh-rend der dickere cylindrische Fla-schenkörper, welcher den Zellen-kern einschliesst, zwischen den dicken kernhaltigen Kegelzellen (Fig. 91 E) der zweiten Schicht liegt. Die nach aussen gekehrte Ba-sis der letztgenannten Kegelzellen, welche etwas grösser als die der untersten Schicht sind, scheint ver-tieft zu sein zur Aufnahme des in-neren convexen Endes der Nessel-zellen (Fig. 68), welche zusammen mit den Hälsen der Flaschenzellen die dritte äusserte Lage des äusse-ren Tentakelepithels, die Schicht der Nesselzellen bilden. Die unter den Nesselzellen gelegenen Kegelzellen zweiter und erster Ord-nung dienen vielleicht, indem sie von innen nach aussen nachrücken,

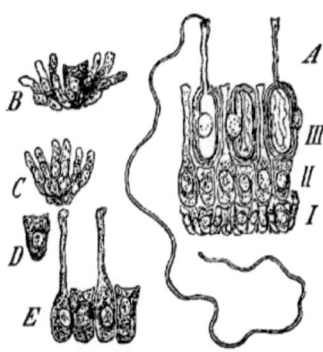

Fig. 91. Epithelzellen aus einem Nesselwulst der radialen Haupttentakeln von *Carmarina hastata*. A. Ein Stück des Epithels in seiner ganzen Dicke, aus 3 Schichten bestehend : I. Schicht der Büschelzellen. II. Schicht der Flaschen-zellen. III. Schicht der Nesselzellen. Aus 2 Nesselzellen der obersten Schicht ist der Nesselschlauch, aus einer zu-gleich der Nesselfaden hervorgetreten. B. Eine Kegelzelle der ersten, tiefsten Schicht, von Büschelzellen umgeben. C. Eine Gruppe von Büschelzellen der ersten Schicht. D. Eine Kegelzelle der ersten Schicht. E. Zwei Kegelzellen und zwei Flaschenzellen der zweiten, mitt-leren Schicht.

zum Ersatz der Nesselzellen, welche durch Sprengung der Nesselkap-seln verloren gehen.

Lässt man auf einen derartig zusammengesetzten Querschnitt eines radialen Tentakels verschiedene chemische Reagentien, z. B. verdünnte Säuren, einwirken, so scheint derselbe für die oberflächliche Betrach-tung nur aus zweierlei verschiedenen Substanzen zu bestehen, nämlich

aus den epithelialen Bildungen (innerem und äusserem Epithel), welche
durch die Säuren getrübt werden, und aus der hyalinen structurlosen
Substanz (zweite Lage und helle Radialstreifen der dritten Lage),
welche zwischen den beiden Epithelschichten liegt und durch Säuren
nicht getrübt wird. Die dunklen Radialstreifen der dritten Schicht sehen wie Fortsätze aus, welche das äussere Epithel in die hyaline mittlere Substanz hineinschickt. Namentlich hat das Bild, welches gute,
genau senkrecht zur Tentakelaxe geführte und dünne Querschnitte geben, auffallende Aehnlichkeit mit demjenigen, welches gewisse drüsige
Apparate auf Flächenschnitten mancher Schleimhäute liefern. Die dunklen Radialstreifen sehen wie schlauchförmige Drüsen aus, die von dem
äusseren Epithel nach innen eingestülpt sind. Die beiden Reihen glänzender Körperchen (t m) gleichen dem Epithel einer längsdurchschnit-
tenen Schlauchdrüse (Fig. 61).

Die Längsschnitte der radialen Haupttentakeln sind,
wie schon bemerkt, in genügend dünnen und durchsichtigen Schichten
nur sehr schwierig und unvollkommen auszuführen, und dennoch ist
ihr genaues Studium unerlässlich, um über die Bedeutung der oben
beschriebenen merkwürdigen Querschnittsbilder eine richtige Ansicht zu
erhalten. Die blosse Betrachtung der Tentakeln von aussen erläutert so
gut wie nichts, da das dicke und undurchsichtige äussere Epithel die
innere Structur verdeckt. Im Allgemeinen liefern die besten Aufschlüsse die tangentialen Längsschnitte, und namentlich diejenigen,
welche ungefähr durch die Mitte der dritten (radial gestreiften) Schicht
oder noch näher der Aussenfläche derselben geführt werden. Auf solchen tangentialen Längsschnitten durch die radial gestreifte
Schicht (Fig. 62) erblickt man weiter nichts, als eine Anzahl von regelmässig alternirenden dunkleren und helleren parallelen Längsstreifen.
Die hellen Streifen sind fast alle von der gleichen Breite (im Mittel
0,01 ^{mm}); dagegen die mit ihnen abwechselnden dunklen Längsstreifen
von verschiedener Breite: ist der Tangentialschnitt durch die Mitte der
dritten Schicht gegangen, so sind sie eben so breit, als die hellen Streifen; ist der Schnitt durch den äusseren Rand der dritten Schicht gegangen, so sind sie doppelt so breit; ist er durch den innern Rand gegangen, so sind sie nur halb so breit als die hellen Streifen. Bei ge-
nauerer Untersuchung zeigen sich die hellen Longitudinalstreifen
entweder ganz structurlos und hyalin, oder sie lassen nur eine äusserst
zarte und blasse longitudinale Streifung erkennen; sie sind der Länge
nach spaltbar und es gelingt beim sorgfältigen Zerzupfen, sie in äusserst blasse und zarte, sehr lange und schmale Fasern zu zerlegen.
Diese sind durchaus homogen und lassen auch nach Behandlung mit

Säuren etc. keine Kerne entdecken. Dagegen gelingt es ziemlich leicht, die dunklen Längsstreifen, welche im Ganzen betrachtet eine sehr unregelmässige und feine longitudinale Streifung zeigen und von zahlreichen länglichrunden Kernen durchsetzt sind, in ihre Bestandtheile zu zerlegen. Beim sorgfältigen Zerzupfen mit Nadeln zeigt es sich, dass sie ganz vorwiegend, fast ausschliesslich aus parallel verlaufenden und eng verbundenen sehr langen Strängen bestehen und jeder dieser letzteren ist wiederum aus langen und starken spindelförmigen Fasern zusammengesetzt. Diese Fasern sind im Mittel 0,1 ^{mm} lang, nach beiden fein zugespitzten Enden hin allmählich verdünnt und in der Mitte bis zu einer Dicke von 0,003 bis 0,008 ^{mm} angeschwollen. Jede Faser entspricht einer sehr verlängerten spindelförmigen Zelle und umschliesst in der Mitte einen ellipsoidischen oder ovalen Kern von 0,005 bis 0,012^{mm} Länge und 0,002 bis 0,006 ^{mm} Breite. Häufig bildet der dicke Kern an einer Seite der Zelle eine bauchige Vorwölbung. Im Uebrigen ist die Substanz dieser spindelförmigen, kernhaltigen Faserzellen durchaus homogen, und lässt keine Spur von einer Querstreifung erkennen. Sie bricht das Licht in ähnlicher Weise wie die dunkeln glänzenden Nesselkapseln, wesshalb auch auf Querschnitten ihr Durchschnitt sehr leicht mit Spitzenansichten der letzteren verwechselt werden kann. Viel schwächer lichtbrechend ist die Substanz der blassen kernlosen Fasern, die sich auch in ihrem Verhalten gegen chemische Reagentien wesentlich von den dunkeln kernhaltigen Fasern unterscheidet. Auch diese blassen Fasern sind durchaus homogen; niemals erscheinen sie quergestreift, wie etwa die Muskeln des Velum, der Subumbrella oder der knorpeligen Larvententakeln. Eine eigenthümliche Querstreifung tritt an denselben nach Maceration in verdünnter Salpetersäure allerdings auf. Es ziehen dann sehr feine und gedrängte, aber unregelmässige Querlinien über die ganze Breite der aus den blassen Fasern zusammengesetzten hellen Längsstreifen hinweg (Fig. 62 rechts). Isolirt man aber die einzelnen Fasern durch Zerzupfen, so zeigt sich, dass diese Querstreifung nicht bedingt ist durch eine Differenzirung der Substanz, wie bei den echten quergestreiften Muskeln, sondern vielmehr durch eine eigenthümliche Schrumpfung der blassen Fasern, an deren Oberfläche sich viele übereinanderliegende ringförmige Rinnen bilden, die durch scharfe vorspringende Riffe getrennt sind (Fig. 62 rechts unten). Die dunkeln kernhaltigen Fasern werden durch verdünnte Salpetersäure nicht in dieser Weise verändert, dagegen durch verdünnte Essigsäure werden sie körnig getrübt, während die Substanz der hyalinen Längsstreifen ganz hell bleibt. Die spindelförmigen Zellen werden der

Länge nach zu langen Bändern vereinigt durch ein Minimum einer feinkörnigen Kittsubstanz.

Radiale Längsschnitte der Tentakeln, welche durch die Längsaxe derselben gehen, werden nur selten durch einen glücklichen Zufall in einiger Vollkommenheit erhalten. Meistens fallen die so versuchten
Schnitte der Längsaxe parallel oder schief gegen sie gerichtet. Die besten
radialen Längsschnitte, welche ich erhielt, zeigten alle stets dasselbe
Bild, nämlich eine Zusammensetzung aus den 4 folgenden Schichten:
1. Zu innerst, unmittelbar das Lumen des Tentakelcanals umschliessend, findet sich ein Cylinderepithel von 0,03 ^{mm} Mächtigkeit, ganz
gleich der entsprechenden ersten Schicht des Querschnitts (t e). 2. Die
zweite Schicht bildet eine hyaline gallertähnliche Substanz von 0,03 ^{mm}
Breite, welche zahlreiche feine, senkrecht (radial) zur Tentakelaxe gerichtete Querstreifen zeigt; letztere sind nichts anderes, als die Grenzen
der übereinander liegenden concentrischen Ringe der zweiten Schicht
des Querschnitts (t c) ; ferner lässt sich an denselben oft auch eine äusserst zarte Zeichnung wahrnehmen, als ob jeder Querstreif aus einer
Reihe nebeneinander liegender rundlich-polygonaler Körperchen be-
stünde; dies sind die Querschnitte der einzelnen langen hyalinen Fasern, die die concentrischen Ringe zusammensetzen. 3. Die mächtigste,
dritte Schicht, von 0,1 bis 0,15 ^{mm} Breite, lässt sich an etwas dickeren
radialen Längsschnitten in mehrere übereinander liegende longitudinal-
radialgestellte, abwechselnd dunklere und hellere Blätter zerlegen. Jedes dunkle Blatt zeigt sich ausschliesslich zusammengesetzt aus zahlreichen parallel verlaufenden, sehr langen bandförmigen oder cylindrischen Strängen von 0,003 bis 0,006 ^{mm} mittlerer Breite. Jeder Strang
lässt sich isoliren und ziemlich leicht zerlegen in eine Anzahl der oben
beschriebenen kernhaltigen spindelförmigen Faserzellen. Hat man diese
Schicht von der Schnittfläche des radialen Längsschnittes entfernt, so
gelangt man auf die hyaline, durchsichtige, entweder ganz homogene
oder fein längsstreifige Lage, welche sich beim Zerzupfen in blasse
kernhaltige Fasern (t l) zerlegen lässt. Unter dieser kommt wieder eine
Lage von dunkeln kernhaltigen Längsfasern u. s. w. 4. Endlich die
äusserste und vierte Schicht wird gebildet durch das äussere Tentakel-
epithel (t u), dessen innerer Grenzcontour geradlinig, der äussere regelmässig und tief wellenförmig gebogen ist. Die Wellenthäler entsprechen
den nesselfreien Internodien, die Wellenberge den ringförmigen Nesselwülsten des Tentakels. An letzteren zeigt das Epithel dieselbe Zusammensetzung aus 3 Schichten wie auf dem Querschnitt.

Hält man nun die so gewonnenen Bilder der Querschnitte und der
tangentialen und radialen Längsschnitte zusammen, so ergiebt sich für

den Bau der radialen Haupttentakeln folgendes Resultat. Jeder Tentakel besteht aus 3 concentrisch sich umschliessenden Hohlcylindern,
einem inneren und äusseren Epithelialcylinder und einem dazwischen
befindlichen, zum grossen Theile musculösen Cylinder von sehr zusammengesetzter Structur. Es besteht der letztere aus einem inneren concentrisch geschichteten und einem äusseren radial geschichteten Theile.
Der innere concentrisch geschichtete Theil (die zweite Lage unserer
Querschnitte und radialen Längsschnitte) besteht aus einer einzigen
Substanz, angeordnet in Form theils sich einschliessender, theils übereinander gelagerter Ringe. Jeder Ring ist zusammengesetzt aus vielen
unregelmässigen, sehr langen und schmalen kernlosen Fasern von cylindrischer oder spindelförmiger Gestalt. Alle verlaufen in transversalen Ebenen, die senkrecht zur Tentakelaxe stehen.

Der äussere radial geschichtete Theil des mittleren Tentakelcylin-
ders (die dritte Lage unserer Querschnitte und radialen Längsschnitte)
bietet der genaueren Untersuchung die grössten Schwierigkeiten. Er
ist zusammengesetzt aus einer grossen Anzahl (meistens 120) radial
gestellter dünner Blätter, die durch die ganze Länge des Tentakels von
seiner Wurzel bis zu seiner Spitze ununterbrochen hindurchlaufen.
Diese radialen Blätter sind von zweierlei Art, hellere, mehr homogene,
kernlose, und dunklere, mehr differenzirte, kernreiche. Helle und
dunkle Blätter sind stets in gleicher Anzahl vorhanden und wechseln
regelmässig miteinander ab. Beide sind in der Mitte der Schicht von
ungefähr gleicher Dicke. Die hellen Blätter sind überall von gleicher
Dicke (0,01 mm); die dunklen Blätter sind von aussen nach innen keil-
förmig zugeschärft. Die hellen Blätter bestehen aus zahlreichen innig
verbundenen, parallel verlaufenden, longitudinalen Fasern, welche sich
in längere oder kürzere, unregelmässige, spindelförmige, kernlose,
hyaline Fasern auflösen lassen, ganz gleich denjenigen, welche die concentrischen Ringe der zweiten Schicht zusammensetzen. Die dunklen
Blätter, welche scharf von den hellen geschieden sind, bestehen ebenfalls aus zahlreichen innig verbundenen und parallel nebeneinander
verlaufenden longitudinalen Fasern. Diese sind aber mit zahlreichen
Kernen besetzt und zeigen sich zusammengesetzt aus zahlreichen der
Länge nach aneinander gelegten, gestreckt spindelförmigen, glatten
Faserzellen, deren jede einen ellipsoiden Kern in der Mitte umschliesst.
Jedes dunkle Radialblatt besteht eigentlich aus zwei besonderen in die-
ser Weise zusammengesetzten Blättern, welche durch ein wenig fein-
körnige Zwischensubstanz getrennt sind, wie aus dem Querschnitte
(Fig. 60 und 61) hervorgeht.

So viel lässt sich also thatsächlich über den merkwürdigen und

complicirten Bau der radialen Haupttentakeln feststellen. Eine bestimmte
Deutung aller Elementartheile vermag ich aber nicht zu geben; namentlich gilt dies von den hellen, schwach lichtbrechenden, kernlosen Fasern, welche als Ringfasern die zweite, concentrisch gestreifte Schicht
(t c) und als Längsfasern die hellen Radialblätter der dritten, radial
gestreiften Schicht (t l) zusammensetzen, sowie von den dunkeln, stark
lichtbrechenden, kernhaltigen Fasern, welche die dunkeln Radialblätter
(t m) derselben bilden. Jedenfalls ist wenigstens das eine dieser Elemente musculöser Natur, vielleicht auch das andere, wenn dies nicht
vielleicht zur Gewebsgruppe der Bindesubstanzen gehört. Ob aber die
dunkeln Fasern Muskeln und die hellen Fasern Bindegewebe sind, oder
ob das Umgekehrte der Fall ist, oder ob beide Faserarten Muskelfasern
von verschiedenem Bau und Werth sind, darüber muss vorläufig das
Urtheil desshalb ganz ungewiss bleiben, weil beide Faserarten, sowohl
die hellen kernlosen, als die dunkeln kernhaltigen Fasern ausschliesslich in den radialen Haupttentakeln der Geryoniden vorkommen, während sie im übrigen Körper fehlen. Die motorischen Elemente des
übrigen Körpers, namentlich des Velum, der Subumbrella und der
Knorpeltentakeln der Larven, bestehen aus quergestreiften Muskelfasern,
welche weder zu den hellen noch zu den dunkeln Fasern der Haupttentakeln irgend eine bestimmte Beziehung erkennen lassen. Allerdings
ist auch ein grosser Theil der Magenwände (Fig. 73) aus glatten Muskelfasern zusammengesetzt. Allein die Aehnlichkeit derselben mit den
hellen kernlosen Strängen der Tentakeln scheint bloss eine oberflächliche zu sein, da sie nicht, wie die letzteren, beim Zerzupfen in die
oben beschriebenen spindelförmigen Fasern, sondern in Bündel von
äusserst schmalen und langen Fibrillen zerfallen.

Erwägt man die ausserordentliche Contractilität der radialen Haupttentakeln, und namentlich den Umstand, dass dieselben sich nicht allein
sehr bedeutend verkürzen, sondern auch stark der Quere nach ring-
förmig einschnüren können, so erscheint es natürlicher, die contractilen Elemente in den blassen kernlosen Fasern zu suchen. Es würde
dann eine starke innere Ringmuskelfaserschicht (t c) vorhanden sein,
während im entgegengesetzten Falle, wenn nur die dunkeln kernhaltigen Fasern contractiler Natur wären, Ringmuskeln ganz fehlen würden.
Die longitudinalen Muskelzüge würden in beiden Fällen gleich entwickelt erscheinen, da die Summe aller hellen und aller dunkeln Radialblätter der dritten Schicht ungefähr gleich sein wird. Vergleicht
man die beiderlei Fasern mit den glatten, nicht quergestreiften
Muskeln anderer Thiere, so finden sich den hellen kernlosen Fasern
ähnliche Muskelbänder vielfach bei Mollusken, während die dunkeln

kernhaltigen Fasern den contractilen Spindelzellen der glatten Muskeln
von Wirbelthieren sehr ähnlich sehen. Zur Vergleichung der beiderlei
Fasern mit den glatten Muskelelementen anderer Coelenteraten fehlt es
jetzt noch an genügenden Anhaltspuncten. Es sind sowohl kernlose als
kernhaltige homogene Fasern als Muskelzellen bei verschiedenen Coelenteraten beschrieben worden.

Offenbar steht der eigenthümliche Bau und die Zusammensetzung
der radialen Haupttentakeln aus diesen glatten Muskelzellen in ursäch-
lichem Zusammenhang mit ihrer eigenthümlichen Bewegungsweise.
Ihre wurmförmigen Contractionen erfolgen nicht so plötzlich und momentan, halten aber auch länger an, wie bei den quergestreiften Muskeln des Velum, der Subumbrella und der Larvententakeln. Bei diesen letzteren verläuft die Contraction gewöhnlich momentan in einer
energischen Zuckung, auf welche sofort die Erschlaffung folgt, während
bei jenen ersteren die Zusammenziehung in der Regel in keiner hefti-
gen Zuckung, sondern allmählicher erfolgt und längere Zeit andauert.
Die beiderlei contractilen Elemente unterscheiden sich durch ihre Wirkung in ähnlicher Weise, wie die glatten und quergestreiften Muskeln
der Wirbelthiere.

Die quergestreiften Muskeln der *Carmarina* bilden einen
sehr dünnen, nur aus Längsfasern zusammengesetzten schlauchförmi-
gen Ueberzug über die cylindrischen Knorpelskelete der interradialen
Tentakeln (Fig. 64 y m) und der radialen Nebententakeln (Fig. 65 s m)
der Larve, sowie über die Knorpelstäbe der 12 centripetalen Mantelspangen (h), welche am Schirmrande zu jenen hinführen (h m). Ausserdem
setzen sie beim erwachsenen Thiere die Locomotionsorgane zusammen, von denen die Subumbrella das schwächere, das Velum das
stärkere ist.

Das Velum (v) oder die Randmembran der erwachsenen *Carmarina* ist im erschlafften Zustande 5 bis 8 ^{mm} breit, im stark contrahirten noch nicht ein Drittel so breit. Seine Dicke beträgt 0,04 ^{mm}.
Das Velum besteht in seiner ganzen Ausdehnung aus 4 übereinander-
liegenden Schichten (Fig. 63, 64 und 71 v). Die der Schirmhöhle zu-
gewandte obere Fläche ist von einem mässig dicken Cylinderepithel
(v s) überzogen, dessen fast kubische kernhaltige Zellen 0,018 ^{mm} hoch
sind. Unter diesem Ueberzuge folgt die sehr entwickelte Ringmuskelschicht (v c), deren Mächtigkeit 0,007 ^{mm} beträgt. Unter diesen circular
verlaufenden Fasern liegen die etwas schwächeren Radialmuskeln (v r),
die eine Lage von 0,005 ^{mm} Dicke zusammensetzen. Die untere Fläche
dieser Radialmuskelschicht endlich ist von einem Pflasterepithel (v e)

überzogen, dessen breite kernhaltige Zellen kaum halb so hoch, als die
des oberen Epithellagers sind, nur etwa 0,009 ᵐᵐ hoch.

Die verschiedenen Schichten des Velum setzen sich nur theilweis
auf die Subumbrella fort (Fig. 63, 64 und 71). Das untere Epithel
des Velum (v e) geht aussen in das dickere Epithel des Knorpelrings
über (u e). Das obere Epithel des Velum (v s) setzt sich continuirlich
in das flachere Epithel der Subumbrella (e s) fort, dessen blasse kernhaltige Pflasterzellen sehr niedrig sind. Ebenso setzt sich die obere,
aus den Circularfasern bestehende Muskelschicht des Velum (v c) unmittelbar in die schwächere Ringsmuskellage der Subumbrella (m s)
fort, deren concentrische Faserringe gegen den Grund der Schirmhöhle
hin immer dünner und schwächer werden und an der Basis des Magenstieles sich ganz verlieren. In den Zwischenräumen zwischen den
Radialcanälen liegen die Cirkelfasern der Subumbrella zum grossen
Theil unmittelbar auf der Gallertsubstanz des Mantels, nach unten gegen den Rand hin auf dem subumbralen Epithel des Cirkelcanals (c s).
An der Innenfläche der Radialcanäle dagegen und in deren nächster
Umgebung finden sich unter den circularen auch theilweis noch einzelne
Züge von longitudinal oder vielmehr radial verlaufenden Muskelfasern
der Subumbrella, welche man als partielle Fortsetzungen der Radialmuskelschicht des Velum ansehen kann. Von solchen Radialmuskeln der Subumbrella lassen sich 18 einzelne Bänder deutlich unterscheiden. Es verlaufen 6 schmale unpaare Radialmuskeln in der
Mittellinie der Radialcanäle zwischen ihrem subumbralen Epithel und
der Ringmuskelschicht. Sie verlieren sich an der Basis des Magenstiels,
während die von ihnen begleiteten Radialnerven (a r) sich in der Mittellinie der Aussenfläche der Radialcanäle bis zum Magen fortsetzen
(Fig. 88). Die 12 paarigen Radialmuskeln der Subumbrella sind etwas
breitere Bänder, welche unmittelbar an den beiden Seitenwänden eines
jeden Radialcanals wie längsstreifige Säume desselben verlaufen und
namentlich bei jüngeren Thieren, deren Radialcanäle sich noch nicht zu
den Genitaltaschen ausgebuchtet haben, sehr deutlich hervortreten. Im
Grunde der Schirmhöhle, wo die Radialcanäle auf den Magenstiel um-
biegen und sich dabei so sehr nähern, dass nur noch Zwischenräume
von ihrer eigenen Breite zwischen ihnen übrig bleiben, werden die
letzteren vollständig von den Muskeln ausgefüllt, indem je 2 convergi-
rende benachbarte Radialmuskeln (der rechte Muskelsaum von einem
jeden Radialcanal und der linke Muskelsaum von dem rechts daneben
gelegenen Canal) zusammentreten zur Bildung eines einzigen starken
Muskelstreifen, der nun als Längsmuskelband (Fig. 4 und 5 m) bis zum

Magengrunde herabsteigt und dort in die longitudinale Muskelschicht des Magens sich fortsetzt.

5. Nervensystem.

Das Nervensystem lässt sich bei der grossen *Carmarina hastata* mit noch grösserer Sicherheit nachweisen als bei dem kleinen *Glossocodon eurybia*. Die Nervenstränge sind hier grösser, deutlicher und leichter von den Nachbartheilen zu isoliren, als bei dem letzteren, namentlich bei Larven mittleren Alters; von besonderer Wichtigkeit aber ist es, dass es mir hier gelang, unzweifelhaft nervöse Elementartheile mit vollkommener Sicherheit in den Nervensträngen nachzuweisen (Fig. 92). Ueber die Ganglienzellen und die mit ihnen in Verbindung stehenden Nervenfasern werde ich unten in dem Abschnitt, der von den Geweben handelt, besonders berichten. Hier will ich bloss die anatomische Verbreitung des Nervensystems in dem Körper der *Carmarina* so darstellen, wie ich mich nach vielen mühsamen Präparationsversuchen endlich von ihr sicher überzeugt zu haben glaube. Ich bemerke dabei, dass mir die oben schon, bei Beschreibung des Mantelrandes erörterten Querschnitte die grössten Dienste leisteten. Bei Larven mittleren Alters kann man auch auf Flächenansichten die Nervenstränge und ihre Ganglien ziemlich leicht erkennen (z. B. Fig. 56, 65 und 66). Bei älteren Thieren dagegen ist es ohne Querschnitte des Mantelrandes, namentlich an den Stellen, wo die Randbläschen aufsitzen und die Tentakelnerven abgehen, kaum möglich, zu einer klaren Anschauung des Nervenrings und der von ihm abgehenden Nervenstränge zu gelangen.

Fig. 92. Nervenfasern und Ganglienzellen von *Carmarina hastata*, aus dem Nervenring an der Austrittsstelle aus einem radialen Ganglion entnommen.

Der Nervenring (a) am Schirmrande von *Carmarina hastata* liegt so verborgen zwischen Cirkelcanal, Knorpelring und Velum, dass es nur selten und mit Mühe bei der Betrachtung von blossen Flächenansichten des erwachsenen Thieres gelingt, sich von seiner Anwesenheit bestimmt zu überzeugen. Viel leichter und sicherer gelingt dies durch das Studium von Querschnitten des Schirmrandes. Hier erscheint der Ringnerv als ein cylindrischer, auf dem Querschnitt kreisrunder, oder von oben nach unten etwas abgeplatteter Strang (Fig. 71 a), dessen Durchmesser nur etwa $\frac{1}{4}$ bis $\frac{1}{6}$ von dem des Knorpelrings beträgt. Wie schon bei Beschreibung des Schirmrandes erwähnt, liegt der Ringnerv unmittelbar auf der oberen Fläche des Knorpelringes, so dass er

in verticaler Richtung den Knorpelring von dem unteren Rande des
Cirkelcanales trennt. Ebenso ist er in horizontaler Richtung zwischen
Aussenrand des Velum und unteren Rand des Gallertmantels eingeschaltet. Nirgends liegt also der Cirkelnerv frei an der Oberfläche,
und diese versteckte Lage erklärt zur Genüge, warum er bisher übersehen wurde. Oben wird derselbe vom Ringgefäss, unten vom Ringknorpel, aussen vom Gallertmantel und innen vom Velum verdeckt.
Auf Querschnitten erscheint er vollkommen als Grenzmarke für diese
4 verschiedenen ringförmigen Theile, zwischen welche er eingeschaltet
ist. An den Abgangsstellen der Tentakeln wird er ausserdem noch an
der äusseren Seite von diesen letzteren und von den centripetalen
Mantelspangen, an der oberen von den Randbläschen bedeckt (Fig. 63
und 64).

Der Nervenring von *Carmarina* ist in 12 Ganglien (f) angeschwollen, welche unmittelbar unter der Basis der 12 Randbläschen
liegen, und auf denen diese, wie auf einem Polster, aufsitzen (Fig. 63
bis 66). Die Ganglien erscheinen als ziemlich unregelmässige rundliche Knoten oder flache rundliche Hügel, die 6 radialen etwas stärker
gewölbt und umfangreicher als die 6 interradialen. Unten und theilweise auch seitlich sind dieselben von dem oberen Theile des Ringknorpels umschlossen und verdeckt, der bei Larven mittleren Alters
hier eine spindelförmige Anschwellung bildet (Fig. 66). Von jedem der
12 Nervenknoten geht nach oben ein starker Nerv ab, welcher sofort
durch das Basalganglion (w) in das Innere der Sinnesbläschen (b)
hineintritt und hier in die beiden gegenständigen Sinnesnerven sich
theilt, die an der Innenfläche desselben verlaufen (n'. Ausserdem
schickt jedes der 12 Ringganglien einen Spangennerven h n) ab, welcher nach aussen und oben zur Basis der 12 knorpeligen Larvententakeln verläuft. Jeder radiale Knoten giebt ausserdem noch einen Nerven
ab, der das entsprechende Radialgefäss begleitet, und einen zweiten,
welcher den zugehörigen radialen Haupttentakel versorgt.

Die 6 stärksten Nervenstränge des Schirmes nächst dem Ringnerven sind die Radialnerven (a r), welche als platte, breit lineare
Bänder, begleitet von den 6 unpaaren radialen Muskelbändern der Subumbrella, in der Mittellinie der unteren (der Schirmhöhle zugekehrten) Wand der Radialcanäle verlaufen (Fig. 72 a r), so dass sie hier
nur von dem dünnen Ringmuskelbelege (m s) und dem zarten Epithel
der Subumbrella bedeckt sind. Sie lassen sich längs des Verlaufs der
Radialcanäle bis zum Magen herab verfolgen, wo ihr weiteres Verhalten
wegen der Undurchsichtigkeit dieses Theils nur mit grosser Unsicherheit verfolgt werden kann. Auch über die Oberfläche des Magen hin-

weg scheinen sie noch als 6 getrennte Fäden zu verlaufen und dort in
die oben bezeichneten Furchen (Fig. 4 a″) eingeschlossen zu sein.
Vielleicht bilden sie um den Mund einen zweiten Ring. Am leichtesten
zu beobachten und zu isoliren ist derjenige Abschnitt der Radialnerven,
der in Begleitung des Radialmuskels in der Mitte der 6 Genitalblätter
verläuft (Fig. 1 bis 3 a r und Fig. 63 a r).

Weit schwieriger als die 6 Radialnerven sind die 12 Spangennerven (h n) zu verfolgen, welche von den 12 Ganglien aus zu der
Basis der 6 interradialen (y) und zu der Basis der 6 radialen Nebententakeln (s t) verlaufen (Fig. 63). Diese sind viel schmäler und an
Fasern ärmer als die Radialnerven und ausserdem bei ihrem blassen,
zarten Aussehen auf Flächenansichten der Spangen schwer wahrzunehmen. Auf Querschnitten dagegen überzeugt man sich leichter von ihrer
Anwesenheit. Sie liegen unmittelbar unter dem mit Nesselzellen versehenen Epithel der Mantelspangen, zwischen diesem (h e) und zwischen dem Muskelrohre (h m), welches die Knorpelspange umgiebt. So
lange die Larventontakeln noch vorhanden sind, scheint sich der grösste
Theil der Spangennerven in die letzteren fortzusetzen. Späterhin, nach
dem Abfallen derselben, strahlen ihre Fäden von dem Ende der Mantelspange über die Manteloberfläche aus. Die radialen Spangennerven
sind schwächer als die interradialen.

Von den Ganglien des Nervenringes, entweder bloss von den
6 radialen oder von allen 12, gehen höchst wahrscheinlich auch Fäden
in das Velum hinein. Doch ist es mir ebenso wenig bei diesen gelungen, mich durch unmittelbare Beobachtung sicher von ihrem Verlaufe
zu überzeugen, als bei den 6 Nervenfäden, welche von den 6 radialen
Ganglien aus zu den 6 radialen Haupttentakeln zu gehen scheinen.
Sehr leicht und sicher lassen sich dagegen die Sinnesnerven innerhalb
der 12 Sinnesbläschen verfolgen, welche sogleich bei diesen beschrieben werden sollen.

6. Sinnesbläschen (Randbläschen).

Die Sinnesbläschen oder Randbläschen (b) der *Carmarina hastata*
gehören zu den grössten, die bei craspedoten Medusen vorkommen.
Sie eignen sich wegen dieser beträchtlichen Grösse ganz besonders für
eine genauere Untersuchung, zumal eine mit vollkommener Durchsichtigkeit verbundene scharfe Abgrenzung der einzelnen Bestandtheile den
feineren Bau dieser interessanten und wichtigen Organe hier besser,
als vielleicht bei den meisten anderen craspedoten Medusen zu erkennen erlaubt. (Vergl. Fig. 7, 8, 63 b r, 64 b i und 66 b i.) Bei dieser

Art entdeckte ich zuerst die beiden halbkreisförmig gebogenen Sinnesnerven 'n', welche von einem an der Basis des Randbläschens gelegenen Ganglion (w) ausgehen, an entgegengesetzten Seiten des Bläschens
emporsteigen und oben sich mit ihren Nervenfasern durchflechten,
während sie in ein mit Zellen gefülltes und ein Concrement (x) um-
schliessendes kugeliges Sinnesganglion (s) eintreten. Erst nachdem ich
diesen complicirten Nervenapparat im Inneren der Randbläschen von
Carmarina erkannt hatte, fand ich denselben nachher auch bei dem
kleineren *Glossocodon eurybia* wieder, bei welchem seine wesentlichen
Eigenthümlichkeiten oben bereits kurz beschrieben worden sind.
Ebendaselbst sind auch die Angaben der früheren Beobachter über die
Randbläschen der Geryoniden-Medusen miteinander verglichen und
gezeigt worden, dass wir diese Körper zwar mit voller Bestimmtheit als
eigenthümliche Sinneswerkzeuge, aber mit Sicherheit weder als Ge-
hör- noch als Gesichtsorgane bezeichnen dürfen. Es scheint daher vorläufig am sichersten, den neutralen Namen »Sinnesbläschen« für dieselben beizubehalten.

Die 6 radialen und die 6 interradialen Randbläschen von *Carmarina hastata* sind von gleicher Grösse und Structur. Sie liegen nicht
frei an der Aussenseite des Schirmrandes, wie man bisher annahm,
sondern, wie die Querschnitte (Fig. 63 und 64) auf das Deutlichste zeigen, eingeschlossen in den unteren Randtheil der hyalinen Mantelgallerte, an der inneren Seite der Basis der 12 centripetalen Mantelspangen, welche an ihrer Aussenseite in der Aussenfläche des Gallertmantels emporsteigen. Ihre Innenseite berührt den unteren Rand und
den untersten Theil der umbralen Wand des Cirkelcanals. Ihre Unterseite oder Basis ruht auf einem Ganglion (f) des Nervenringes (ä),
welches in dem inneren oberen Rande des Ringknorpels (u k) theilweis eingesenkt liegt.

Jedes Sinnesbläschen stellt eine durchsichtige Kugel von $0,2^{mm}$
Durchmesser dar, deren umhüllende homogene Membran (b) ziemlich
derb und resistent, doppelt contourirt und an der Innenfläche von
einer einzigen sehr dünnen Schicht Pflasterepithel ausgekleidet ist.
Die grossen, hellen, sehr platten, polygonalen Zellen desselben, die
einen flachen, länglich runden Kern umschliessen, treten namentlich
bei jüngeren Thieren sehr deutlich hervor, während sie bei älteren
oft schwer zu erkennen sind. An der innern Seite der Basis des Randbläschens, wo dasselbe auf dem Knoten (f) des Nervenringes wie auf
einem flachen Hügel aufsitzt, erhebt sich ein flaches, rundliches, wahrscheinlich unmittelbar mit letzterem in Zusammenhang stehendes Polster
(w), das Basalganglion, welches aus rundlichen und spindel-

förmigen Zellen mit Kern zusammengesetzt erscheint. Die beiden entgegengesetzten Enden desselben, rechtes und linkes, laufen in die beiden Sinnesnerven (n') aus, welche bei dieser Art so scharf von den Nachbartheilen abgegrenzt, so gross und so deutlich aus feinen, parallel nebeneinander gelagerten Fasern zusammengesetzt sind, dass wohl jeder Zweifel an ihrer nervösen Natur schwinden muss. Man braucht nur vorsichtig und mit Vermeidung jeden Druckes die Randbläschen aus dem Rande auszuschneiden und unter dem Mikroskope nach verschiedenen Seiten zu rollen, um sich auf das Sicherste von dem nachstehend beschriebenen Verhalten der beiden Nerven zu überzeugen.

Die beiden Sinnesnerven sind halbkreisförmig gebogene Stränge, welche einander gegenüber an der Innenwand des Randbläschens dergestalt emporsteigen, dass beide zusammen einen vollständigen Ring oder Meridian bilden, und an dem oberen, freien, der basalen Anheftung entgegengesetzten Pole des Bläschens sich wieder berühren und durchkreuzen. Die Ebene dieses Meridianringes steht senkrecht auf der Ebene des Velum und zugleich senkrecht auf einem in der letzteren liegenden Radius, den man von der Basis des Randbläschens zu dem idealen Centrum des Velumkreises zieht. Es ist demnach die Convexität der beiden halbkreisförmigen Nervenbügel den beiden benachbarten Randbläschen zugewendet, so dass man bei der Ansicht der Randbläschen von aussen nur den schmalen Rand der bandförmig platt gedrückten beiden Stränge zu sehen bekommt. Der letztere Umstand dürfte wohl hauptsächlich Schuld daran sein, dass die beiden ansehnlichen Nervenbügel den bisherigen Beobachtern völlig entgangen sind, zumal die Dicke der bandförmigen Bügel eine sehr geringe ist, so dass sie sich bei der Profilansicht (Fig. 66) nur wie eine starke Verdickung der Bläschenwand ausnehmen (vergl. auch Fig. 8). Die beträchtliche Breite (0,04 ^{mm}) der Nervenbügel wird man erst gewahr, wenn man das Bläschen rollt, so dass man erstere von verschiedenen Seiten sieht (Fig. 8 halb von aussen, halb von oben, Fig. 7 halb von aussen, halb von der Seite). Am deutlichsten aber tritt jeder Sinnesnerv auf verticalen Radialschnitten des Mantelrandes hervor, wobei man das Randbläschen von der dem benachbarten Bläschen zugewandten Seite und den Nerven somit in seiner ganzen Breite als einen gleich breiten Strang zu sehen bekömmt, der scheinbar senkrecht von dem basalen unteren zu dem freien oberen Pole des Bläschens emporsteigt (Fig. 63 und 64 n'). Die Nerven des ganz unveränderten aus dem lebenden Thiere herausgeschnittenen Randbläschens (Fig. 7) erscheinen zwar sehr blass und zart, wasserhell und farblos, lassen jedoch sowohl die seitlichen

Grenzlinien als auch eine feine fibrilläre Längsstreifung deutlich erkennen. Letztere tritt sehr scharf hervor nach Behandlung der Bläschen mit verschiedenen die Nervensubstanz trübenden Reagentien,
z. B. verdünnten Mineralsäuren und Sublimat (Fig. 8). Es werden
dann auch zahlreiche feine, stäbchenförmige Kerne sichtbar, welche die
parallelen Längsstreifen stellenweise unterbrechen und der Nervenring
zeigt nun ein Aussehen, welches keine andere Deutung als eine Zusammensetzung aus feinen, parallel nebeneinander verlaufenden und stellenweise mit kleinen Kernen besetzten Fasern zulässt. Eingeschaltete
Ganglienzellen sind während des Verlaufes der Nervenfasern an der
Bläschenwand nicht zu erkennen.

An dem freien, d. h. an dem nach oben gewendeten und dem
Basalganglion entgegengesetzten Pole des Randbläschens angelangt, biegen sich die beiden gegenständigen Nervenbügel, noch ehe sie sich berühren, wieder ein wenig nach unten um und gehen dann, indem sie
sich mit ihren pinselförmig ausstrahlenden Fasern kreuzen und durchflechten, in eine eigenthümliche Art von Chiasma ein. Diese Durch-
kreuzung geschieht, während die beiden Nervenbügel in das Sinnesganglion eintreten, welches mittelst der umgebogenen und gekreuzten
Nervenstränge, wie durch einen kurzen, dicken Stiel, an der oberen
Wölbung des Randbläschens befestigt ist.

Das Sinnesganglion (s) ist eine weiche, helle Kugel, deren
Durchmesser (0,1 ^{mm}) halb so gross, als der des Randbläschens ist,
und die von einer doppelt contourirten, aber sehr zarten und zerreis-
baren hellen, homogenen Membran umschlossen wird. Den Inhalt dieser membranösen Kapsel bilden dicht aneinander gedrängte, gleich
grosse und durch gegenseitigen Druck polygonal abgeplattete Zellen,
welche an dem frischen Randbläschen oft kaum zu erkennen sind oder
nur als ganz helle, homogene Körperchen erscheinen (Fig. 7). Nach
Zusatz von Sublimat oder von verdünnten Säuren treten aber sofort die
Grenzen und die Kerne der einzelnen Zellen sehr scharf und deutlich
hervor (Fig. 8). Bald in der Mitte des Sinnesganglion, bald mehr
excentrisch, bald der membranösen Wand desselben anliegend, ist
darin das Concrement (x) eingeschlossen, welches gewöhnlich als
»Otolith« bezeichnet wird. Meistentheils scheint dasselbe wandständig
in dem unteren freien Theile des Sinnesganglion zu liegen, welcher der
oberen Eintrittsstelle des Nerven entgegengesetzt ist. In der Regel ist
diese Concretion bei *Carmarina* eine ansehnliche Kugel, deren Durchmesser (0,05 ^{mm}) die Hälfte von dem des Sinnesganglion und ¼ von dem
des Randbläschens beträgt. Seltener ist die Form derselben unregelmässig rundlich oder höckerig. Bisweilen findet sich, der Oberfläche

derselben aufsitzend, oder in eine kleine Vertiefung derselben flach
eingesenkt, noch eine zweite kleinere Concretion (»Nebenotolith«). Der
Otolith ist verkalkt, stark lichtbrechend, dunkel glänzend und zeigt
deutlich seine Zusammensetzung aus zahlreichen concentrischen Schichten. Diese bleibt auch an der organischen Substanz noch sichtbar,
welche zurückbleibt, wenn man durch verdünnte Säuren die Kalksalze
entfernt. Der Kalk scheint an Phosphorsäure gebunden zu sein und
löst sich in Säuren ohne Entwickelung von Gasbläschen.

Dasjenige Structurverhältniss, welches an den Randbläschen am
schwierigsten festzustellen ist und dessen Erkenntniss doch von dem
grössten Interesse wäre, ist die Endigungsweise der in das Sinnesganglion eingetretenen Nervenfasern. Die beiden Sinnesnerven kreuzen
und durchflechten sich, während sie von oben her in das Sinnesganglion
eintreten und scheinen dann ihre gekreuzten Fasern in der Weise zwischen den Zellen des Kapselinhaltes pinselformig auszustrahlen, dass
die obere Hälfte des Concrementes von einem kegelförmigen, nach unten offenen Fasermantel umgeben ist (Fig. 7). Vielleicht stehen die Enden der Nervenfasern mit den Zellen in Zusammenhang. Doch habe
ich mir darüber keine Gewissheit verschaffen können. Andere Male
hatte es mehr den Anschein, als ob die Nervenfasern nach ihrem Eintritt in das Sinnesganglion zunächst rings um einen abgestutzten Kegel
sich ausbreiteten, dessen breite Basis den oberen Pol des kugeligen
Concrementes umfasst. Bisweilen schien das ganze Concrement von
einer Faserhülle umgeben zu sein. Es ist aber bei der Zartheit der
nervösen Gebilde sehr schwer, diese Verhältnisse festzustellen, um so
mehr, da jeder Druck und jede Zerrung bei der Beobachtung vermieden
werden muss und eine mechanische Präparation, z. B. Freilegung und
Ausschälung des Sinnesganglion aus dem Randbläschen, gar nicht auszuführen ist. Sowohl die Zellen des Sinnesganglion, als die Fasern der
Nervenbügel sind so äusserst weich, zart und verletzbar, dass der lei-
seste Druck genügt, ihre Structur unkenntlich zu machen.

VII. Metamorphose von Carmarina hastata (Geryonia hastata).

(Hierzu Taf. IV).

Die Entwickelungsgeschichte und die Formenwandlungen der Carmariniden oder sechszähligen Geryoniden waren bisher nicht bekannt.
Larven der *Carmarina hastata* von sehr verschiedenen Entwickelungs-
stufen, welche ich in Nizza gleichzeitig mit den erwachsenen Thieren

fischte, gaben mir Gelegenheit, den Verwandlungsgang dieser Art im
Zusammenhange darzustellen. Die Metamorphose von *Carmarina hastata*
folgt im Grossen und Ganzen denselben Gesetzen, wie die oben beschriebene Verwandelung des *Glossocodon eurybia*. Nur ist natürlich
überall der Unterschied durchgreifend, dass bei dem letzteren alle Organe in Vierzahl oder im Multiplum von Vier sich entwickeln, während bei *Carmarina* alle Organe in Sechszahl oder im Multiplum von
Sechs auftreten. Doch finden sich auch ausserdem noch mancherlei
Abweichungen, namentlich im feineren Baue der Larvenorgane, vor,
die immerhin eine gesonderte Betrachtung dieser Entwickelung recht-
fertigen.

Die Herkunft der Larven blieb mir bei *Carmarina* leider ebenso
wie bei *Glossocodon* unbekannt, da sie sämmtlich von der Oberfläche
des Meers weggefangen wurden. Versuche, aus befruchteten Eiern
Larven zu ziehen, schlugen auch hier fehl. Ich bedaure dies um so
mehr, als die im nächsten Abschnitt zu beschreibende Knospenbildung
in der Magenhöhle der *Carmarina* gänzlich verschiedenen Medusen den
Ursprung giebt und die Fortpflanzungsweise dieser Species mit einem
Generationswechsel der merkwürdigsten Art verknüpft sein lässt.

Zunächst ist im Allgemeinen von unseren Larven zu bemerken,
dass bei *Carmarina* nicht das ungleichzeitige Auftreten der alternirenden homotypischen Theile eines und desselben Kreises zu beobachten
ist, welches bei *Glossocodon* so sehr die Regel ist, dass wir danach jedes
Stadium der Larvenentwickelung des letzteren in zwei untergeordnete
Abschnitte eintheilen konnten. In jedem der drei Tentakelkreise von
Glossocodon, sowie in den beiden Kreisen von Sinnesbläschen (radialem
und interradialem Kreise) erscheinen regelmässig zuerst nur zwei gegenüberstehende homotypische Theile, denen dann das zweite damit
alternirende Paar erst später nachfolgt. Dieses ungleichzeitige Auftreten lässt sich an den Tentakeln oft noch längere Zeit hindurch an der
ungleichen Länge der alternirenden Paare wahrnehmen. Nur ausnahmsweise treten hier alle 4 homotypischen Organe gleichzeitig auf.
Bei den Larven von *Carmarina* dagegen scheint das gleichzeitige Erscheinen aller homotypischen Theile eines jeden Kreises die vorherr-
schende Regel zu sein. Wenigstens habe ich keine Larven beobachtet,
bei denen nur 3 (oder nur 2 oder 4) homotypische Tentakeln oder
Randbläschen entwickelt gewesen wären und die anderen noch gefehlt
hätten. Nicht einmal geringe Unterschiede in der Länge gegenständiger
oder alternirender Tentakeln, oder merkbare Differenzen in der Grösse
correspondirender radialer oder interradialer Randbläschen eines und
desselben Kreises, welche eine ungleichzeitige Entwickelung derselben

verrathen hätten, liessen sich jemals mit Bestimmtheit nachweisen. Es scheinen also stets alle sechs homotypischen Theile eines jeden Kreises gleichzeitig hervorzusprossen.

Die zeitliche Aufeinanderfolge in der Entwickelung der verschiedenen Organe ist bei *Carmarina hastata* fast dieselbe wie bei *Glossocodon eurybia*, so dass also die verschiedenen Anhänge des Schirms und die Sinnesbläschen auch hier die gleiche Reihenfolge des Erscheinens einhalten, nämlich: 1. die radialen Nebententakeln; 2. die interradialen Tentakeln; 3. die interradialen Randbläschen; 4. die radialen Haupttentakeln; 5. die radialen Randbläschen. Ebenso verschwinden von den beiden nur der Larve zukommenden Tentakelkreisen zuerst die radialen Nebententakeln und dann die interradialen Tentakeln. Es liessen sich also auch hier die oben bei *Glossocodon* unterschiedenen acht Perioden der Metamorphose nachweisen. Da wir bei jener Liriopide bereits dieselben ausführlich geschildert haben, so möge hier von der Carmarinide eine kurze Charakteristik der einzelnen Stadien genügen, mit besonderer Erwähnung der Abweichungen, welche der Entwickelungsgang der *Carmarina* gegenüber dem der *Liriope* zeigt.

Die jüngste von mir beobachtete Larvenform der *Carmarina hastata* ist in Fig. 54 dargestellt. Es entspricht dieselbe nicht dem ersten, sondern dem zweiten Entwickelungsstadium, das ich von *Glossocodon* beobachtet habe, indem der kugelige Körper bereits mit dem ersten Kreise der Anhänge, mit den 6 radialen Nebententakeln besetzt ist. Es maass diese kugelige Larve, die mir nur in einem einzigen Individuum zu Gesicht kam, ungefähr 1 ^{mm} im Durchmesser. Der grösste Theil des Körpers besteht aus einer durchaus homogenen und structurlosen Gallertmasse. An der einen Seite befindet sich eine kleine napfförmige Aushöhlung, die erste Anlage der Schirmhöhle, ausgekleidet mit einem trübkörnigen, grosszelligen Epithel. Der Höhlenrand ist wulstig verdickt, dunkel und setzt sich als kreisrunder breiter Ring in eine horizontal vorspringende Membran fort, welche zeitweise (im Zustande höchster Contraction) ganz geschlossen, zeitweise von einer weiten kreisrunden, centralen Oeffnung, wie ein Diaphragma, durchbrochen erscheint. Es ist dies das gut entwickelte Velum, welches in dieser Periode die Stelle des Mundes vertritt, sowie die gesammte Schirmhöhle anstatt des noch fehlenden Gastrovascularsystemes zu functioniren scheint. Das dunkle, körnige, aus dickwandigen Cylinderzellen bestehende Epithel der Schirmhöhle ist das einzige Ernährungsorgan. Der verdickte Rand des Velum, in welchem schon die erste Anlage des Knorpelringes sich erkennen lässt, ist besetzt mit 6 gleichweit voneinander entfernten, noch sehr kurzen, dicken, cylindrischen Tenta-

keln, die vollkommen den radialen Nebententakeln der Larven von
Glossocodon entsprechen.

Die nächstälteren Larven der *Carmarina*, welche mir zur Beobachtung kamen, entsprachen der dritten Entwickelungsperiode des
Glossocodon. Eine solche ist in Fig. 55 halb von oben, halb von aussen
dargestellt. Zu den 6 radialen Nebententakeln treten jetzt noch 6 interradiale hinzu, die mit denselben alterniren. Die Form des Schirmes
beträgt etwa ³/₄ einer Kugelfläche von 2 ^{mm} Durchmesser, welche unten
durch die Ebene des Velum, von etwa 1 ½ ^{mm} Durchmesser, abgeschnitten ist. Die Schirmhöhle findet sich sehr bedeutend erweitert, so
dass die Gallertmasse des Schirms beträchtlich reducirt ist. Die Schirmhöhle übt nicht mehr die Function einer verdauenden Cavität und das
sehr ausgedehnte, mit weiter Oeffnung versehene Velum nicht mehr
die Function des Mundsaumes. Vielmehr ist die Anlage des Gastrovascularsystems bereits vorhanden in Form von 6 ziemlich schmalen, flach
bandförmigen Canälen, welche von dem Mittelpuncte der unteren
Schirmfläche (Subumbrella) ausgehend, in derselben radial nach dem
Rande zu verlaufen und sich hier in einem schmalen Ringgefäss vereinen. Den centralen Vereinigungspunct der 6 Radialcanäle bildet eine
ganz flache, in die Ebene der Subumbrella eingesenkte Magentasche,
welche sich durch eine sechseckige, von einem verdickten Lippenwulst
umgebene Mundöffnung in die Schirmhöhle öffnet. Bei geöffnetem
Munde springen die 6 Ecken desselben scharf ein gegen den Abgang
der Radialcanäle. Sowohl die radialen als das circulare Gefäss sind noch
sehr schmal, nur ungefähr so breit als die interradialen Tentakeln, deren Auftreten diese dritte Periode charakterisirt. Unmittelbar unter
dem unteren Rande des Ringgefässes, wo zugleich der untere Rand des
Gallertmantels an den äusseren Rand des Velum grenzt, markirt sich
jetzt schärfer der dunkle, glänzende Streif, der schon bei der ersten
Larve (Fig. 54) als erste Anlage des Knorpelringes erkennbar ist.

Die 12 Tentakeln, welche die Larve in diesem und im nächstfol-
genden vierten Stadium besitzt, sind dergestalt vertheilt, dass die 6
interradialen jüngeren unmittelbar dem äusseren Rande des Knorpelringes aufsitzen, während die 6 mit ihnen alternirenden radialen Nebententakeln bereits vom Rande an die Aussenfläche des Schirmes hi-
naufgestiegen sind, und mit dem Knorpelringe nur noch durch eine
centripetale Mantelspange zusammenhängen. Die 6 radialen Nebententakeln haben oft schon in diesem Stadium den höchsten Grad ihrer
Entwickelung erreicht und erscheinen als ansehnlich dicke Cylinder,
doppelt so stark als die interradialen, hinter denen sie allerdings an
Länge bald bedeutend zurückbleiben.

Die 12 Larvententakeln der *Carmarina* fehlen wie bei *Glossocodon*
dem erwachsenen Thiere völlig und sind also wesentlich als vorübergehende Larvenorgane zu betrachten. Sie sind in Bau und Verrichtung
völlig verschieden von den erst später auftretenden radialen Haupttentakeln, die dem geschlechtsreifen Thiere allein übrig geblieben sind.
Während die letzteren hohle, wurmförmig bewegliche Cylinder sind,
die den oben ausführlich geschilderten, eigenthümlichen und complicirten Bau zeigen, sind dagegen die radialen Nebententakeln (s t) und
die ebenso gebauten interradialen Tentakeln (y) der Larven von *Carmarina* starre, solide Cylinder, die völlig von jenen in der Structur und
in den Bewegungserscheinungen abweichen (Fig. 64 und 65). Sie bestehen wesentlich aus einem cylindrischen Knorpelstreifen, welcher von
einem Schlauche quergestreifter longitudinaler Muskelfasern umschlossen und über diesem aussen von einem Epitheliallager umhüllt ist.
Der Medusenknorpel, welcher die formgebende Grundlage und die
Hauptmasse der 12 Larvententakeln bildet, besteht an den radialen
Nebententakeln der *Carmarina* aus einer einzigen Reihe sehr dickwandiger, kurz cylindrischer Knorpelzellen, die wie die Münzen einer Geldrolle übereinander liegen (Fig. 65 s k). Ihre Zahl beträgt bei den läng-
sten und höchst entwickelten Tentakeln höchstens 10 bis 15. Dagegen
sind die Knorpelzellen der interradialen Tentakeln weit zahlreicher und
grösser, aber auch viel dünnwandiger und liegen nicht in einer, sondern in mehreren Reihen neben- und hintereinander (Fig. 64 y k).
Sie sind durch gegenseitigen Druck polygonal abgeplattet. Auf Querschnitten durch einen ganz entwickelten interradialen Tentakel würde
man an der Basis etwa 6 bis 10, in der Mitte 3 bis 6, im äusseren Ende
2 bis 4 Zellen nebeneinander finden. Der Muskelschlauch, welcher den
Knorpelcylinder unmittelbar umschliesst, besteht nur aus einer einzigen, sehr dünnen Lage von quergestreiften Muskelfasern, die regelmässig und sehr dicht nebeneinander gelagert, der Länge nach verlaufen. Circulare oder radiale Muskeln fehlen gänzlich. Zwischen dem
Muskelschlauch und dem Knorpelcylinder, streckenweis auch zwischen
Zellen des letzteren, verläuft an den interradialen Tentakeln ein dünner Nerv, die Fortsetzung des Spangennerven (Fig. 64 y n). Er erscheint als ein dünner, blasser, feinfaseriger, mit einzelnen spindelförmigen (Ganglien?) Zellen durchsetzter Strang, der an die einzelnen
Nesselpolster Aeste abgiebt. Der Epithelialüberzug, der das Muskelrohr sehr locker anliegend umschliesst, so dass er bei starker Verkürzung der Tentakeln sich in circulare Falten legt (Fig. 64 y e und 65 s e),
besteht aus einer einfachen Lage ziemlich grosser, flach gewölbter Zellen, welche an bestimmten Stellen Nesselkapseln entwickeln. An den

radialen Nebententakeln sind die sämmtlichen Nesselzellen in einen
einzigen grossen, kugeligen Knopf radial dergestalt zusammengestellt,
dass ihre verlängerten Axen sich im Centrum der Kugel treffen würden.
Der Durchmesser des Knopfs ist fast doppelt so gross als derjenige des
darunter befindlichen äusseren Tentakelendes. Der Nesselknopf trägt
einen kurzen und sehr dünnen peitschenförmigen Anhang, aus kleinen,
hellen, polyedrischen Zellen zusammengesetzt. An den interradialen
Tentakeln sind die Nesselzellen auf eine Anzahl concav—convexer kreisrunder Polster vertheilt, welche mit ihrer concaven Fläche höchstens
ein Drittel von der Oberfläche des cylindrischen Muskelschlauchs umfassen. Die Nesselzellen sind in diesen Polstern derart radial zusammengestellt, dass ihre verlängerten Axen sich in der Cylinderaxe
schneiden würden. Die Polster sitzen sämmtlich an der unteren oder
inneren, subumbralen (gewöhnlich am aufwärtsgeschlagenen Tentakel nach aussen gekehrten) Seite des Tentakels in der Art in einer
Reihe hintereinander, dass sie durch ungefähr ebenso breite Zwischenräume voneinander getrennt sind. Die Zahl der Nesselwarzen nimmt
mit dem Alter der Larve zu. Im Zustande der höchsten Entwickelung
besitzt jeder interradiale Tentakel von *Carmarina* bis zu 12 Nesselpolster hintereinander (Fig. 58 und 59).

Sowohl die interradialen als die radialen Nebententakeln entwickeln sich sämmtlich vom Schirmrande aus, mit dem sie auch späterhin, wenn sie an der Aussenfläche des Schirmes in die Höhe gerückt
sind, durch die centripetalen oder marginalen Mantelspangen (h) noch
in continuirlicher Verbindung bleiben. Es setzen sich daher auch
sämmtliche Gewebsschichten des Mantelrandes auf die Mantelspangen
und von da auf den Schirm fort, und die Mantelspange gleicht in ihrem
Baue, wie bereits oben gezeigt wurde, wesentlich einem Larventen-
takel. Der dünne, cylindrische, aus einer einzigen Zellenreihe bestehende Knorpelstreif, welcher die Grundlage der Mantelspange bildet,
geht vom Knorpelring des Mantelrandes aus und verbindet denselben
continuirlich mit dem knorpeligen Cylinder der Larvententakeln. Der
cylindrische Muskelbeleg der letzteren setzt sich ebenso continuirlich
als unmittelbare Umhüllung auf die Knorpelspange und von deren Basis auf den Aussenrand des Velum fort. Der radiale Nerv, welchen die
Mantelspange vom Randganglion zur Basis des Tentakels führt, setzt
sich unmittelbar auf letzteren fort, und endlich das Nesselzellen führende
Epithel des Tentakels hängt durch den ebenso gebauten Epithelialüberzug der Spange continuirlich mit dem gleichen Ueberzuge des Ringknorpels zusammen.

Die Zahl der Nesselpolster an den interradialen Tentakeln steigt

noch während der dritten Entwickelungsperiode, in der sie zuerst auftreten, von einem bis zu 3 bis 4. In dem darauf folgenden Stadium
steigt sie auf 5 bis 6 und die Länge der Tentakeln kommt nun ungefähr
dem Schirmradius gleich (Fig. 56). In dieser vierten Periode treten die ersten Sinnesbläschen auf und zwar die 6 interradialen
Bläschen (Fig. 66 und 64 h i). Sie erscheinen zuerst als helle halbkugelige Wülste, welche mittelst eines kleinen, dunkeln, feinkörnigen
Knotens auf einer stark spindelförmig verdickten Stelle des Knorpelrings aufsitzen; dieser Knoten (Fig. 66 f) ist die Anlage des Randganglion; denn auch das Nervensystem, welches vielleicht schon früher
angelegt ist, tritt nun deutlich erkennbar hervor. Der Nervenring
(Fig. 66 a) wird als sehr feiner, blasser, längsfaseriger Streif hinter
dem oberen Rande des Ringknorpels sichtbar, ebenso der Radialnerv
an der unteren Wand des Radialcanales. In den homogenen glashellen
Sinneskörperchen wird bald eine Differenz zwischen einer äusseren
Hülle (h) und einem eingeschlossenen hellen, kleineren Körperchen (s)
sichtbar, dem Sinnesganglion; und im letzteren tritt bald die dunklere
Concretion deutlich hervor. Das Bläschen dehnt sich kugelig aus und
hebt sich mehr und mehr von dem darunter liegenden Knoten (f) ab.

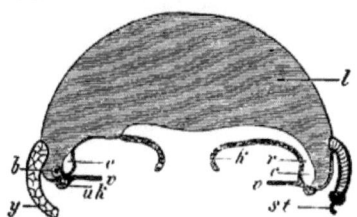

Fig. 97. Schema eines radialen Verticalschnittes durch eine Larve von Carmarina hastata (aus der vierten Entwickelungsperiode), rechts durch einen radialen Nebententakel, links durch einen
interradialen Knorpeltentakel geführt.
b. Randbläschen. e. Ringcanal. h. Mantelspange. k. Magen. l. Gallertmantel.
r. Radialcanal. s t. Radialer Nebententakel. u k. Knorpelring. v. Velum. y. Interradialer Tentakel.

Die weiteren Veränderungen
der Larve in diesem vierten Stadium sind wenig bedeutend. Die
Schirmhöhle flacht sich fast halbkugelig ab, indem der Mantelrand
beträchtlich wächst. Der Durchmesser des Schirms erreicht nun ungefähr 3 ^{mm}. Der Magen erhebt sich
ein wenig über die Fläche der
Subumbrella, als kurzer, von einem wulstigen Lippenrand umge-
bener Cylinder. In letzterem werden gegen 50 kleine Nesselwarzen bemerkbar.

Die folgende fünfte Periode
der Entwickelung (Fig. 57) ist
charakterisirt durch das Auftreten
der 6 bleibenden radialen Haupttentakeln (t). Dieselben erscheinen zuerst als ganz kleine, runde Warzen an der Aussenfläche des
Schirmes, welche wie kurze taschenförmige Ausstülpungen des Ringgefässes nach aussen oberhalb des Knorpelringes hervorragen. Sie treten hier (von aussen oder unten betrachtet) rechts neben der Basis der

benachbarten marginalen Mantelspange hervor, welche von dem Schirmrand zu dem darüber gelegenen radialen Nebententakel emporsteigt.
Die radialen Haupttentakeln unterscheiden sich also nicht allein im Bau
und den Bewegungserscheinungen, sondern auch in der Entwickelungsweise wesentlich von den radialen Nebententakeln (s t) und den interradialen Tentakeln (y). Die beiden letzteren sind von Anfang an solide
Fortsätze oder Ausläufer des Schirmrandes, dessen verschiedene Elemente (Knorpel, Muskeln, Nerv, Nesselepithel) in ihre Zusammensetzung
eingehen. Die radialen Haupttentakeln dagegen zeigen sich von Anbe-
ginn an als hohle, blindsackförmige Ausstülpungen des Cirkelcanales,
dessen Epithel sich in ihren Axencanal fortsetzt (Fig. 98 t).

Während nun die radialen Haupttentakeln rasch wachsen, beginnt
auch das Gastrovascularsystem in der fünften Periode sich weiter zu
entwickeln. Der Magenschlauch, welcher bisher als ganz flache Tasche
in die Mitte der Subumbrella eingesenkt lag, verlängert sich zu einem
dickwandigen Cylinder, der bis zur halben Höhe der Schirmhöhle
herabhängt und an der erweiterten Mundöffnung oft in 6 Falten gelegt,
fast sechslappig erscheint. Im Grunde des Magensackes verlängert sich
die Gallertsubstanz des Mantels in ein frei vorragendes conisches Zäpfchen, die Anlage des Zungenkegels. Die ersten Centripetalcanäle treten
als zungenförmige Blindsäcke in der Mitte zwischen je 2 Radialcanälen
deutlicher hervor, nachdem sie schon in der vierten Periode durch Vorwölbung des Cirkelcanals über der Basis der interradialen Tentakeln
angelegt worden waren.

In der sechsten Periode bringt das Erscheinen der 6 radialen Randbläschen die progressive Entwickelung der *Carmarina*
zum Abschluss (Fig. 58). Dieselben bilden sich in gleicher Weise wie
die interradialen und erscheinen zuerst als helle, halbkugelige Knöpfchen an der Basis der radialen Mantelspangen, links neben der Abgangsstelle der radialen Haupttentakeln. Die letzteren haben durch rasches Wachsthum schon eine ansehnliche Länge erreicht, welche den
Schirmdurchmesser bedeutend übertrifft, der jetzt ungefähr 8 ᵐᵐ beträgt. Der Schirm wird flacher gewölbt, indem namentlich der Schirmrand stark nach aussen wächst und die Schirmhöhle sich auf Kosten der
Gallertsubstanz des Mantels ausdehnt. Dadurch werden auch die Mantelspangen länger ausgezogen, während die 12 knorpeligen Larvententakeln an der Aussenfläche des Schirmes in die Höhe steigen. Von
den letzteren gehen die radialen Nebententakeln nun schon ihrem Ende
entgegen, indem sie ihren Nesselknopf verlieren und als schlaffe Fäden
herabhängen. Auch das Wachsthum der interradialen Tentakeln,

welche jetzt 10 bis 12 Nesselpolster an der subumbralen Seite tragen, schliesst jetzt ab.

Das Gastrovascularsystem zeigt seine weitere Ausbildung in der sechsten Periode einmal durch die Ausbildung neuer Centripetalcanäle und sodann namentlich durch das Heranwachsen des Magenstieles. Neben jedem Centripetalcanale erster Ordnung (Fig. 98 c) (der einer interradialen Mantelspange entspricht) tritt rechts und links, in der Mitte zwischen ihm und dem benachbarten Cirkelcanale, ein neuer kürzerer Blindsack als Ausstülpung des Cirkelcanals nach oben hin auf, so dass jetzt die Larve im Ganzen schon 18 blinde Centripetalcanäle besitzt. Der Magenstiel entsteht dadurch, dass der Zungenkegel (Fig. 98 z), der schon in der vorigen Periode als ein kurzer conischer Zapfen von der Mitte des Schirmhöhlengrundes aus in die Magenhöhle hineingewachsen war, sich nun beträchtlich verlängert und ringsum mit der Magenwand verwächst, so dass bloss die 6 Radialcanäle offen bleiben. Während diese vorher gemeinsam in die flache Magentasche mündeten, laufen sie nun getrennt an der Oberfläche des Magenstiels herab, um erst an dessen Ende in die eigent-

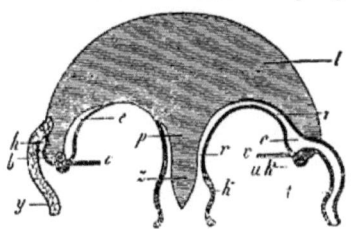

Fig. 98. Schema eines radialen Verticalschnittes durch eine Larve von *Carmarina hastata* (aus der sechsten Entwickelungsperiode), rechts durch einen radialen hohlen Haupttentakel, links durch einen interradialen Knorpeltentakel geführt. b. Randbläschen. c. Ringcanal. e. Centripetalcanal. h. Mantelspange. k. Magen. l. Gallertmantel. r. Radialcanal. t. Radialer Haupttentakel. uk. Knorpelring. v. Velum. y. Interradialer Tentakel. z. Zunge.

liche Magenhöhle sich zu öffnen. Diese erscheint an der in Fig. 58 abgebildeten Larve nur als eine sehr kleine, flache Glocke, deren Mundsaum in 6 Zipfel ausgezogen ist und in deren Höhlung die kurze freie Spitze des Zungenkegels verborgen liegt.

Carmarina hastata ist jetzt, am Ende der sechsten Periode, bei einem Schirmdurchmesser von 8 ^{mm}, mit verschiedenartigen Anhängen weit reicher ausgestattet als das erwachsene geschlechtsreife Thier, indem sie nicht weniger als 3 verschiedene Kreise von je 6 Tentakeln trägt. Die weiteren Veränderungen, welche das Thier nun noch zu durchlaufen hat, bestehen einestheils in der Ausbildung der Genitalien und der noch fehlenden Centripetalcanäle dritter Ordnung; anderntheils in einer Reduction der Tentakelanhänge, von denen zuerst die 6 radialen Nebententakeln und dann auch die 6 interradialen Tentakeln abfallen, so dass schliesslich nur die 6 hohlen radialen Haupttentakeln

übrig bleiben. Man könnte demgemäss noch 2 Stadien der Verwandelung unterscheiden.

Das siebente Stadium, durch den Wegfall der radialen
Nebententakeln (s t) charakterisirt, ist in Fig. 59 dargestellt. Die
radialen Haupttentakeln sind bei diesen Larven, deren Schirmdurchmesser 12 ^{mm} beträgt, schon bedeutend länger geworden. Die interradialen Tentakeln treten dagegen sehr zurück, werden schlaff und
welken ab. Oft löst sich auch ihre freie Spitze mit den oberen Nesselknöpfen schon stückweis ab. Der Magenstiel verlängert sich bedeutend,
ebenso auch seine untere feine Spitze, welche als Zungenkegel aus der
Magenhöhle vortritt. Die Centripetalcanäle dritter Ordnung fehlen noch,
so dass zwischen 2 radialen immer noch nur 3 centripetale sichtbar
sind. Bisweilen fangen schon in diesem Stadium, bei einem Schirmdurchmesser von 10—15 ^{mm}, die Geschlechtsorgane als seitliche Ausstülpungen der Radialcanäle sich zu entwickeln an.

Der achte Abschnitt des Larvenlebens endlich wird durch das
Verschwinden der interradialen Tentakeln und durch die
Entwickelung der noch fehlenden Centripetalcanäle dritter Ordnung bezeichnet. Von den letzteren sprossen je 4 in dem Zwischenraum zwischen je 2 Radialcanälen aus dem Cirkelcanale hervor. Sie erreichen
aber nur die Hälfte oder höchstens ⅔ von der Länge der Centripetalcanäle erster und zweiter Ordnung, mit denen sie alterniren. Der
Schirmrand des Thieres wächst nun noch bedeutend. Dabei nimmt die
Wölbung des Schirmes und die Dicke seines Gallertmantels verhältnissmässig ab. Der Magenstiel und die 6 radialen Haupttentakeln, welche
jetzt allein noch von allen 18 Randanhängen übrig sind, nehmen an
Länge noch beträchtlich zu, ebenso auch der Zungenkegel und der
Magensack, in welchem der letztere verborgen ist.

Die Entwickelung der Geschlechtsorgane, mit welcher
das Thier seine volle Reife erlangen sollte, tritt dennoch bei *Carmarina*,
ebenso wie bei *Glossocodon*, oft schon lange vor dem Abschlusse des
Wachsthums ein. Schon kleine Carmarinen von 15—20 ^{mm} Schirmdurchmesser zeigen die beginnenden Ausbuchtungen an den Seitenrändern der in der Subumbrella verlaufenden Radialcanäle, welche
sich zu den flachen Seitentaschen erweitern, aus deren subumbralem
Epithel sich die Geschlechtsproducte entwickeln. Ausnahmsweise treten
dieselben schon im siebenten Stadium auf, wenn die interradialen Tentakeln noch vorhanden und erst 18 Centripetalcanäle ausgebildet sind.
Sehr selten dagegen (und ich habe dies nur einmal gesehen), begegnet
man Carmarinen, welche noch alle 18 Tentakeln tragen und dennoch
schon die beginnende Ausbuchtung der Radialcanäle zu den Genital-

blättern erkennen lassen. Die für *Carmarina hastata* charakteristische Spiessform nehmen die Genitalblätter erst späterhin, bei ganz erwachsenen Thieren, an, während sie bei jüngeren noch als gleichschenklige Dreiecke mit schmaler Basis erscheinen, deren Ecken sich erst später allmählich flügelförmig ausziehen und verbreitern.

VIII. Knospenbildung in der Magenhöhle (an der Zunge) von Carmarina hastata.

(Hierzu Taf. VI Fig. 71—77.)

Wenn die Erkenntniss der thierischen Fortpflanzungsverhältnisse durch die Fülle überraschender Entdeckungen, welche die Arbeiten der letzten Decennien bei den niederen Thieren zu Tage gefördert haben, einer der interessantesten Zweige der Zoologie geworden ist, so gilt dies ganz besonders mit Bezug auf die umfangreiche Abtheilung der Coelenteraten und namentlich die Classe der Hydromedusen. Fast alle denkbaren Möglichkeiten der geschlechtlichen und ungeschlechtlichen Fortpflanzung, des Generationswechsels und des Polymorphismus scheinen in dieser merkwürdigen Thierclasse erschöpft zu sein; und dennoch liefert fast jede genauere Untersuchung einer einzelnen kleineren Gruppe oder selbst einer einzigen Species und ihres Formenkreises neue überraschende und seltsame Entdeckungen. Auch die eingehende Untersuchung der sechszähligen Geryoniden sollte in dieser Beziehung nicht ohne Erfolg sein.

Während *Carmarina hastata* Geschlechtsproducte entwickelt, aus denen wahrscheinlich die sechszähligen Larven hervorgehen, deren Metamorphose im vorigen Abschnitte dargestellt wurde, erzeugt dasselbe Thier gleichzeitig auf ungeschlechtlichem Wege achtzählige Knospen, die zu einer ganz verschiedenen Medusenform sich entwickeln. Sowohl die gänzliche Verschiedenheit dieser achtzähligen Medusenknospen von dem sechsstrahligen Mutterthiere und dessen Larven, als auch das Hervorknospen derselben in zahlreichen Gesellschaften aus dem Zungenkegel — innerhalb der Magenhöhle des Mutterthieres, — lassen diese neue Form des Generationswechsels als eine der seltsamsten Complicationen auf diesem an abenteuerlichen Verwickelungen so reichen Gebiete erscheinen.

Schon vor mehr als 20 Jahren wäre dieser merkwürdige Vorgang beinahe von einem Beobachter, der sich um die Entwickelungsgeschichte der niederen Thiere die grössten Verdienste erworben hat, von Augusт

KROHN, entdeckt worden. Bei Mittheilung seiner »Bemerkungen über den Bau und die Fortpflanzung der *Eleutheria* [1]), welche in geschlechtsreifem Zustande Knospen treibt, bemerkt KROHN (l. c. p. 168. Anmerkung): »Während meines Aufenthaltes in Messina, im Jahre 1843, kam mir ein weibliches Exemplar von *Geryonia proboscidalis* zu Gesicht, dessen wie bei *Liriope* frei in die Magenhöhle hinabreichendes Stielende mit Sprösslingen von ungleicher Entwickelung dicht besetzt erschien. Die minder entwickelten nahmen den oberen, die weiter vorgeschrittenen den unteren Theil desselben ein. An jenen liessen sich bloss Schirm und Stiel unterscheiden, diese hatten nicht nur schon die sechs Fangfäden oder Tentakeln, sondern auch die Randkörper entwickelt. Alle diese Sprösslinge sassen mit dem Scheitelpuncte ihres Schirmes dem Stielende des Mutterthieres fest auf. So befremdend es auch sein mag, Knospen innerhalb eines Organs hervorkeimen zu sehen, das zugleich zur Aufnahme und Verdauung der Nahrung bestimmt ist, so darf doch nicht übersehen werden, dass dieselbe Erscheinung bereits an einer andern Meduse beobachtet ist. Es ist die *Aegineta prolifera* von GEGENBAUR«.

Dieser wichtigen, aber nicht weiter verfolgten Beobachtung des verdienstvollen KROHN schliesst sich eine ähnliche, ebenfalls ganz vereinzelte Beobachtung von FRITZ MÜLLER an, welche in demselben Bande [2]) des Archivs f. N. mitgetheilt ist und die ich wegen ihrer Wichtigkeit ebenfalls wörtlich anführe. Sie betrifft *Liriope catharinensis*. Er sagt (l. c. p. 51): »Zu Anfang dieses Jahres (1860) fing ich eine *Liriope catharinensis*, der ein langer blassgelblicher Zapfen aus dem Munde hervorhing. Bei näherer Untersuchung ergab sich derselbe als eine aus dichtgedrängten Quallenknospen bestehende Aehre, deren Ende die *Liriope* verschluckt hatte (Fig. 30). Der frei vorhängende Theil hatte 1,75 mm Länge und die grössten Quallenknospen fast 0,5 mm Durchmesser. Sie waren fast halbkugelig und die gewölbte Fläche sass mit kurzem Stiele an der gemeinsamen Axe fest. Am freien Rande erhoben sich acht halbkugelige Randbläschen mit kugliger Concretion; etwa in der Mitte zwischen Rand und Scheitel sprossten abwechselnd mit den Randbläschen acht kurze plumpe Tentakel hervor. Auf der freien ebenen oder flach gewölbten Fläche der Knospe zeigte sich ein grosser ganzrandiger Mund, der in einen flach ausgebreiteten Magen führte. Alle diese Eigenthümlichkeiten stimmen mit der achtstrahligen Form von *Cunina Köllikeri*, während nicht die entfernteste Aehnlichkeit mit irgend einer an-

---

1) Archiv für Naturgeschichte, 1861. XXVII, 1. p. 168.
2) Archiv für Naturgeschichte, 1861. XXVII, 1. p. 51.

dern der im Laufe von 4 Jahren hier von mir beobachteten Quallen
besteht.«

Obwohl die letztere Bemerkung wahrscheinlich vollkommen richtig ist, so wird sich doch durch Vergleichung mit den folgenden Mittheilungen fast mit Gewissheit ergeben, dass diese aus Quallenknospen
bestehende Aehre nicht von der *Liriope* verschluckt war, sondern dass
sie als ein Product derselben, durch Knospenbildung im Magen selbst
entstanden, aufzufassen sei, wie es bei jener von KROHN beobachteten
Geryonia der Fall war. Diese Vermuthung ist auch bereits von LEUCKART
ausgesprochen, der in seinem Jahresbericht für 1861 den von KROHN
und den von FRITZ MÜLLER beobachteten Fall neben einander stellt und
bemerkt, dass der letztere sich »aller Wahrscheinlichkeit nach« durch
den ersteren erkläre. [1]

Sowohl KROHN's als FRITZ MÜLLER's Beobachtung war mir unbekannt,
als ich im März und April 1864 bei Nizza zahlreiche Exemplare von
Carmarina hastata untersuchte und die Fortsetzung des Magenstiels in
die Magenhöhle hinein beobachtete, welche ich oben als Zungenkegel
oder Zunge beschrieben habe (Fig. 4, 5 z). Bei zwei von diesen Thieren fand ich in dem Mageninhalte, gemischt mit Crustaceen, Sagitten
und anderen kleinen pelagischen Organismen, welche die Carmarinen
gefressen hatten, einen etwa 5—8 ^{mm} langen und 2—3 ^{mm} dicken, trüben,
blassgelblichen cylindrischen Zapfen, welcher einem Haufen von Fisch-
eiern glich und aus kleinen runden Körnern von ungleicher Grösse (die
grössten von 1 ^{mm}) zusammengesetzt war. Unter das Mikroskop ge-
bracht, gab sich dieser Körnerzapfen als eine aus zahlreichen (über 50)
kleinen Quallenknospen zusammengesetzte Aehre zu erkennen. Die
kleinen Medusen waren mit ihrer Schirmwölbung (dem Aboralpol) an
einer centralen cylindrischen Axe befestigt. Die ältesten Knospen (von
1 ^{mm} Durchmesser) zeigten einen flach scheibenförmigen dicken Schirm,
dessen der Anheftungsstelle entgegengesetzte Unterfläche in der Mitte
in einen kurzen cylindrischen Magen mit runder platter Mundöffnung
verlängert war. In der Peripherie der Scheibe zeigten sich 8 kurze
Tentakeln und in der Mitte zwischen diesen, an 8 vorspringenden Lappen des Schirmrandes, 8 Randbläschen.

Da ich bei den beiden Carmarinen, in deren Magen ich diese Qual-
lenähren beobachtete, dieselben scheinbar vollkommen frei in der Ma-
genhöhlung gefunden hatte und da beide (gleichzeitig gefangene) Individuen auch ausserdem dieselben Nahrungsbestandtheile, die gleichen
Arten von Copepoden, Sagitten und Würmerlarven im Magen enthielten,

---

[1] Archiv für Naturgeschichte, 1864. XXX, 2. p. 165.

so zweifelte ich nicht, dass auch jene seltsamen Medusenähren, deren
Ursprung ich auf keine der mir bekannten Medusenarten zurückzufüh-
ren vermochte, von den beiden Carmarinen mit der anderen Beute zufällig verschluckt worden seien. An einen genetischen Zusammenhang
der achtstrahligen Knospen mit den sechszähligen Geryoniden konnte
ich um so weniger denken, als ich damals schon die Metamorphose der
sechszähligen Larven von *Carmarina* beobachtet hatte. Erst als mir
nach meiner Rückkehr von Nizza die von Krohn und Fritz Müller
beobachteten beiden Fälle bekannt geworden waren, dachte ich daran,
dass wohl auch jene beiden scheinbar verschluckten Aehren möglicherweise in gleicher Art von der *Carmarina* abstammen könnten. Ich untersuchte sorgfältig alle aus Nizza mitgebrachten und in Salzlösung
sehr wohl conservirten Exemplare der letzteren und war nicht wenig
überrascht und erfreut, im Magen von mehreren geschlechtsreifen Thieren, sowohl von Männchen, als von Weibchen noch vollkommen wohl-
erhaltene Knospenähren anzutreffen (Fig. 74, 75).

Die Anzahl der conservirten geschlechtsreifen Exemplare, die ich
nachträglich untersuchen konnte, betrug 23. Von diesen besassen nicht
weniger als 9 einen verstümmelten und theilweise in Reproduction be-
griffenen Magen [1]. Von den 14 übrigen geschlechtsreifen *Carmarinen*
zeigten die 2 grössten Exemplare, mit einem Schirmdurchmesser von
50 — 60 ^{mm}, in ihren Magen keine Spur von Knospenbildung, eben so
wenig auch 5 jüngere Individuen, deren Schirmdurchmesser nur zwischen 15 und 25 ^{mm} betrug, und bei denen eben erst die Bildung der
Genitalblätter als seitlicher Ausbuchtungen der Radialcanäle begann.
Die 7 übrigen Exemplare, mit einem Durchmesser von 30 — 40 ^{mm},
zeigten sämmtlich in ihrem Magen eine Knospenähre, und zwar gehör-
ten die knospentragenden Mägen beiden Geschlechtern
an, indem 4 von jenen 7 Thieren weiblich, die 3 andern männlich waren. Das eine Weibchen trug 2 Knospenähren im Magen, was ich für
eine zufällige Abnormität, bedingt vielleicht durch ursprüngliche Spaltung des Zungenkegels, halte. Larven und jüngere Individuen von

---

[1]) Dieser ausserordentlich häufige Verlust des Magens, welcher den Carmarinen nichts zu schaden und sehr rasch ersetzt zu werden scheint, erklärt sich,
wie ich glaube, dadurch, dass der lange Magenstiel, welcher von den schwimmenden sowohl, als von den ruhig im Wasser schwebenden Thieren wie ein Pen-
del langsam hin und her bewegt wird, die Fische wie ein Köder anlockt, und oft
von diesen abgebissen wird. Auch reisst wahrscheinlich der verhältnissmässig
dünne Magenstiel leicht ab, wenn die *Carmarina*, wie es bisweilen geschehen
mag, ein ihr an Kraft überlegenes Thier mit dem Magen erfasst und verschluckt
hat, welches noch innerhalb desselben heftige Bewegungen auszuführen vermag.

Carmarina, bei denen noch keine Entwickelung der Genitalien bemerkbar war, zeigten auch keine Spur von Knospen im Magen. Bei allen 7 knospentragenden Individuen enthielten die Genitalblätter zwar vollkommen reife Geschlechtsproducte, zeigten aber doch nur einen mittleren Grad der Entwickelung, indem sie schmale gleichschenkelige Dreiecke darstellten, noch ohne die flügelförmige Ausbreitung der Basis, welche sie bei ganz erwachsenen Thieren annehmen (Fig. 1).

Die Knospenähren (Fig. 75) waren im Mittel etwa 4—8 ᵐᵐ lang, und 4—2, höchstens 3 ᵐᵐ breit. Sie erfüllten bald nur den mittleren Axenraum, bald den grössten Theil der Höhlung des stark zusammengezogenen Magens (Fig. 74). Sie lösten sich sehr leicht, schon bei leiser Berührung, von dem Grunde des der Länge nach aufgeschnittenen Magens ab, so dass sie frei in demselben zu liegen schienen. Die cylindrische Form der Aehre wurde durch die an der Oberfläche in ungleicher Vertheilung vorspringenden grösseren Knospen etwas unregelmässig. Zwischen den grösseren und mittleren Knospen sassen überall sehr zahlreiche kleinere und kleinste vertheilt, so jedoch, dass die letzteren mehr an dem oberen, die ersteren mehr an dem unteren Theile angehäuft waren. Im allgemeinen Habitus glichen die jüngeren, kleineren Aehren der von FRITZ MÜLLER abgebildeten Knospenähre. An 2 der grössten Aehren habe ich die Knospen gezählt. Ich vertheilte die Knospen nach ihrer Grösse in 3 Classen: Grosse, deren Schirmdurchmesser 0,8—1 ᵐᵐ betrug, mittlere, mit einem Durchmesser zwischen 0,5 und 0,8 ᵐᵐ und kleine, mit einem Durchmesser von 0,4—0,5 ᵐᵐ. Die kleinsten Knospen, unter 0,1 ᵐᵐ wurden gar nicht mitgezählt. Die eine jener beiden Aehren, von einem Männchen producirt, trug nicht weniger als 85 Knospen, nämlich 11 grosse, 21 mittlere und 53 kleine. Die andere, von einem Weibchen erzeugte Aehre trug 71 Knospen, nämlich 7 grosse, 18 mittlere und 46 kleine. Bei der in Fig. 75 abgebildeten Aehre, die ebenfalls zu den grössten gehörte, mag die Zahl der Knospen gleichfalls gegen hundert betragen, die kleinsten gar nicht einmal eingerechnet. Die kleineren Aehren mochten ungefähr zwischen 20 und 50 Knospen tragen. Auch hier sind die kleinsten, unter 0,1 ᵐᵐ Durchmesser, nicht mit gerechnet. Sämmtliche Knospen sassen so dichtgedrängt neben und durch einander, dass die Oberfläche der gemeinsamen Zapfenaxe zwischen ihnen fast nirgends sichtbar war.

Bei der genaueren Untersuchung zeigte sich, dass die gemeinsame Axe der Aehre, an welche sämmtliche Medusenknospen mit der Mitte ihrer aboralen Schirmfläche angeheftet waren, nichts anderes, als die Zunge oder der Zungenkegel (Fig. 2, 4, 5 z) sei, so dass also dieses

seltsame Gebilde, welches späterhin nur als Tastorgan und vielleicht
zugleich als Geschmacksorgan benutzt zu werden scheint, in einem gewissen Lebensalter der *Carmarina*, zur Zeit der mittleren Geschlechts-
reife(?), als Knospenstock fungirt. Die Structur der Zunge schien mir,
soviel ich an den in Salzlösung conservirten Thieren erkennen konnte,
nicht verschieden zu sein von derjenigen des ganz erwachsenen Thieres. Namentlich erschien mir die Zunge auch jetzt als ein durchaus
homogener und solider Gallertzapfen, der als unmittelbare Fortsetzung
des soliden Magenstiels keine Höhlung enthielt.

Schon die erste oberflächliche Betrachtung der Knospen, noch mehr
aber die genauere Untersuchung ihres Baues führte zu den überraschendsten Resultaten. Es war mir dabei sehr werthvoll, dass ich einen
der ersten Medusenkenner, meinen Freund GEGENBAUR als Zeugen her-
beiholen und sich von diesen paradoxen Verhältnissen mit eigenen
Augen überzeugen lassen konnte. Zunächst ist hervorzuheben, dass
sämmtliche Knospen ohne Ausnahme aus acht gleichen
Theilen zusammengesetzt waren, während alle *Carmarinen*, die
ich im erwachsenen Zustande beobachtete, und ebenso alle im VII. Abschnitte geschilderten Larven derselben, ohne eine einzige Ausnahme, aus sechs gleichen Abschnitten bestanden. Die äussere
Körperform, der innere Bau, die Bildung der Anhänge des Körpers u. s. w.
sind dabei so durchgreifend, sowohl von den entsprechenden Verhältnissen der erwachsenen *Carmarina*, als auch von denen ihrer sechszähligen Larven verschieden, dass man an einen genetischen Zusammenhang der beiderlei Formen nimmermehr denken würde, wenn man
sie nicht eben in continuirlichem materiellem Zusammenhange erblickte.

Die Entwickelung der Knospen aus der Oberfläche der Zunge
liess sich mit befriedigender Sicherheit durch alle Stadien hindurch
verfolgen, trotzdem die Knospen durch die Aufbewahrung in Salzlösung sehr undurchsichtig geworden und dabei so brüchig und weich
waren, dass sie selbst bei sehr schonenden Präparationsversuchen sogleich in Stücke zerfielen. Nach möglichst sorgfältiger Untersuchung
und Vergleichung einiger hundert Knospen glaube ich die folgende
Darstellung verbürgen zu können (Fig. 94 A—E, 95, 76, 77, 75).

Die erste Anlage der Knospe zeigt sich auf der glatten Oberfläche der Zunge als eine kleine kreisrunde Scheibe von ungefähr
0,05 — 0,08 ^{mm} Durchmesser, welche nichts Anderes als eine locale
Wucherung des Zungenepithels ist. Während dieselbe anfänglich aus
ganz gleichartigen Zellen besteht, tritt alsbald eine Differenzirung derselben in zwei verschiedene Blätterschichten ein (Fig. 94 A),

eine äussere hellere, welche der Zungenoberfläche unmittelbar anliegt
(ec), und eine innere dunklere, welche anfänglich nur als ein sehr

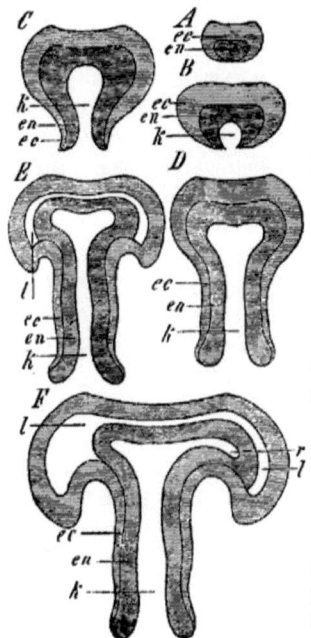

Fig. 94. A. Anlage einer Zungenknospe von
Carmarina hastata, in 2 Blätter differenzirt:
ec Ectoderm, en Entoderm. Schematischer Meridianschnitt. B. Junge Zungenknospe von *Carmarina hastata*, mit der geöffneten Anlage der
Magenhöhle (k). ec Ectoderm, en Entoderm.
Schematischer Meridianschnitt. C. Junge Zungenknospe von *Carmarina hastata*, bei der das
Magenrohr (k) sich zu verlängern beginnt. ec
Ectoderm, en Entoderm. Schematischer Meridianschnitt. D. Zungenknospe von *Carmarina
hastata*, mit verlängertem Magenrohr (k) und
Verdickung des Entoderms (en) am Mundsaume, wo sich das Ectoderm (ec) verdünnt absetzt. Schematischer Meridianschnitt. E. Zungenknospe von *Carmarina hastata*, bei welcher
sich der Schirm von dem Magenrohr (k) abzu-
setzen und in dem Schirm der Gallertmantel
abzuscheiden beginnt. ec Ectoderm, en Entoderm. Schematischer Meridianschnitt. F. Ael-
tere Zungenknospe von *Carmarina hastata*, bei
welcher der Grund der Magenhöhle (k) sich
in die 8 Radialtaschen (r) auszustulpen beginnt. l Gallertsubstanz des Mantels. ec Ectoderm, en Entoderm. Schematischer Meridianschnitt.

kleines rundes Scheibchen in der Mitte der erstern sichtbar ist (en).
Dieses dunklere centrale Scheibchen wird nicht allein an der dem Zungenkegel zugekehrten Fläche, sondern auch an seinen Seitenwänden
ringsum von der äusseren helleren Schicht umschlossen. Beide Zellen-
schichten sind ungefähr von gleicher Dicke. Die dunklere innere
Schicht (en) ist das E n t o d e r m und liefert weiter Nichts, als das Epithel des gesammten Gastrovascularapparates, welches die innere Oberfläche des Mundes, des Magens und alle damit im Zusammenhange stehenden Canäle und Hohlräume auskleidet. Die hellere äussere Schicht,
welche zwischen der ersteren und der Zunge liegt, bildet als E c t o -
d e r m den Schirm der Meduse und alle übrigen Theile ihres Körpers,
mit Ausnahme des Gastrovascularepithels.

Die nächste Veränderung der Knospe besteht darin, dass in dem
bisher soliden Körper, und zwar in der inneren dunklen Zellenschicht,
dem Entoderm, eine H ö h l u n g entsteht, die erste Anlage der M a g e n -
h ö h l e (Fig. 94 B.). Der Durchmesser dieser kugeligen Höhle (k) ist
anfänglich nur so gross, als die Dicke eines der beiden Epithelblätter.

Auch hier, wie bei den jüngsten beobachteten Larven von *Glossocodon*, kann ich aus eigener Anschauung nicht mit Sicherheit sagen, ob die Höhlung sich als eine geschlossene excentrische entwickelt und erst nachher nach aussen durchbricht, oder ob sie sich von aussen her als kleines Grübchen in der Oberfläche der soliden Scheibe aushöhlt.

Die Knospe (Fig. 94 B) im Meridianschnitt stellt jetzt ein planconvexes kreisrundes, ringsum abgeflachtes Polster dar, dessen Höhe (Dicke) etwa $^2/_3$ von dem äquatorialen Durchmesser beträgt, welcher letztere ungefähr 0,1 ^{mm} misst. Die ebene oder etwas vertiefte Fläche bleibt mit der Oberfläche der Zunge verbunden. Die äussere convexe Fläche zeigt in der Mitte eine kleine Oeffnung, den Mund, der in die bloss von dem Entoderm eingeschlossene enge kugelige Magenhöhle hineinführt. Der die Mundöffnung umgebende äusserste Theil der polsterförmigen Knospe fängt nun an stärker zu wachsen, und verlängert sich in eine cylindrische Röhre, deren Länge bald dem äquatorialen Querdurchmesser des Polsters gleich kommt und ihn dann übertrifft. Anfangs ist der äusserste, die Mundöffnung umgebende Rand dieses Magenrohrs verdünnt oder selbst zugeschärft (Fig. 94 C); bald jedoch wird er wieder dicker, so dass die Magenwand in ihrer ganzen Länge gleich dick oder selbst am Mundrande etwas wulstig verdickt erscheint (Fig. 94 D, E). Doch betrifft diese gleichmässige Dicke nicht die beiden Blätter, welche die Magenwand zusammensetzen. Am Ursprunge des Magenrohrs, wo dasselbe von dem Polster (der Schirmanlage) abgeht, sind beide Blätter allerdings noch gleich dick. Gegen den Mund hin nimmt jedoch die Dicke des dunkleren, die Magenhöhle auskleidenden Entoderms beständig zu, während die Dicke des helleren, die Magenoberfläche bedeckenden Ectoderms entsprechend abnimmt, so dass das letztere aussen am Mundrande scharf zugespitzt endet (Fig. 94 D, E. F). Die beiden Blätter gehen also hier nicht in einander über; vielmehr ist ihre Trennung hier so scharf, wie in ihrer ganzen Berührungsfläche, und stets durch eine feine aber scharfe Linie auf Durchschnittsansichten deutlich ausgezeichnet (Fig. 94 D).

Das cylindrische Magenrohr, welches anfänglich ohne äussere Abgrenzung in das nunmehr kugelförmig angeschwollene Polster des eigentlichen Knospenkörpers übergeht (Fig. 94 D), setzt sich nun von letzterem auch äusserlich scharf dadurch ab (Fig. 94 E), dass rings um die Abgangsbasis des cylindrischen Magenrohres sich der äussere Rand des scheibenförmigen Polsters in Gestalt einer dicken Ringfalte nach aussen erhebt. So entsteht eine ringförmige, nach aussen offene, halbcylindrische Rinne rings um die Basis des Magenrohrs, welche die erste Anlage der Schirmhöhle ist. Der dicke scheibenförmige

Schirmkörper setzt sich so auch äusserlich scharf von dem Magencylinder ab, dessen Querdurchmesser jetzt nur noch ⅓, höchstens die Hälfte von dem des ersteren beträgt.

Diese grössere Ausdehnung des scheibenförmigen Schirms in die Breite, kommt nicht durch die zunehmende Verdickung beider zelligen Blätter zu Stande, sondern theilweis dadurch, dass der innere erweiterte Grund der Magenhöhle sich ringsum zu einer flachen kreisrunden Tasche ausdehnt, theilweis dadurch, dass zwischen den beiden Blättern die Ablagerung der Gallertsubstanz des Mantels beginnt (Fig. 94 E l). Dieselbe erscheint zuerst nur als ein sehr heller Streif zwischen den beiden Blättern, der sich von der oberen Wölbung des scheibenförmigen Schirms kappenartig nach seinem Rande hinüberzieht und dort scharf abgeschnitten endet, ohne sich zwischen die beiden Blätter des Magenrohrs fortzusetzen.

Die nächste Veränderung des Embryo besteht nun darin (Fig. 94 F), dass der flache Grund der Magenhöhle sich seitlich ausdehnt und an 8 gleichweit von einander entfernten Puncten seiner Peripherie in 8 kurze blinde Ausstülpungen in radialer Richtung sich auszieht. Dies sind die ersten Anlagen der Radialcanäle (Fig. 94 F r), und zwischen ihnen lagert sich eine mächtigere Masse von Gallertsubstanz ab (l), indem die beiden Lamellen des gefalteten äusseren Blattes weiter von einander weichen.

Die Ablagerung der Gallertsubstanz (l) nimmt nun noch beträchtlich zu, so dass die beiden Blätter noch weiter von einander weichen und der Schirm sich verdickt, während gleichzeitig das lange Magenrohr (k) sich verkürzt (Fig. 77, 78, 95). Die Magentaschen (r) dehnen

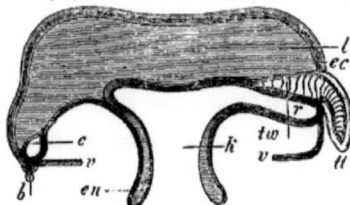

sich bis zum Schirmrande hin aus, wo sie sich durch einen engen Ringcanal (e) verbinden. Unterhalb des letzteren wird die Anlage des Ringknorpels (nk) sichtbar. Der gesammte Schirmrand verlängert sich nach unten in Gestalt von 8 halbkreis- oder rundbogenförmigen Lappen, an deren Spitze je ein kleines Knöpfchen hervorsprosst, das sich bald zum Ganglion mit dem Randbläschen (b) differenzirt. Die Zwischenräume zwischen den Lappen werden von einer dünnen Haut, dem Velum (v) ausgefüllt, wel-

Fig. 95. Schematischer Meridianschnitt durch eine der grössten und ältesten Zungenknospen von *Carmarina hastata*, von 1 ᵐᵐ Durchmesser. b Randbläschen nebst Ganglion. c. Ringcanal. ec. Ectoderm (Epithel der Schirmoberfläche). en. Entoderm. k. Magen. l. Gallertmantel. r. Radialcanal. t t. Tentakel. t w. Tentakelwurzel. v. Velum. Vergrösserung: 50.

ches nach unten und innen noch über den Schirmrand vorwächst. Nun erheben sich auch deutlich von der Mitte des dicken Seitenrandes des scheibenförmigen Schirms die 8 Tentakeln (t t) deren conische Wurzel (t w) schon über der Mittellinie der oberen Wand jedes Radialcanals sichtbar wurde. Der freie Theil jedes Tentakels erscheint anfangs nur als ein dickes und kurzes conisches Wärzchen mit stumpfer Spitze, in der Mitte des Einschnitts zwischen je 2 Randlappen. Sie wachsen nach dem Hervortreten rasch, werden länger, schlanker conisch und durchsichtiger, und lassen bald eine hellere fein quergestreifte Axe erkennen, welche aus einer einzigen Reihe sehr flacher münzenförmiger Zellen besteht. Diese ist überzogen von einer dünnen dunkleren Schicht (von Längsmuskeln) und über der letzteren liegt wieder als Ueberzug ein aus grösseren und helleren Zellen gebildetes dickes Epithel. In den Zellen sowohl dieses Epithels, als desjenigen des Schirmrandes, werden kleine kugelige, stark lichtbrechende Körperchen sichtbar, in denen sich die ersten Anlagen von kleinen kugelrunden Nesselkapseln erkennen lassen. Sie sind unregelmässig über die Oberfläche der Tentakeln zerstreut.

Während diese Veränderungen in dem Körper der achtstrahligen Knospen immer deutlicher hervortreten, erreicht ihr Schirm einen Durchmesser von 1 ''''. Bis zu diesem Stadium der Entwickelung habe ich sie, am Zungenkegel der *Carmarina* festsitzend (Fig. 75) verfolgen können. Sie lösen sich nun von demselben ab und treten aus dem Magen des sechsstrahligen Stammthieres hervor, um ausserhalb desselben ihre Entwickelung weiter fortzusetzen. Eine der ältesten von der Zunge abgelösten Knospen ist in Fig. 76 im Profil, in Fig. 77 von unten dargestellt. Der dicke scheibenförmige Gallertschirm ist nur wenig gewölbt, im Ganzen fast linsenförmig. Von der Mitte seines Randes hängen die 8 Randlappen herab, zwischen denen der obere Theil des Velum ausgespannt ist, während der untere Theil nach innen vorspringt und die kleine enge Schirmhöhle von unten her grossentheils zudeckt. Aus dieser tritt das lange und dicke cylindrische Magenrohr (k) hervor. An der Spitze jedes Randlappens sitzt ein kurzgestieltes Sinnesbläschen aussen frei auf. Aus der Tiefe des Einschnittes zwischen je zwei Lappen entspringt ein kurzer, plumper, solider conischer Tentakel, in die Schirmgallerte eingesenkt mittelst einer conischen hellen Wurzel, die auf der oberen Fläche des zugehörigen breiten Radialcanals aufliegt. Jedes der 8 unter sich gleichen Körpersegmente enthält also einen Radialcanal, einen Tentakel, zwei halbe Randlappen und zwei halbe Sinnesbläschen.

In Form und Bau sind diese ältesten achtstrahligen Knospen so sehr von *Carmarina hastata* verschieden, dass es selbst angesichts des continuirlichen materiellen Zusammenhanges Beider schwer hält, sich von ihrer Zusammengehörigkeit zu überzeugen. Es giebt nur eine Quallenfamilie, welche die Grundzüge des Baues mit den Knospen der *Carmarina* theilt, und dies sind die Aegiuiden. In Gesellschaft der *Carmarina hastata*, und zwar als constante Begleiterin derselben, habe ich bei Nizza eine Aeginide in zahlreichen Exemplaren gefischt, welche ich als Cunina rhododactyla beschrieben habe[1], und deren jüngste beobachtete Individuen (von 3 mm) so sehr mit den ältesten beobachteten Knospen der *Carmarina* (von 1 mm) übereinstimmen, dass ich an der Identität beider Formen nicht mehr zweifeln kann, so paradox diese Behauptung auch klingen mag. Ich lasse daher im nächsten Abschnitt die genaue Anatomie dieser Meduse folgen und werde dann in einem besonderen Abschnitt durch eingehende Vergleichung beider Formen die innige Verwandtschaft der Geryoniden und Aegiuiden begründen.

IX. Anatomie von Cunina rhododactyla.

(Hierzu Taf. VI. Fig. 78 — 85.)

1. Körperform.

Der Körper des ruhig im Wasser schwebenden Thieres (Fig. 79) zerfällt für die oberflächliche Betrachtung in zwei Theile, einen oberen wasserhellen, planconvexen, gewöhnlich halbkugeligen soliden Gallertmantel (1) und einen unteren, schmalen kragenähnlichen Saum, welcher in eine Anzahl (8 — 16) rundlicher Lappen tief gespalten ist, und aus dessen Einschnitten die 8 — 16 Tentakeln abgehen. Dieser Kragen ist nach unten flach trichterförmig erweitert, so dass er über den unteren Rand des Gallertmantels nach unten und aussen vorspringt. Der untere freie Kragenrand kann aber auch so zusammengezogen werden, dass die Lappen sich mit ihren Seitenrändern decken und nach unten und innen bis fast zur Berührung sich einschlagen, wobei das ganze Thier beinahe eine Kugelform annimmt. Anderemale erscheint dasselbe flacher gewölbt und in flach ausgebreitetem Zustande selbst fast scheibenförmig. Die Körperform wechselt ausserordentlich, theils nach dem Contractionsgrade, theils nach dem Ernährungszustande.

Der Durchmesser des ganzen Schirmes, mit flach ausgebreitetem Kragen, beträgt bei den jüngsten beobachteten Individuen, welche 8 homotypische Abschnitte zeigen, 3 — 4 mm, bei den ältesten, deren

---

[1) Jenaische Zeitschrift I, 1864, p. 335.

Segmentzahl auf 15 — 16 gestiegen ist, 10 — 11ᵐᵐ. Die Höhe des ruhig ausgebreiteten Schirmes beträgt bei ersteren ungefähr 2, bei letzteren 4 — 5ᵐᵐ. Der grösste Theil der Körpermasse kommt auf den halbkugeligen Gallertschirm oder Mantel, dessen gesammte Gallertmasse von einer ziemlichen Anzahl sehr feiner dichotom verästelter Fasern durchzogen, ausserdem aber vollkommen homogen, wasserklar und farblos ist, und einen ziemlich bedeutenden Consistenzgrad zeigt. Am Rande setzt sich der planconvexe Gallertmantel in die Lappen des Kragens fort, deren jeder seiner Hauptmasse nach aus einer dünnen halbkreisförmigen Gallertscheibe besteht, deren beide Flächen ebenfalls durch feine, die Gallert durchziehende Fasern (Fig. 82 1 f) verbunden sind.

Die untere Fläche des halbkugeligen Gallertmantels (l) ist fast eben oder nur sehr wenig vertieft, bisweilen in der Mitte sogar etwas convex nach unten vorgewölbt, und rings herum dann stärker vertieft (Fig. 78, 79). Fast die ganze Unterfläche wird von dem flachen, taschenförmigen Magen (k) eingenommen, dessen Umkreis in 8 — 16 (meistens 10 — 12) sehr breite und flache Radialcanäle ausläuft (r), welche bisher irrig für blinde Taschen gehalten wurden. Sie reichen bis zur Einschnürung des Schirmsaumes zwischen zwei Kragenlappen hinaus

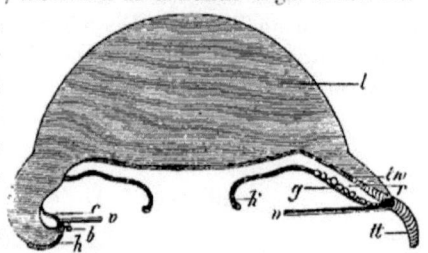

Fig. 96. Schema eines Verticalschnittes durch eine erwachsene *Cunina rhododactyla*, rechts durch eine radiale, links durch eine interradiale Verticalebene geführt. b. Randbläschen. c. Ringcanal. g. Genitalproducte. h. Mantelspange. k. Magen. l. Gallertmantel. r. Radialcanal. tt. Tentakel. tw. Tentakelwurzel. v. Velum.

und sind hier durch einen engen, zusammenhängenden, längs des Lappensaumes hinlaufenden Ringcanal (c) verbunden. In der tiefen Einschnürung zwischen je zwei Kragenlappen nimmt ein kurzer cylindrischer Tentakel seinen Ursprung, der höchstens die Länge des Schirmradius erreicht (tt) und mit einer in dem Gallertmantel eingeschlossenen Wurzel (tw) auf der oberen Fläche einer radialen Magentasche angewachsen ist. Die Randbläschen (h) sind in sehr grosser, mit dem Alter zunehmender Anzahl vorhanden und sitzen auf dem vorspringenden Rande der Kragenlappen, an der Spitze einer kolbenförmigen marginalen Spange (h), welche in der Aussenfläche der Mantellappen centripetal verläuft, und welche wir als Mantelspange bezeichnen wollen. Bei jüngeren Thieren kommen auf jeden Lappen 1 — 2, bei älteren 4 — 8 Randbläschen. Das breite Velum (v) füllt die Zwischenräume zwi-

schen den Randlappen aus und springt ausserdem noch über deren
Rand hinaus nach innen vor.

Der ganze Körper der *Cunina rhododactyla* kann demnach in zwei
sehr verschiedene Haupttheile zerlegt werden, nämlich in den planconvexen einfachen, halbkugeligen Gallertmantel, der die Hauptmasse
des Körpers ausmacht und an dessen Unterfläche der kreisrunde flache
Magen, in der Mitte mit einfacher Mundöffnung liegt; und in den
breiten, in mehrere Lappen gespaltenen Kragen, an dem sämmtliche
übrigen Organe angebracht sind und der aus mehreren homotypischen
radialen Theilen zusammengesetzt ist. Jeder homotypische Theil enthält eine radiale Magentasche, einen Tentakel und die beiden angrenzenden Hälften der beiden Kragenlappen, welche den Tentakel zwischen
sich nehmen. Auf jedes homotypische Radialsegment kommen ferner
1 — 8 Randbläschen und ebensoviele Mantelspangen.

Die homotypische Grundzahl nimmt mit dem Alter des
wachsenden Thieres allmählich zu und steigt von acht bis auf 16. Doch
ist die Körpergrösse nicht immer der Zahl der radialen Körpersegmente
entsprechend. Unter 32 genauer beobachteten Individuen befanden
sich 1) drei ganz jugendliche Individuen von 2 — 3^{mm} Durchmesser,
mit 8 Segmenten; 2) vier junge Individuen von 3 — 4^{mm}, mit 9 Segmenten; 3) elf Individuen von 4 — 6^{mm}, mit 10 Segmenten; 4) drei
Thiere von 5 — 8^{mm}, mit 11 Segmenten; 5) sieben Thiere von 6 — 9^{mm},
mit 12 Segmenten; 6) kein Thier mit 13 Segmenten; 7) ein Thier von
10^{mm}, mit 14 Segmenten; 8) zwei Thiere von 11^{mm}, mit 15 Segmenten; 9) ein Thier von 14^{mm} Durchmesser, mit 16 Segmenten. Es
wurden also alle homotypischen Grundzahlen von 8 bis 16, mit alleiniger
Ausnahme von 13, beobachtet. Fig. 78 stellt eins der jüngsten Individuen mit 8, Fig. 79 ein älteres mit 10 Segmenten dar. Die obere
Hälfte der Figur 80 ist einem Individuum mit 10, die untere Hälfte dem
grössten beobachteten, mit 16 Segmenten entlehnt. Sämmtliche homotypische Radialsegmente des Körpers sind gleichartig gebildet, jedoch oft von ziemlich verschiedener Grösse. Bei jüngeren Individuen
mit 8 — 10 Segmenten ist meist auch die Zahl der Randbläschen an
den verschiedenen Lappen gleich (je ein oder zwei); bei den älteren
dagegen wird diese sehr variabel.

Mit Ausnahme der constant rosenfarbenen Tentakeln ist
der übrige Körper meistens farblos, höchstens noch der Saum der Kragenlappen, seltener diese selbst schwach röthlich gefärbt. Die Rosen-
farbe der Tentakeln ist an der Spitze intensiver, oft fast hell purpur
und nimmt nach der blassen fleischfarbenen Basis hin allmählich ab.

2. Gastrovascularsystem.

Der Magen der *Cunina rhododactyla* (k) erscheint zu verschiedenen Zeiten von sehr veränderter Ausdehnung und Form. Gewöhnlich
stellt er eine sehr flache, fast ebene oder nur sehr wenig vertiefte kreisrunde Tasche dar, welche den grössten Theil der Subumbrella einnimmt
und im Umkreise mit den 8 — 16 radialen taschenförmigen Ausbuchtungen besetzt ist. Obere und untere Magenwand liegen meist, wenn
nicht Nahrungsmassen den Magen erfüllen oder ausdehnen, unmittelbar
an einander. In der Mitte der unteren Wand befindet sich die einfache
kreisrunde Mundöffnung, welche aber in Bezug auf Lage, Gestalt
und Grösse zu verschiedenen Zeiten die überraschendsten Verschiedenheiten darbietet. Selten ist der Mund vollkommen verschlossen, so dass
man in der Mitte der unteren Magenfläche Nichts sieht, als einen dunklen centralen Punct, von welchem viele feine radiale Falten nach allen
Seiten ausstrahlen. Andrerseits kann er so ausserordentlich weit, durch
Contraction der radialen Muskelfasern der unteren Magenwand, geöffnet werden, dass der Durchmesser des Mundes sogar den des Velum
übertrifft, und dass die ganze eigentliche Magenhöhle sammt den Anfangsstücken der radialen Nebentaschen völlig entblösst und offen gelegt
wird. Der geöffnete Mund liegt meist central, kann aber auch excentrisch nach verschiedenen Richtungen hin verschoben erscheinen. Die
Form des geöffneten Mundes ist bald kreisrund, bald unregelmässig
rundlich oder polygonal, nicht selten viereckig oder achteckig. Sehr
häufig ist sie kreuzförmig oder sternförmig ausgezogen. Seltener erscheint sie als eine schmale lange, von zwei Lippen eingefasste Spalte.
Der Mundsaum ist wulstig verdickt. Bisweilen — und dies ist besonders
wichtig im Hinblick auf den röhrenförmigen oder trichterförmigen
Magen der achtstrahligen *Carmarina*-Knospen (Fig. 75, 76) — springt
der Mund aus der Mitte der unteren Magenfläche in Form einer kurzen
weiten Röhre vor, welche seltener einen kurzen Cylinder, meist einen
nach oben kegelförmig erweiterten Trichter, mit unterer enger Mundöffnung, darstellt.

Die 8 — 16 breiten und flachen Radialcanäle (r), welche von
der Peripherie des Magens in gleichen Abständen entspringen und
welche bei den Aeginiden gewöhnlich als Magentaschen bezeichnet
werden, liegen nicht mit der centralen Magenhöhle in einer und derselben Ebene, sondern bilden mit ihr einen sehr stumpfen Winkel und
steigen sanft geneigt nach aussen und unten herab (Fig. 79). Sie sind
noch flacher, als die centrale Magenhöhle selbst. Die Form der Taschen
ist bald mehr quadratisch, bald mehr birnförmig oder keulenförmig nach

aussen erweitert. Am schmalsten sind sie kurz nach ihrem Abgang
vom Magen. Die Taschen erscheinen gewöhnlich ungefähr so lang als
breit, und meist ebenso breit, als die hyalinen Scheidewände von
Gallertmasse, durch welche sie getrennt werden, und welche nach
innen in Gestalt dicker radialer Septa mit gewölbtem Innenrande in
die Magenhöhle hinein vorspringen (Fig. 78—80).

Die Geschlechtsproducte entwickeln sich bei beiden Geschlechtern in der unteren Wand des Magens, aus deren Epithel, jedoch
nur an bestimmten Stellen, nämlich an den Intervallen zwischen je
zwei Radialcanälen und an dem Aussenrande dieser letzteren selbst.
Die Zahl der Hoden und Ovarien richtet sich demgemäss nach der homotypischen Grundzahl. Jedes Geschlechtsorgan stellt einen halbmondförmigen, nach aussen concaven Wulst dar, und umfasst mit seiner
Concavität das Gallertseptum des Mantels, welches zwischen je zwei
Magentaschen in die Magenhöhle hinein vorspringt. Ein weibliches
Thier mit Eiern wurde nur ein einziges Mal beobachtet und zwar war
dies zugleich das einzige Individuum, welches 14 Körpersegmente
zeigte, von 10^{mm} Durchmesser. Die rosenrothe Färbung der Tentakeln
war bei ihm nur angedeutet. Die Eier waren gross und sassen
in ziemlich geringer Anzahl an den Rändern der radialen Magentaschen
vertheilt, so dass auf jede Tasche durchschnittlich nur 5—10 Eier kommen mochten. Viel häufiger waren geschlechtsreife Männchen,
deren halbmondförmige Hoden bei einigen Individuen bloss den frei
vorspringenden Rand des Gallertseptum zwischen je zwei Radialtaschen umfassten, bei anderen dagegen die ganzen Aussenränder
der Taschen säumten und bis in die Tiefe ihres Grundes hinabreichten.
Die Hoden waren mit stecknadelförmigen Zoospermien erfüllt. Etwa
²/₃ oder ³/₄ von den beobachteten Individuen zeigten noch keine Geschlechtsorgane.

Die flachen taschenförmigen Radialcanäle (r) werden gestützt
und ausgespannt erhalten durch die kegelförmigen Tentakelwurzeln
(t w) welche mit ihrer dicken Basis in dem Einschnitte des Mantel-
kragens zwischen je zwei Randlappen, am unteren (äusseren) Ende der
Magentasche befestigt sind, und in der Mittellinie der oberen Wand
der letzteren centripetal nach innen oder oben verlaufen, wo sie an
der Einmündung der radialen Taschen in die centrale Magenhöhle, oder
etwas nach innen von dieser Einmündungsstelle, fein zugespitzt enden. In der ganzen Länge ihres Verlaufes ist die untere Wand der
Tentakelwurzel mit der oberen Wand der Magentasche (r l) fest verwachsen, wovon man sich auf radialen Querschnitten leicht überzeugt
(Fig. 81). Es kann daher eine Ausdehnung der Magentaschen niemals

in der Länge, in radialer Richtung, stattfinden; und da auch eine seitliche Erweiterung durch die gallertigen Radialsepta, die zwischen je
zwei Taschen vorspringen, nur in sehr geringem Grade gestattet wird,
so kann eine beträchtlichere Erweiterung der Taschenhöhle nur durch
Ausdehnung der unteren freien Wand zu Stande kommen.

Das Epithel, welches die centrale kreisrunde Magentasche und
deren radiale Ausstülpungen auskleidet, ist ganz verschieden an der
oberen, umbralen und an der unteren subumbralen Wand der verdauenden Cavitäten. Das erstere besteht aus einer sehr dünnen einfachen Lage von hellen flachen Pflasterzellen, die unmittelbar die untere
ebene Fläche des Gallertmantels überziehen. Das Epithel der unteren
Wand dagegen, welches wohl als das eigentlich verdauende zu betrachten ist, besteht aus einer viel dickeren, wie es scheint mehrfachen
Schicht von dunkleren Cylinderzellen, welche die innere Fläche der
starken Muskelhaut des Magens bekleiden (Fig. 81 r s). Aus Theilen
dieses Epithels entwickeln sich auch an den Grenzen zwischen je zwei
Radialcanälen und an deren Rande die Geschlechtsproducte. Es ist
also hier dieselbe Differenzirung des Epithels der beiden Magenflächen
und ihrer radialen Taschen, wie an den Gastrovascularcanälen der
Geryoniden nachzuweisen. Dasselbe gilt auch von dem Epithel des
Ringgefässes, welches den Grund der Radialtaschen verbindet (Fig.
81, 82).

Es ist bisher allgemein als der wesentlichste Charakter der Aeginiden angesehen worden, dass von ihrer centralen Magenhöhle nicht,
wie bei den übrigen craspedoten Medusen, radiale Canäle ausgehen,
welche durch ein am Schirmrande verlaufendes Ringgefäss verbunden
sind, sondern bloss breite und flache radiale Taschen, welche nach
aussen geschlossene Blinddärme darstellen und nicht mit einander zusammenhängen. Der Mangel des Ringgefässes ist sogar neuerdings
so sehr hervorgehoben worden, dass man darauf gestützt die Aeginiden-
familie ganz von den craspedoten Medusen zu trennen versucht hat
(vergl. unten Abschnitt X). Nun ist aber in der That dennoch ein am
Schirmrande verlaufendes Ringgefäss vorhanden, welches die äusseren
Enden der Magentaschen verbindet, so dass diese keineswegs blind geschlossen sind, sondern als vollkommen gleich den Radialcanälen der
übrigen Craspedoten sich ausweisen. Wenigstens lässt sich bei unserer
Cunina rhododactyla dieses Verhältniss mit der grössten Deutlichkeit
nachweisen. Dass das Ringgefäss den bisherigen Beobachtern völlig
entging, liegt wohl hauptsächlich an dem geringen Volum desselben,
welches allerdings, namentlich gegenüber den colossal erweiterten Radialcanälen, sehr unbedeutend ist.

Ein verticaler Radialschnitt durch den Rand eines Mantellappens der *Cunina rhododactyla* (Fig. 81, 82) zeigt in der Zusammensetzung und den Lagerungsverhältnissen der verschiedenen Theile auffallende Uebereinstimmung mit einem gleichen Schnitt durch den Rand von *Geryonia hastata* (Fig. 71, und noch mehr von *Glossocodon eurybia* (Fig. 86). Ein wesentlicher Unterschied zwischen Beiden besteht eigentlich nur in der verschiedenen Lagerung der (auch different gebauten) Randbläschen, welche bei den Geryoniden in der Gallertsubstanz des Mantelrandes eingeschlossen, bei der *Cunina* ausserhalb desselben, frei auf der Oberfläche liegen. Sonst gewahrt man bei der letzteren ebenso, wie bei den ersteren, zunächst das klaffende Lumen des durchschnittenen Ringgefässes (c), dessen innere (umbrale), der Mantelgallert zugekehrte Wand (c l) nur aus einer sehr dünnen Lage von Pflasterepithel, dagegen die äussere (subumbrale) Wand (c s) aus einer dicken Schicht von Cylinderepithel besteht. Der untere Rand des Ringgefässes grenzt an den äusseren Rand des Velum (v) und nach aussen von diesem an einen soliden cylindrischen, dunklen Strang (u), der die äusserste Grenze des Mantellappens bildet, und, wie bei den Geryoniden, einen dünnen Knorpelring (u k) darstellt, auf dessen oberer Fläche der dünne Nervenring (a) liegt. Doch lassen sich diese einzelnen Theile des Schirmrandes hier viel schwieriger als bei den Geryoniden nachweisen. Auf dem vorspringenden Rande des Mantelsaumes (u) sitzen äusserlich, frei zwischen unterer Fläche des Velum und Aussenfläche des Gallertmantels die hügelförmigen Ganglien (f) auf, welche die Randbläschen (b) tragen. Von jedem der letzteren geht eine steife mehr oder weniger gekrümmte Spange (h) aus, welche in der Aussenfläche des Mantelrandes radial (centripetal) aufwärts steigt und sich sehr ähnlich den Mantelspangen der *Carmarina* verhält. Der Unterschied, welchen die Durchschnittsansichten des Mantelrandes von *Cunina* (Fig. 82) und von *Carmarina* (Fig. 71, 63) sonst noch darbieten, beruht nur auf dem ganz unwesentlichen Umstande, dass bei ersterer die Gallertsubstanz des Mantels zwischen Ringgefäss und Mantelspangen weit mächtiger entwickelt ist, so dass die Spange einen grösseren Bogen beschreiben muss.

Auf Flächenansichten (Fig. 84), bei starker Vergrösserung betrachtet, zeigt das dicke starkwandige Cylinderepithel, welches die subumbrale Wand des Ringgefässes der *Cunina* bekleidet (c s), ganz dasselbe charakteristische Aussehen, wie das von *Carmarina* (Fig. 65) oder *Glossocodon* (Fig. 38). Das Ringgefäss der *Cunina* folgt natürlich, da es stets scharf am Rande des gelappten Schirmes verläuft, allen Ausbuchtungen desselben. Der Zusammenhang des Ringgefässes mit den

Magentaschen (Radialcanälen) ist desshalb schwer zu sehen, weil diese
Einmündungsstelle gerade unterhalb des Abgangs der Tentakeln von
ihrer Wurzel liegt, und von den beiden dunkeln halbmondförmigen
Wülsten (Fig. 81 t x), bedeckt wird, welche diese Abgangsstelle umfassen. Das durchschnittliche Lumen des Ringgefässes misst 0,1 ^{mm}.

3. Skelet.

Auch bei *Cunina* ist, wie bei den Geryoniden, ein rudimentäres
Knorpelskelet vorhanden, welches zwar am Schirme selbst dürftiger
entwickelt und schwieriger nachzuweisen ist, als das der letzteren, aber
dennoch in Lagerung, Structur und Function wesentlich mit ihm übereinstimmt. Es bildet auch hier der Medusenknorpel erstens einen zusammenhängenden Knorpelsaum, welcher unmittelbar unter dem Ringgefäss am äussersten Rande des Mantels verläuft, und zweitens centripetale Spangen, welche in der äusseren Mantelfläche vom Schirmrande aus emporsteigen und unter rechtem Winkel von dem Knorpelringe abgehen. Endlich wird auch die Hauptmasse der Tentakeln,
welche in ihrem Baue vollkommen den soliden Larventetakeln der
Geryoniden entsprechen, aus Knorpel gebildet.

Der Ringknorpel (Fig. 82, 84 u k) ist bei unserer *Cunina*, wie
der ganze Schirmrand, ungleich schwächer entwickelt, als bei *Geryonia*
und *Liriope*. Er erscheint als ein sehr schmaler cylindrischer oder etwas
plattgedrückter Strang von ungefähr 0,03 ^{mm} Durchmesser, welcher an
dem untersten Rande des Gallertmantels unmittelbar unter dem unteren
Rande des Ringgefässes (c) liegt und diesem zur Stütze, wie dem äusseren Rande des Velum (v) zur Insertion dient. In einer Rinne im
oberen Rande des Ringknorpels, zwischen diesem und dem unteren
Rande des Ringgefässes, liegt der Ringnerv (a). Die Knorpelzellen
des Ringknorpels sind sehr klein, eng zusammengedrängt und durch
viel geringere Mengen von Intercellularsubstanz getrennt, als diejenigen
in den Knorpelringen der Geryoniden.

Die centripetalen oder marginalen Mantelspangen (Fig.
81, 82, 84 h) erscheinen bei der *Cunina rhododactyla* zahlreich und
stark entwickelt. Es sind ihrer so viel als Randbläschen vorhanden,
mindestens also acht, bei erwachsenen Thieren dagegen zwischen fünfzig und hundert. Es sind cylindrische gekrümmte Stäbe, welche an
der Insertion jedes Randbläschens unter rechten Winkeln von dem
Knorpelringe abgehen und in der Aussenfläche des Gallertmantels emporsteigen, mit dessen Oberfläche ihre innere Seite verwachsen ist.
Ihre Krümmung entspricht daher auch der, je nach dem Contractions-

zustande wechselnden. Krümmung der Mantellappen. Meist sind sie
dabei etwas unregelmässig verbogen und an dem oberen Ende stark
kolbenförmig angeschwollen und abgerundet (Fig. 81, 82 h). Die
Mantelspangen bestehen, wie bei den Geryoniden, aus einem cylindrischen Knorpelstreifen, der von einem dünnen Muskelrohre, und
aussen von einem Epithel überzogen ist, dessen regelmässige polygonale Zellen zum grossen Theile dunkel glänzende kugelige Nesselkapseln
entwickeln (Fig. 84 h). Der Knorpelstab verleiht den marginalen Mantelspangen einen hohen Grad von Festigkeit, verbunden mit Elasticität,
so dass sie, wenn der Mantelrand durch starke Contraction des Velum
nach innen gezogen oder bei Erschlaffung desselben umgeklappt wird,
nur bis zu einem gewissen Grade nachgeben und das Sinnesganglion,
auf dem das Randbläschen sitzt, stets etwas nach aussen gewendet
erhalten. Die marginalen Mantelspangen theilen also auch hier, wie
bei *Carmarina*, den Bau der knorpeligen soliden Tentakeln. Aehnliche
Spangen sind auch von FRITZ MÜLLER bei *Cunina Köllikeri* als »Nessel-
streifen« beschrieben worden. Anderen Aeginiden scheinen dieselben
dagegen zu fehlen.

Die radialen Tentakeln (t t) sind in den Einschnitten des Man-
telkragens, zwischen je zwei Lappen, befestigt und bestehen aus einem
kurzen conischen, im Mantel eingeschlossenen Theile, der Wurzel, und
aus einem langen äusseren freien Theile, dem Stamme. Die Tentakelwurzel (Fig. 81 t w) ist ein gestreckt kegelförmiges Knorpelstück,
so lang als eine Magentasche oder etwas länger. Von ihrer breiten
Basis an, welche in den äusseren freien Tentakeltheil übergeht, verschmälert sie sich allmählich bis zu ihrem inneren feinzugespitzten
conischen Ende, welches gewöhnlich etwas hakenförmig nach einer
Seite gekrümmt ist. Die Tentakelwurzel ist ringsum von der Gallertmasse des Mantels umschlossen, mit Ausnahme der
unteren Fläche, welche in ihrer ganzen Länge an der
oberen Wand der radialen Magentasche aufgewachsen ist.
Sie verläuft gerade gestreckt in deren Mittellinie und
reicht mit der Spitze bis zu ihrem Ursprunge aus dem
Magen oder noch etwas weiter. Die Tentakelwurzel
besteht aus wenigen (10 — 15) hyalinen Knorpelzellen
welche in einer einzigen Reihe hintereinander liegen

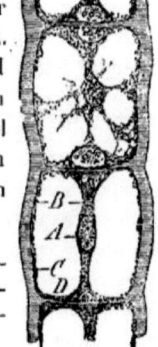

Fig. 93. Ein Stück einer Tentakelwurzel von *Cunina rhododactyla*. A Kern. B Protoplasma der Knorpelzellen. C Intercellularsubstanz (Knorpelkapseln). D Wässrige Flüssigkeit innerhalb des Protoplasmaschlauchs.

und durch quere (tangentiale) Septa getrennt sind. Die Grösse der Knorpelzellen nimmt von aussen nach innen zu ab. Die Kerne derselben sind
gewöhnlich entweder in der Mitte eines cylindrischen Protoplasma-
stranges eingeschlossen, welcher in der Längsaxe der Zelle verläuft,
oder von einem strahlenden sternförmigen Protoplasmahofe umgeben.
Die Knorpelkapseln (Intercellularsubstanz, sind meist dünnwandiger als
an dem Tentakelstamme.

Der längere freie äussere Theil des Tentakels oder der Tentakelstamm (Fig. 81 tt, Fig. 83) besteht aus einem soliden, ziemlich dicken
cylindrischen Knorpelstabe, der von einem dünnen Muskelschlauche
überzogen und aussen von einem Epithelialrohre umhüllt ist. Dieser
Theil des Tentakels hat also denselben Bau, wie die interradialen und
die radialen Nebententakeln der Geryoniden und gleicht denselben auch
vollkommen durch seinen starren Habitus und die eigenthümliche Bewegungsweise. Die Bewegungen bestehen theils in plötzlichen Zuck-
ungen, theils in sehr langsamen Biegungen. Verkürzen können sich
die Tentakeln nur sehr wenig, soweit es die Elasticität der Knorpelzellen gestattet, welche auch bei Nachlass der Muskelcontraction den
gekrümmten und verkürzten Cylinder wieder streckt. Gewöhnlich
werden die Tentakeln von dem ruhig im Wasser schwebenden Thiere
(Fig. 79) nach unten gerichtet und mit der Spitze concav nach einwärts
gekrümmt getragen. Bei mechanischer Reizung werden sie gewöhnlich
ganz nach innen eingeschlagen (Fig. 78, 80). Seltener werden sie
nach aussen und oben in die Höhe gekrümmt. Die freien Tentakelstämme sind ungefähr so lang als der Radius der Gallertscheibe. Es
sind sehr schlanke, dünne Cylinder, welche nach der stumpf abgerundeten Spitze zu sich allmählich etwas verdünnen. An der etwas angeschwollenen Basis, wo sie sich mit der Tentakelwurzel verbinden,
besteht ihr Knorpelstab aus mehreren neben einander liegenden Reihen
von polygonalen Zellen (Fig. 81), während der grösste Theil der knorpeligen Axe nur aus einer Reihe flach münzenförmiger hinter einander
liegender Zellen besteht, deren transversale Scheidewände den Tentakel
schon bei schwacher Vergrösserung zierlich quergestreift erscheinen
lassen. Die Knorpelkapseln bilden ziemlich breite Streifen von homogener Intercellularsubstanz (Fig. 83 sk″). Das Protoplasma kleidet die
Knorpelhöhlen als eine zusammenhängende, sehr dünne, feinkörnige
Schicht aus und läuft ausserdem durch die Mitte (Axe) der Zelle als
ein dicker cylindrischer Schleimstrang, der sich nach beiden Enden
conisch verdickt und in der Mitte, wo er am dünnsten ist, einen rundlichen Zellenkern einschliesst. Die Summe dieser in der Axe der hintereinander liegenden scheibenförmigen Knorpelzellen verlaufenden

Protoplasmastränge stellt einen dunklen Streifen dar, der die gesammte
Tentakelaxe durchzieht, leicht mit einem Centralcanal verwechselt werden
könnte, und in der That als solcher in den meisten Beschreibungen von
Aeginiden figurirt. Der Muskelschlauch, der den Knorpelstab der Tentakeln überzieht, ist sehr dünn; dicker ist die dritte und äusserste Ge-
websschicht, das Epithel, welches aus einer einzigen Lage von sehr
kleinen polygonalen kernhaltigen Zellen besteht, die an zahlreichen
ganz unregelmässig zerstreuten Stellen kleine kugelrunde Nesselkapseln
in sich entwickeln. Diese Nesselkapseln sind ganz gleich denen der
Mantelspangen und zeichnen sich durch eine dicke, sehr stark lichtbrechende, dunkelglänzende Wand aus. Nach der Spitze zu sind sie
stärker gehäuft. Hier ist auch die rosenrothe Färbung der Tentakeln
intensiver, als am Grunde.

4. Muskelsystem.

Das hauptsächlichste Bewegungsorgan der *Cunina* ist das sehr
starke und breite Velum (v). Dasselbe ist von eben so wechselnder
Breite und eben so ausserordentlicher Dehnbarkeit und Contractilität,
als die untere musculöse Magenwand. Bald erscheint es breiter, bald
schmäler als letztere. Da sein Innenrand eine kreisrunde Oeffnung
bildet, während sein Aussenrand überall mit dem Mantelsaume des
Schirmrandes verwachsen ist und allen Einschnitten desselben folgt,
so muss es natürlich an verschiedenen Stellen eine sehr wechselnde
Breite besitzen. Am schmälsten ist es gegenüber der am meisten
vorspringenden Mitte der Kragenlappen, am breitesten gegenüber der
Tentakelinsertion. Das Velum besteht aus einer oberen stärkeren Lage
von circularen und einer unteren dünneren Schicht von radialen Muskelfasern. Bei überwiegender Contraction der letzteren und Erschlaffung
der ersteren wird das Velum verschmälert und an den gelappten Mantelsaum herangezogen, dessen Einbuchtungen es folgt, so dass seine
Ebene wellenförmig gebogen wird. Bei starker Contraction der Ringmuskeln dagegen wird der Mantelsaum ganz nach innen gezogen und
das Velum in einer einzigen Horizontalebene ausgebreitet. Das Epithel der oberen Velumfläche besteht aus grösseren, höheren Zellen, als
das der unteren.

Die Subumbrella ist bei *Cunina* sehr beschränkt entwickelt,
da die grosse Magenscheibe sammt ihren breiten Radialtaschen den bei
weitem grössten Theil der unteren Schirmfläche einnimmt. Man kann
daher eigentlich als Subumbrella nur die sehr schwache und dünne
Schicht von unterbrochenen Ringmuskeln, sowie eine Anzahl von zer-

streuten, wenig entwickelten radialen Muskelbändern bezeichnen, welche
die untere Fläche des Gallertmantels zwischen je zwei radialen Magentaschen und an den Randlappen bekleiden.

Die Muskeln, welche ausser dem Velum und der Subumbrella sich
noch vorfinden, sind bereits erwähnt. Es sind dies der cylindrische
aus Längsfasern gebildete Muskelschlauch, welcher die knorpeligen
Tentakelstämme überzieht, der ähnliche Muskelschlauch, welcher die
marginalen Mantelspangen umhüllt, vor allem aber die sehr stark entwickelten radialen und circularen Muskeln der unteren Wand des Magens und seiner Radialtaschen.

Besonderer Erwähnung werth sind die ausserordentlich verschiedenen Formen, welche *Cunina rhododactyla* bei verschiedenen Contractionszuständen des Velum, der Subumbrella und der Spangenmuskeln
annehmen kann. Man glaubt oft ganz verschiedene Thiere vor sich zu
haben. Sehr häufig wird der Rand der Mantellappen stark nach innen
gezogen, so dass die Spangen radial von aussen nach innen zu den
nach innen vorspringenden Randbläschen zu laufen scheinen (Fig. 78
links, 80 rechts). Ausserdem wird häufig dann noch der Lappenrand
nach oben (und zugleich wieder nach aussen) eingeschlagen, so dass
nun die Spangen einen rücklaufenden Bogen machen und der untere
das Randbläschen stützende schmale Spangentheil in der That oberhalb
des oberen, in den abgerundeten Kolben auslaufenden Spangentheils
liegt (Fig. 78 rechts, 80 links, 79). Andere Male zieht sich das Thier
vollkommen kugelig zusammen, so dass die Ränder der Kragenlappen
sich decken und die Randbläschen sich beinahe in einem unteren Mittelpuncte berühren.

5. Nervensystem.

Die Nerven sind bei *Cunina* weit unsicherer und schwieriger, als
bei *Carmarina* nachzuweisen. Am deutlichsten und leichtesten kann
man sie auch hier wieder (wie bei der letzteren) an den Sinnesbläschen erkennen. Durch die Axe jedes cylindrischen Randbläschens
(Fig. 85) geht ein sehr heller und blasser cylindrischer Strang, etwa
$\frac{1}{4}$ so breit, als das Bläschen selbst (n). Oben berührt er die Concretion, unten setzt er sich fort durch die Axe des conischen Ganglienhügels (f). Auch bei anderen Aegiuiden finde ich diesen blassen cylindrischen Axenstrang ebenso wieder. Ich halte ihn für den Sinnesnerven.

Weit schwieriger ist es, sich von der Existenz des Ringnerven
zu überzeugen, den ich auch hier, wie bei den Geryoniden, in einem
hellen blassen fein längsgestreiften Strange zu finden glaube, der

zwischen Ringgefäss und Knorpelring, in einer Furche des letzteren liegt (Fig. 82 a, 81 a). Nach innen grenzt er nahe an die Insertion des Velum. Ihn zu isoliren ist mir nicht gelungen. Auf Flächenansichten (Fig. 84) verbirgt sich der Ringnerv leicht hinter dem Gefässe oder dem Knorpelringe. Was Fritz Müller bei *Cunina Köllikeri* als Ringnerv beschreibt, halte ich für den Knorpelring. Ausserdem glaubt der letztere dem Nervensystem auch noch »ein paar ansehnliche, ziemlich undurchsichtige Wülste an der Basis jedes Tentakels, die scharf contourirte Zellen enthalten«, zurechnen zu müssen.

Diese »Wülste« finden sich auch bei unserer *Cunina rhododactyla* vor (Fig. 78—80, Fig. 81 t x). Es sind zwei dicke concav-convexe rundliche Polster, welche in dem Einschnitte zwischen je zwei Randlappen sitzen und den Tentakelstamm an seinem Uebergange in die Wurzel von beiden Seiten her umfassen. Die beiden Polster sind dunkel glänzende dünnhäutige, scheinbar geschlossene Blasen, prall angefüllt mit dichtgedrängten, kugeligen sehr stark lichtbrechenden Zellen. Den Eindruck von Nervenzellen machen letztere nicht. Was sie aber sonst sein mögen, vermag ich auch nicht zu sagen. Vielleicht gehören sie zum Knorpelringe.

Für Ganglienknoten halte ich die hügelförmigen, flach conischen Polster, auf deren Höhe die Randbläschen, wie auf einem kurzen dicken Stiele flach aufsitzen. (Fig. 84, 85 f). Es sind ihrer so viele als Randbläschen vorhanden. Mit ihrer breiten flachen Basis ruhen sie unmittelbar auf dem Nervenringe, theilweise auch auf dem Knorpelringe und dem unteren dünnen Ende der marginalen Mantelspange. Der Inhalt besteht aus sehr hellen und blassen kugeligen Zellen, ähnlich denen im Randbläschen selbst, aber kleiner. Durch die Axe des kegelförmigen Ganglienhügels geht der Sinnesnerv, welcher von dem Nervenringe sich abzweigt. Das sehr verdünnte untere Ende der marginalen Mantelspange scheint sich noch über die äussere Fläche des Ganglion bis zur Basis des Randbläschens selbst fortzusetzen (Fig. 84). Wahrscheinlich dient der in der Spange liegende Muskel auch zur Bewegung (zum Aufrichten und Niederlegen?) des Randbläschens. Der Epithelialüberzug der Nervenknoten besteht aus sehr kleinen kernhaltigen polygonalen Zellen. Jede derselben scheint ein sehr langes und feines, starres Borstenhaar zu tragen, welches ungefähr ebensolang oder länger, als das Randbläschen selbst ist (Fig. 85). An der Basis ist jede Borste ein wenig verdickt, am freien Ende läuft sie in eine kaum sichtbare feine Spitze aus. Da die starren Fadenborsten nach allen Seiten von der Oberfläche des Ganglion ausstrahlen, bilden sie zusammen ein kegelförmiges, nach aussen offenes Wimperbüschel, in dessen Axe das

Randbläschen sitzt. Aehnliche starre Wimperborsten auf den Hügeln, welche die Randbläschen tragen, sind von GEGENBAUR bei *Aegineta sol maris*, von KEFERSTEIN und EHLERS bei *Aegineta corona* beschrieben worden. Ich halte sie für Tastborsten. Vielleicht stehen sie unmittelbar mit Nervenenden in Zusammenhang.

Aehnliche Tastborsten, welche frei in das Wasser vorragen, finde ich auch bei anderen Medusen wieder. Bei *Rhopalonema umbilicatum* (*Calyptra umbilicata*) sitzen drei Kränze von solchen langen Tastborsten unmittelbar über einander gürtelförmig an der knopfartig verdickten Spitze der starren interradialen Tentakeln, welche aus einem von Epithel überzogenen Knorpelstabe bestehen. Jeder Kranz besteht aus 20 bis 30 sehr langen und feinen Borsten von 0,1 mm Länge. Die Borsten der drei Gürtel alterniren mit einander. Sie stehen von der Mitte der kolbig angeschwollenen Tentakelspitze in einer Horizontalebene ab, rechtwinklig zur Tentakelaxe. Die Tentakelspitze kann aber in der Weise nabelförmig eingezogen werden, dass die Borstenkränze an das äusserste Ende des Tentakels selbst zu liegen kommen und hier einen nach aussen divergirenden conischen Büschel bilden.

6. Sinnesbläschen (Randbläschen).

Die Zahl der Randbläschen steigt, wie schon früher bemerkt wurde, bei *Cunina rhododactyla* von acht auf fünfzig bis hundert. Bei den jüngsten beobachteten Individuen, von 3 mm Durchmesser (Fig. 78) sind nur 8 Bläschen an der Spitze der 8 Randlappen vorhanden, welche mit den 8 Tentakeln alterniren. Späterhin wächst diese Zahl, indem neue Randbläschen in unbestimmter Reihenfolge neben den alten entstehen. Individuen mit 10 Tentakeln tragen in der Regel auf jedem Lappen 2 — 3 Randbläschen, ältere mit 12 Tentakeln 4 — 6 Bläschen. Das Maximum der Bläschenzahl auf einem Lappen scheint Acht zu sein. Bei einem der grössten beobachteten Individuen, von 11 mm Durchmesser, mit 15 Randlappen, zeigten sich die 89 Randbläschen in nachstehender Reihenfolge auf den Lappenkranz vertheilt: 5, 6, 7, 8, 5, 6, 4, 5, 6, 8, 4, 6, 7, 4, 8. Die Entfernung der Randbläschen von einander ist daher auch an verschiedenen Stellen eine ungleiche.

Die Randbläschen sitzen frei auf den oben beschriebenen conischen Ganglienknoten auf, welche zwischen der unteren Fläche der Velum-Insertion und dem unteren verdünnten Ende der marginalen Mantelspangen von dem Knorpelringe (n k) und dem Nervenringe (a) sich erheben (Fig. 82, 84). Die Form der Randbläschen ist cylindrisch, am freien Ende abgerundet und in der Mitte mehr oder weniger ring-

förmig eingeschnürt (Fig. 85). Ihre Länge beträgt 0,05 ^{mm} und ist
2—3mal so gross, als die Breite. Die Wand des Randbläschens wird
von einem Epithel gebildet, das aus sehr flachen Pflasterzellen besteht.
Den Inhalt bilden dichtgedrängte wasserhelle polyedrische Zellen. In
der Axe des Randbläschens verläuft der dünne blasse cylindrische
Strang, der bereits oben als Sinnesnerv beschrieben worden ist und
$^1/_3$ — $^1/_4$ so breit, als das Bläschen selbst ist. Das äussere Ende, oft die
ganze äussere Hälfte des Bläschens, nimmt ein Krystall ein, bis zu dessen
Peripherie der Nerv zu verfolgen ist. Seltener sind statt eines
Krystalls zwei hintereinander liegende vorhanden, und mehrere Male
wurde eine Reihe von drei Krystallen beobachtet, von denen der oberste
der grösste war. Die Krystalle scheinen ihrer Form nach dem rhom-
bischen Krystallsysteme anzugehören. Da übrigens sonst die sogenannten Otolithen in den Randbläschen der Craspedoten stets nicht krystal-
linische Concremente, und nur in denen der Acraspeden Krystalle sind,
so bietet in dieser Beziehung unsere *Cunina* eine sehr bemerkenswerthe
Ausnahme dar.

X. Verwandtschaft und Generationswechsel zwischen den Geryoniden und Aeginiden.

Eine unbefangene Vergleichung der ältesten beobachteten Knospen
von *Carmarina hastata* mit den jüngsten Individuen der *Cunina rhododactyla* lässt keinen Zweifel übrig, dass letztere in der That nichts
Anderes ist, als ein weiter entwickelter Zustand der Ersteren. Die
ältesten, am weitesten entwickelten Knospen der Zunge von *Carmarina
hastata*, mit einem Schirmdurchmesser von 1 ^{mm}, besitzen einen aus
acht gleichen homotypischen Abschnitten zusammengesetzten Körper
(Fig. 76 im Profil, Fig. 77 von unten). Der Rand des scheibenförmigen
Körpers ist in acht rundliche Lappen gespalten, deren Spitze ein frei
auf kurzem Stiele vorragendes Sinnesbläschen trägt. Der Zwischenraum zwischen den Lappen wird von dem oberen Theile des Velum
ausgefüllt. Entlang des Randes der Lappen verläuft, auf einen dünnen
Knorpelring gestützt, ein zusammenhängendes enges Ringgefäss, welches in der Tiefe der acht Randeinschnitte mit acht breiten flachen taschenförmigen Radialgefässen zusammenhängt, die von der Peripherie
des centralen flachen und weiten Magens ausstrahlen. In dem Grunde

jedes Randeinschnittes, zwischen der Basis je zweier benachbarter Lappen, ist ein solider cylindrischer Tentakel befestigt, welcher mittelst einer kegelförmigen knorpeligen Wurzel in die Scheibensubstanz eingesenkt und auf der oberen Fläche der entsprechenden radialen Magentasche in deren Mittellinie angewachsen ist. Der Tentakel selbst besteht aus einer soliden cylindrischen Axe, aus einer einzigen Zellenreihe gebildet, und überzogen von einem dünnen Muskelschlauche, über welchem ein Nesselepithel liegt.

Alles, was ich hiermit von den charakteristischen und wesentlichen Structurverhältnissen der ältesten, auf dem Zungenkegel der *Carmarina* aufsitzenden Knospen (Fig. 76, 77) ausgesagt habe, gilt wörtlich ganz ebenso von den jüngsten, frei im Meere gefischten Individuen der *Cunina rhododactyla*, von 3^{mm} Durchmesser (Fig. 78). Es ist in der That nicht eine einzige wesentliche Organisationsdifferenz zwischen Beiden vorhanden.

Die einzigen Unterschiede, welche die Zungenknospe der **Carmarina** (Fig. 77) und die jüngste freie Form der *Cunina* (Fig. 78) zeigen, sind folgende. Der Gallertschirm der Zungenknospe von *Carmarina* ist eine dicke, ziemlich flach gewölbte Scheibe von 1^{mm} Durchmesser, derjenige der *Cunina* eine meist stärker gewölbte, oft fast halbkugelige Scheibe von 3^{mm} Durchmesser. Die Tentakeln der *Carmarina*-Knospe sind plumper, dicker und kürzer, als die längeren und schlankeren der *Cunina*. Dagegen ist das cylindrische Mundrohr oder Magenrohr der ersteren im Verhältniss weit länger, als der sehr kurze, kaum über den flachen Magen vorragende Mundrand der letzteren. Ausserdem sind natürlich alle Theile der *Carmarina*-Knospe in entsprechendem Verhältniss kleiner, die Gallertsubstanz des Mantels weniger entwickelt, als bei der *Cunina*.

Es bedarf keines weiteren Beweises, dass diese Differenzen sämmtlich ganz unwesentliche sind, die sich beim fortschreitenden Wachsthum der Knospen von 1 zu 3^{mm} ganz allmählich verwischen werden. Der zunächst am meisten auffallende Unterschied, nämlich das lange Magenrohr der *Carmarina*-Knospe gegenüber dem kurzen Mundrand der *Cunina*, macht in der That nicht die geringste Schwierigkeit, da wir bereits von einer anderen *Cunina* wissen, dass das reife Thier gar kein vorspringendes Magenrohr, der Embryo desselben dagegen ein ausserordentlich langes und dünnes cylindrisches Magenrohr besitzt. Es ist dies die *Cunina octonaria* Mc. Crady, welche in erwachsenem Zustande unserer *Cunina rhododactyla* sehr ähnlich ist, dagegen als Embryo oder Larve noch ein weit längeres Magenrohr zeigt. Ich kann daher nicht mehr das geringste Bedenken tragen, die pelagisch gefischte *Cunina*

rhododactyla mit den achtstrahligen Knospen, welche auf der Zungenoberfläche der geschlechtsreifen *Carmarina hastata* hervorsprossen, für
identisch zu erklären. Ich kann um so weniger an dieser Identität zweifeln, als die *Cunina rhododactyla* im Golfe von Nizza stets nur in der
unmittelbaren Gesellschaft und Umgebung der *Carmarina hastata* zu
finden war. Beide Medusen-Arten erschienen während meines sieben-
wöchentlichen Aufenthalts an jener Küste nur an drei oder vier Tagen,
an diesen aber in grossen Schwärmen. Doch waren die *Carmarinen*
weit spärlicher vorhanden, als die *Cuninen*. welche sie in allen verschiedenen Entwickelungsstadien massenhaft begleiteten.

Die *Cunina rhododactyla*, eine frei schwimmende und Geschlechtsorgane entwickelnde achtstrahlige Meduse aus der Aeginiden-Familie,
wird also auf ungeschlechtlichem Wege, und zwar durch Knospung an
der Zungenoberfläche in der Magenhöhle, von der *Carmarina hastata*
erzeugt, einer scheinbar weit davon entfernten und ganz verschiedenen
sechsstrahligen Meduse aus der Geryoniden-Familie, einer Meduse,
welche ebenfalls frei umherschwimmt und Geschlechtsorgane producirt,
und welche sich ausserdem durch eine complicirte Metamorphose aus
einer sechsstrahligen Larve entwickelt, die sowohl der erwachsenen
Carmarina, als der *Cunina* sehr unähnlich ist!

Diese Thatsache, welche ich nicht mehr bezweifeln kann, ist in der
That so fremdartig und wunderbar, entspricht so wenig allen bekannten
Verhältnissen der heterogenen Fortpflanzung, dass ich es Niemand ver-
argen will, wenn er vorläufig meinen Angaben kein Vertrauen schenkt.
Ich würde selbst daran zweifeln, wenn ich nicht die leiblichen That-
sachen unmittelbar vor Augen sähe. Wir sind durch die vielen trefflichen Untersuchungen, welche in den letzten Decennien über die Naturgeschichte der Hydromedusen angestellt worden sind, mit einer ausserordentlichen Mannichfaltigkeit der merkwürdigsten Fortpflanzungsverhältnisse in dieser interessanten Thierclasse bekannt geworden. Alle
denkbaren Formen der geschlechtlichen und ungeschlechtlichen Fortpflanzung, des Generationswechsels und des Polymorphismus, scheinen
hier realisirt zu sein. Medusoide und polypoide Formen haben sich
in der mannichfaltigsten Weise combinirt gezeigt. Hier aber liegt eine
Thatsache vor, die sich keiner irgend bekannten Form des Generationswechsels anzuschliessen und eine ganz neue Form der Fortpflanzung zu
begründen scheint.

Leider bin ich nun nicht im Stande, aus dem vorliegenden Mate-
riale weitere Aufschlüsse über den ferneren Verlauf dieser höchst merkwürdigen Zeugungsform zu gewinnen, und eine der vielen und wichtigen Fragen zu beantworten, die sich angesichts dieser wunderbaren

Thatsache unwillkürlich aufdrängen. Auf welche Weise schlägt die achtstrahlige (und zuletzt sechzehnstrahlige) *Cunina* wieder in die Form der
sechsstrahligen *Carmarina* zurück? Wo kommen die sechsstrahligen Larven der letzteren her? Was wird aus den Geschlechtsproducten der beiden
anscheinend so weit verschiedenen Medusen? Zeugen auch die *Cuninen*
ungeschlechtlich? Als die verhältnissmässig einfachste Lösung des Räth-
sels würde noch diejenige erscheinen, dass sowohl aus der geschlechtlichen als aus der ungeschlechtlichen Zeugung der *Carmarina hastata*
dieselbe *Cunina rhododactyla* hervorgeht, und dass sowohl aus der geschlechtlichen, wie aus der ungeschlechtlichen Zeugung der letzteren
wieder die *Carmarina* entspringt. Oder pflanzt sich die *Cunina* nur
als *Cunina* fort, während die *Carmarina* gleichzeitig auf geschlecht-
lichem Wege ihres Gleichen, auf ungeschlechtlichem aber *Cunina*
producirt?

Auf diese und viele andere Fragen werden erst künftige Untersuchungen Antwort geben. Immerhin bin ich schon jetzt durch eine
möglichst genaue vergleichende anatomische Untersuchung beider Medusen in den Stand gesetzt, wenigstens von einer Seite her diese merkwürdigen Verhältnisse etwas aufklären zu können und sie weniger
wunderbar erscheinen zu lassen, als dies im ersten Augenblicke der
Fall ist. Es hat sich nämlich aus einer sorgfältigen Vergleichung des
anatomischen Baues der *Geryonide* und der aus ihr hervorknospenden
Aeginide ergeben, dass die beiden Medusen-Familien, denen sie
angehören, weit näher verwandt sind, als dies allgemein angenommen wird.

Da es bei einem so ausserordentlichen und von den gewohnten
Vorgängen so abweichenden Verhältnisse, wie das vorliegende, jedenfalls gerathen ist, in der Erklärungsweise die grösste Vorsicht anzu-
wenden, und alle, auch die entferntesten Möglichkeiten in Betracht zu
ziehen, so mögen zuvor ein paar Worte über die Frage eingefügt werden, ob wir es nicht möglicherweise hier mit einem Parasitismus
zu thun haben? Dieses Verhältniss ist unter den Medusen überhaupt
äusserst selten. Durch Krohn haben wir die merkwürdige *Mnestra
parasites* kennen gelernt [1]), eine kleine Meduse aus unbestimmter Familie, welche stets an derselben Körperstelle eines Weichthieres, und
zwar der *Phyllirrhoe bucephalum*, äusserlich angesaugt gefunden wird.
Viel wichtiger für unseren Fall ist der seltsame Parasitismus, der neuerdings von einer *Aeginide* durch die trefflichen Untersuchungen Mc. Crady's

---

bekannt geworden ist[1]). In der Mantelhöhle einer Oceaniden – Meduse aus dem Hafen von Charleston, der *Turritopsis nutricola*, finden sich in Menge und in verschiedenen Entwickelungszuständen die Larven einer frei schwimmenden Aeginide vor, der *Cunina octonaria Mc. Crady*. Die jüngsten flimmernden Larven bilden einen kleinen keulenförmigen Körper, der mittelst des dünn auslaufenden Stieles in der Mantelhöhle der *Turritopsis* befestigt ist. Das andere dickere Ende treibt zwei schlanke und biegsame Tentakeln, die sich bald verdoppeln. Bisweilen treibt die Larve jetzt schon Knospen von ihresgleichen. Dann bekommt sie ein sehr dünnes und langes rüsselförmiges Magenrohr. Zwischen den vier Tentakeln sprossen vier andere hervor, und gleichzeitig mit diesen, und mit allen acht Tentakeln alternirend zeigen sich an einer Ringfalte, die sich von der Mitte des Körpers abhebt (der Anlage des Schirmrandes) acht Randbläschen. Die kleinen Larven halten sich in der Mantelhöhle der *Turritopsis* an den Wänden derselben und des Magenstiels fest mittelst der vier primären, nach dem Aboralpol hinauf gekrümmten Tentakeln, während das sehr lange rüsselförmige Magenrohr der Schmarotzer durch die Mundöffnung ihres Wohnthieres in dessen Magenhöhle hinein gestreckt wird und hier Nahrung aufnimmt. Gewiss ist diese schon an sich höchst auffallende Form des Parasitismus um so merkwürdiger, als hier eine Meduse in einer Meduse schmarotzt, und der erste und natürlichste Gedanke, den auch Mc. Crady in seiner ersten ausführlichen Darstellung desselben hatte und festhielt, ist der, dass jene, gewissen Hydroidpolypen sehr ähnlichen Larven nicht die Schmarotzer, sondern die Nachkommen der Oceanide sind. Erst später, als Mc. Crady die völlige Umwandlung der mit langem Magenrohr versehenen schmarotzenden Larven in die freischwimmende, desselben entbehrende *Cunina octonaria* nachgewiesen hatte, liess er jene erste Annahme fallen und entschied sich für den Parasitismus der Larven. In der That scheint mir auch jetzt noch diese Deutung die wahrscheinlichste, wenngleich andrerseits, bei Erwägung der sogleich darzulegenden Verhältnisse, doch der Gedanke nicht ganz ausgeschlossen werden darf, dass Mc. Crady's erste Deutung die richtigere war und dass die *Cunina octonaria* wirklich die Brut der *Turritopsis nutricola* ist.

Höchst wahrscheinlich hat jedoch dieses merkwürdige Verhältniss mit demjenigen, welches uns hier vorliegt, nur eine oberflächliche und äusserliche Aehnlichkeit, obgleich die *Cunina octonaria* durch ihre ganze Form und Structur, durch die acht Randlappen und Tentakeln, wie

---

[1]) Proceedings of the Elliott Society of Charleston (South-Carolina). Vol. I, 1859, p. 55 — 90, p. 209 — 212.

durch die Bildung der Randbläschen und ihrer Spangen, der jüngsten achtstrahligen Form unserer *Cunina rhododactyla* sehr nahe steht. Dass aber bei der letzteren kein Parasitismus stattfindet, scheint mir schon aus der oben gegebenen Darstellung des Knospungsprocesses auf der Oberfläche des Zungenkegels zur Genüge erwiesen zu sein. Die Zunge der *Carmarina hastata* ist ein selbstständiges Organ, welches auch bei den nicht knospentreibenden Thieren völlig entwickelt ist (Fig. 4, 5). Die Entwickelung der Knospen aus ihrer Oberfläche lässt sich vom ersten Anfange an Schritt für Schritt verfolgen (Fig. 75, Fig. 94 A — F). Die Knospen sind mit einem grossen Theile ihrer Aboralfläche fest der Oberfläche des Zungenkegels verbunden und nur durch Continuitätstrennung davon ablösbar. Wie mit diesen und den übrigen oben geschilderten Verhältnissen die Annahme eines Parasitismus der *Cunina*-Embryonen sich vereinbaren lassen sollte, vermag ich nicht einzusehen.

Es bleibt also in der That nichts Anderes übrig, als die Gewissheit, dass die sechsstrahlige *Carmarina* und die achtstrahlige *Cunina* durch wirkliche Blutsverwandtschaft auf's nächste verbunden sind und einer und derselben »S p e c i e s« angehören, d. h. einem Formenkreise, dessen Glieder nachweisbar durch die engste Blutsverwandtschaft zusammenhängen.

Nun sind aber die *Geryoniden*, zu denen die *Carmarina* und die *Aeginiden*, zu denen ihre Knospe, die *Cunina* gehört, bisher als völlig verschiedene Medusen – Familien allgemein behandelt worden. Nach den übereinstimmenden Ansichten sämmtlicher neuerer Naturforscher, welche die Medusen untersucht haben, sind die *Aeginiden* von allen übrigen craspedoten Medusen in weit höherem Grade verschieden, als es je zwei andere Familien dieser Ordnung unter sich sind. Namentlich wird als Hauptkriterium stets angeführt, dass bei den Aeginiden bloss »blinde taschenförmige Fortsätze« von dem Magen ausgehen und dass ein Ringgefäss fehlt, während bei allen übrigen Craspedoten »radiale Canäle« vom Magen ausgehen, die am Rande durch ein Ringgefäss verbunden sind. GEGENBAUR, der von den neueren Autoren die Aeginiden noch am nächsten mit den anderen Craspedoten verbindet und sie am Ende derselben als eine besondere Familie auf die Geryoniden folgen lässt, sagt von den Aeginiden: »Unstreitig ist dies wohl die am wenigsten gekannte und von den bis jetzt von den Medusen gebräuchlichen Vorstellungen die grössten Abweichungen darbietende Gruppe, die sich aber eben dadurch um so mehr gegen andere Familien hin abschliesst. und bei nur geringen verwandtschaftlichen Beziehungen von allen übrigen die grösste Einheit und Abrundung bietet«. Viel weiter gehen in der Trennung der Aeginiden von den übrigen niederen Medusen zwei andere neuere Bearbeiter derselben, Fritz Müller und Agassiz.

Fritz Müller, der treffliche Forscher, der bisher allein eine genaue anatomische und embryologische Darstellung einer Aeginide (der *Cunina Köllikeri*) gegeben hat[1]), glaubt gerade auf deren Ergebnisse hin die Aeginiden ganz von den Craspedoten oder Cryptocarpen abtrennen zu müssen[2]). Er theilt die ganze Classe der *Hydromedusen* in 4 Ordnungen: 1., Siphonophoren; 2., Hydroiden (Craspedoten nach Ausschluss der Aeginiden); 3., Acalephen (Acraspeden nach Ausschluss der Charybdeiden); 4., Aeginoiden (Aeginiden und Charybdeiden). Diese Aenderung wird auch von Leuckart gebilligt.

Agassiz andrerseits nimmt in seinem grossen Medusenwerke die Aeginiden sogar ganz zu den höheren Medusen (Phanerocarpen oder Acraspeden) hinüber. Er trennt diese Hauptabtheilung (Ordnung der Discophorae) gänzlich von den Hydroiden ab und theilt sie in drei Unterordnungen: 1., Rhizostomeen; 2., Semaeostomeen (Aureliden, Sthenoniden, Cyaneiden, Pelagiden); 3., Haplostomeen (Aeginiden, Brandtiden, Charybdeiden, Marsupialiden und Lucernariden). Wegen der weiten blinden radialen Magentaschen und des Mangels eines Cirkelcanals glaubt Agassiz die Aeginiden unmittelbar mit den Ephyren, den Jugendformen der Aureliden, zusammenstellen zu können (l. c. p. 3).

Gegenüber dieser Auffassung glaube ich durch die obengegebene möglichst sorgfältige anatomische Analyse der *Cunina rhododactyla* und der Geryoniden dargethan zu haben, dass diese beiden Medusenformen im inneren Baue und zwar in den wesentlichsten Beziehungen desselben, ja sogar in der feineren histologischen Structur auf das nächste verwandt sind, und wenn wir einen weiteren vergleichenden Blick auf die anatomischen Verwandtschaftsverhältnisse der Geryoniden, einerseits zu den Aeginiden, andrerseits zu den übrigen Craspedoten werfen, dürfte sich leicht herausstellen, dass die ersteren zwischen den beiden letzteren in der Mitte stehen, ja sogar, dass die Geryoniden (namentlich im Larvenzustande) noch näher den Aeginiden, als den übrigen Craspedoten verwandt sind. Da Fritz Müller die entgegengesetzte Ansicht am eingehendsten begründet und zugleich auf eine sehr sorgfältige anatomische Analyse einer Aeginide gestützt hat, so werde ich alle einzelnen von ihm angebrachten Argumente mit meinen Untersuchungsresultaten vergleichen.

---

1) Archiv für Naturgeschichte. XXVII., 1. 1861. p. 42, Taf. IV.

2) Ibid. p. 303 (Ueber die systematische Stellung der Charybdeiden).

Die Scheibe der Hydroidmedusen oder Cryptocarpen (Craspedoten) — sagt Fritz Müller (l. c. p. 306· »ist stets ganzrandig, und wie
bei den Acalephen glatt oder etwa mit schwach vorspringenden, von
der Mitte des Rückens ausgehenden Leisten versehen. — Dagegen ist
die Scheibe der *Cunina* und ihrer Verwandten häufig, wo nicht immer,
am Rande gekerbt, und wie bei den Charybdeiden, von mehr weniger
tiefen, mehr weniger weit auf die Rückenfläche sich fortsetzenden Furchen durchzogen«. Das Letztere ist vollkommen richtig. Allein ganz
dieselben Einschnitte des Scheibenrandes, welche sich auch als seichte
centripetale Furchen eine Strecke weit auf der Aussenfläche des Schirmes
hinaufziehen, finde ich auch bei den Geryoniden; nur dass sie hier
nicht so tief und weit gehend sind, wie bei den Aeginiden: desshalb
springen auch die dadurch entstehenden Lappen des Randes weniger
auffallend vor, als bei den letzteren. Die Zahl der Randeinschnitte entspricht der Zahl der unmittelbar über denselben sitzenden Randbläschen
und der marginalen Mantelspangen, die von ihnen ausgehen. Selbst
an erwachsenen geschlechtsreifen Thieren von *Carmarina* (Fig. 1, 2)
und noch mehr von *Glossocodon* (Fig. 13—15) tritt diese Kerbung des
Randes durch 12 oder 8 Einschnitte noch deutlich hervor. Weit auf-
fallender erscheint dieselbe oft an den Larven beider Arten (Fig. 55—
59, 65; Fig. 36—38. 40, 41). Es ist also in der That bei den Geryoniden der Schirmrand ebenso (nur weniger tief) wie bei den Aeginiden
(Fig. 78—80) eingeschnitten und dem entsprechend auch das Velum
bei beiden Familien an den Stellen, welche den radialen Einschnitten
entsprechen, breiter als an den dazwischenliegenden.

»Die Cryptocarpen« — sagt Fritz Müller weiter, »haben stets
Strahlgefässe und Ringcanal, und zwar erstere, ausser bei sehr grosser
Menge, in fester Zahl. Bei den Aeginiden dagegen hat der Magen breite
Seitentaschen in oft schwankender Zahl, nie Strahlgefässe oder Ringcanal«. Diese Differenz wird allgemein als die durchgreifendste und
namentlich der Mangel des Ringcanals von allen Autoren als
der wesentlichste Charakter der Aeginiden angesehen. Dass diese Behauptung irrig ist, habe ich oben bei der Anatomie der *Cunina rhododactyla* bestimmt nachgewiesen. Diese Aeginide, und ebenso die *Cunina
albescens*, die ich ebenfalls hierauf untersuchte, haben einen vollkomm-
nen Ringcanal am Schirmrande, so gut, wie alle anderen Craspedoten,
nur dass er verhältnissmässig viel enger ist. Sowohl auf Querschnitten
lässt sich sein Lumen (Fig. 81, 82c) als auf Flächenansichten sein cha-
rakteristisches Epithel (Fig. 84 c s) ebenso leicht als bestimmt nachweisen. Ebenso sind auch die so sehr hervorgehobenen »blinden
Seitentaschen des Magens« der Aeginiden, die als etwas ganz

Besonderes angesehen zu werden pflegen, ganz gewöhnliche, nur etwas breite und flache Radialcanäle, die innen in den Magen, aussen in das Ringgefäss einmünden. Ganz ebenso breit und flach findet man auch die taschenähnlichen Radialcanäle von jugendlichen Geryoniden-Larven (Fig. 36 — 38, 56 — 58) wo, besonders bei sehr jungen *Glossocodon*, die Interstitien zwischen den breiten Radialcanälen f] schmäler sind als diese selbst. Hiermit ist also die Hauptscheidewand zwischen den Aeginiden und den anderen Craspedoten gefallen.

»Die Tentakeln der Cryptocarpen«, fährt Fritz Müller fort, »sind von sehr wechselndem Bau, nehmen aber doch stets die unmittelbare Nähe des Ringgefässes ein. — Bei den Aeginiden dagegen sind die Tentakeln, nie die Zahl der Magentaschen überschreitend, stets rückenständig, oft sehr fern vom Rande entspringend; ausserdem sind sie bald durch eine eigenthümliche Starrheit, bald wieder durch eine, bei anderen Medusen gar nicht bemerkte Beweglichkeit ausgezeichnet«. Auch dieser Unterschied ist nicht durchgreifend. Vielmehr stimmen auch in dieser Beziehung die Larven der Geryoniden ganz auffallend mit den Aeginiden überein. Sowohl bei den älteren Larven von *Curmarina* (Fig. 56 — 58) als von *Glossocodon* (Fig. 36 — 40) entspringen die interradialen sowohl als die radialen soliden Tentakeln auf der Rückenfläche der Scheibe, fern vom Rande, mit dem sie nur durch die marginalen Mantelspangen verbunden sind. Ferner haben sie ganz denselben »starren« Habitus und denselben eigenthümlichen Bau wie die Tentakeln der *Cunina*: ein Knorpelcylinder, aus einer Reihe grosser Zellen gebildet, und überzogen von einem Schlauche von Längsmuskeln, über welchem das nesselnde Epithel liegt.

»In der Bildung der Geschlechtstheile endlich«, sagt zuletzt Fritz Müller, »schliessen sich die Hydroidquallen den Acalephen oder Phanerocarpen an; denn obschon von ungemeinem Formenreichthume, nehmen sie doch stets die äussere Wand des Gastrovascularsystems ein und entleeren ihre Producte nach aussen. Die Geschlechtsstoffe der *Cunina* dagegen bilden sich im Innern der Seitentaschen, und zwar in den seitlichen Winkeln derselben, von wo ihre Bildungsstätte hufeisenförmig von einer Tasche zur andern sich hinüberzieht«. Auch diese Differenz kann ich nur bis zu einem gewissen Grade gelten lassen und kann sie ausserdem nicht für wesentlich halten. Gerade durch die eigenthümliche Bildung der Geschlechtsorgane scheinen mir die Geryoniden näher mit den Aeginiden, als mit allen anderen Medusen verwandt zu sein. Bei Beiden sind die Radialcanäle zu blattförmigen Taschen erweitert und bei Beiden ist es das Epithel der unteren (subumbralen) Wand der blattförmigen Canaltaschen, aus

welchem sich unmittelbar die beiderlei Geschlechtsproducte entwickeln.
Der einzige, und, wie mir scheint, nicht wesentliche Unterschied besteht darin, dass bei den Geryoniden sich diese taschenförmigen Erweiterungen nur während der Geschlechtsreife entwickeln, dann aber
auf dem g r ö s s t e n Theile ihrer unteren Fläche (die radiale Mittellinie
ausgenommen) Samenzellen und Eier produciren, während dieselben
bei den Aeginiden zu allen Zeiten gefunden werden und nur auf einem
kleinen Theile ihrer unteren Fläche (namentlich an der Umbiegungsstelle
einer Tasche in die andere) Geschlechtsproducte entwickeln. Auch bei
den Geryoniden sind es, wie bei den Aeginiden, nur die s e i t l i c h e n
T h e i l e der unteren (subumbralen) Fläche der blattförmigen Radialcanäle, welche Eier und Samenzellen liefern, während das Epithel der
radialen Mittellinie derselben unverändert bleibt. Ob die Geschlechtsproducte direct nach aussen, oder erst in die Höhlung des Gastrovascularsystems und dann durch den Mund nach aussen entleert werden,
scheint mir gleichgültig zu sein und ich glaube, dass z. B. bei den Geryoniden beide Arten der Ausführung der Genitalproducte neben einander vorkommen.

Es bleibt also von allen Differenzen zwischen den Aeginiden und
den übrigen Craspedoten, auf Grund deren FRITZ MÜLLER beide trennen
will, nur noch eine einzige übrig, die verschiedene Beschaffenheit der
R a n d b l ä s c h e n, welche bei den Craspedoten, »wenn vorhanden, stets
rundlich und sitzend«, bei den Aeginiden dagegen »meist gestielt« sind.
Diese Verschiedenheit ist nun allerdings gerade zwischen den Geryoniden
und Aeginiden vorhanden, und sie ist sogar, wie die von mir gegebene
Darstellung ihres feineren Baues lehrt, bedeutender als man glaubte.
Die Randbläschen der Geryoniden finde ich in der Gallertsubstanz des
Mantelrandes eingeschlossen, diejenigen der *Cunina* frei auf einem Vor-
sprunge der Randlappen sitzend. Die Differenz ihres feineren Baues
springt bei der Vergleichung der oben gegebenen genauen Darstellung
der Randbläschen von *Carmarina* (Fig. 7, 8) und von *Cunina* (Fig. 84,
85) klar vor Augen. Doch glaube ich, dass auch diese Structurdiffe-
renzen grösser scheinen, als sie sind. In beiden Fällen liegt der sogenannte Otolith (k) unbeweglich eingebettet in eine solide Zellenmasse
welche von einer Membran kapselartig eingeschlossen ist und welche
ich als Sinnesganglion (s) bezeichnet habe. In beiden Fällen tritt der
Sinnesnerv (n) von einem hügelförmigen Ganglion (f) aus, welches
das Randbläschen trägt, in die Zellenmasse jenes Sinnesganglion hinein
und läuft durch sie hindurch zum Otolithen. Der Hauptunterschied
beschränkt sich also erstens darauf, dass bei *Carmarina* zwei sich kreu-
zende, bei *Cunina* ein einfacher Sinnesnerv vorhanden ist, und zwei-

tens darauf, dass bei den innerlich eingeschlossenen Randbläschen der
Geryoniden das Sinnesganglion noch von einer in einer grossen Blase
enthaltenen wässerigen Flüssigkeit umspült wird, während dasselbe bei
den äusserlich gelegenen Randbläschen der *Cunina* ohne weitere Hülle,
als die dünne Membran, frei in das Seewasser hineinragt und hier
noch von den Borsten umstellt ist, die von dem Ganglion (f) ausstrahlen (Fig. 85).

Ausserdem aber ist sicher gerade die Structur von so äusserlich
gelegenen Sinnesorganen, die sich der Verschiedenheit der äusseren
Verhältnisse in so hohem Maasse anpassen können und müssen, für die
wahre Erkenntniss der inneren Verwandtschaft nur von sehr unter-
geordnetem Werthe. Wohl keine anderen Körpertheile bieten bei
nächstverwandten Thieren so bedeutende Differenzen dar, wie es bei
den Sinnesorganen der Fall ist, und es ist auch in der That praktisch
längst annerkannt, dass diese Organe für die Systematik nur von unter-
geordnetem Werthe sind. Da dieselben die Erkenntniss der Aussen-
welt vermitteln, so werden sie von dieser selbst auf das vielfachste
beeinflusst und durch die Anpassung an jene geht ihr erblicher Charakter früher und vollständiger verloren, als es bei anderen Körper-
theilen der Fall ist. Wie verschieden ist z. B. das Auge bei beiden
Generationen der Salpen gebildet! Die craspedoten Medusen selbst
liefern das beste Beispiel, wie ausserordentlich verschieden bei sonst
sehr nahe verwandten Thieren die Sinnesorgane sich gestalten können.
An derselben Stelle, wo bei den Einen ein einfacher Pigmentfleck, bei
den Anderen ein solcher mit lichtbrechendem Medium liegt, finden wir
bei einer anderen Reihe theils bläschenförmige, mit Flüssigkeit erfüllte,
theils solide Körper, welche in eine Zellenmasse eingehüllt eine Concretion oder einen Krystall enthalten, zu welchen ein besonderer Nerv
tritt. Mit Rücksicht hierauf glaube ich der Differenz, welche sich
zwischen den Sinnesbläschen der Geryoniden und Aegiuiden findet,
nur eine untergeordnete Bedeutung zuschreiben zu müssen.

Abgesehen aber von dieser Verschiedenheit der Sinnesbläschen,
ist wohl durch die oben gegebene vergleichende Anatomie der *Carmarina* und der *Cunina* die ausserordentlich nahe anatomische Verwandtschaft der bisher für sehr verschieden gehaltenen beiden Medusen-
Familien in klares Licht gestellt worden. Ein vergleichender Blick auf
die schematischen Körperdurchschnitte Fig. 95 — 99 lehrt das besser,
als jede weitläufige Deduction. Zwei Puncte aber scheinen mir noch
eine besondere Berücksichtigung zu verdienen. Es ist dies erstens die
Bildung der marginalen Mantelspangen, welche bei der *Carmarina*, wie bei der *Cunina* wesentlich denselben Bau besitzen, und

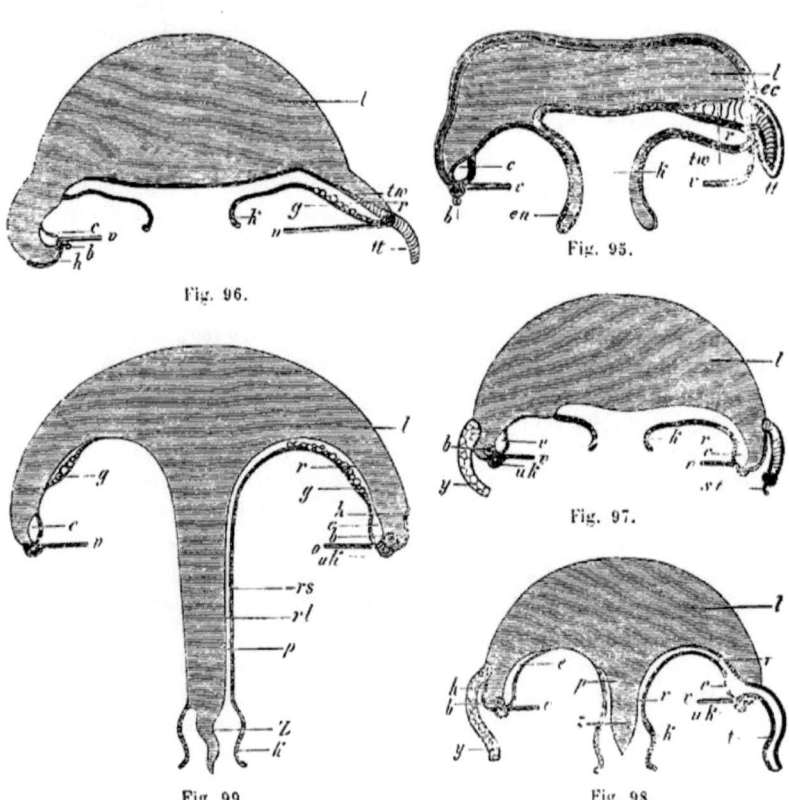

Fig. 95.

Fig. 96.

Fig. 97.

Fig. 99.

Fig. 98.

Fig. 95—99. Schematische radiale Verticalschnitte. Fig. 95. Zungenknospe von *Carmarina hastata*. Fig. 96. Ausgebildete geschlechtsreife *Cunina rhododactyla*. Fig. 97. Larve von *Carmarina* aus der vierten Periode. Fig. 98. Larve von *Carmarina* aus der sechsten Periode. Fig. 99. Ausgebildete geschlechtsreife *Carmarina hastata*. b Randbläschen. c Ringcanal. e Centripetalcanal. g Geschlechtsproducte. h Marginale Mantelspangen. k Magen. l Gallertmantel. o Mund. p Magenstiel. r Radialcanal. r l Umbrales, r s subumbrales Epithel des Radialcanals. s t Radialer Knorpeltentakel. t Hohler radialer Haupttentakel. t t Radialer Knorpeltentakel. t w Wurzel desselben. u k Ringknorpel. v. Velum. y Interradialer Knorpeltentakel. z Zunge. Sämmtliche Schnitte sind aus zwei verschiedenen Hälften zusammengesetzt. Die linke Hälfte jeder Figur stellt einen Verticalschnitt dar, welcher durch eine interradiale, die rechte Hälfte einen solchen, welcher durch eine radiale Meridianebene geführt ist.

welche meines Wissens bei anderen Medusen-Familien nicht vorkommen. Ganz besonders wichtig aber ist zweitens die besondere Beziehung, welche die *Cunina* zu der Larve der *Carmarina* hat. Vergleicht man den Durchschnitt der Larve (Fig. 97) mit demjenigen der erwachsenen *Carmarina* (Fig. 99) einerseits, mit demjenigen der *Cunina* (Fig. 96) andrerseits, so ist ohne weiteres klar, dass die Larve weit mehr Uebereinstimmung mit der letzteren, als mit der ersteren besitzt. Der für die erwachsene Geryonide so charakteristische Magenstiel (p) mit seiner zungenförmigen Verlängerung in die tief glockenförmige Magenhöhle und mit den sechs in seiner Oberfläche getrennt aufsteigenden Radialcanälen fehlt der Larve noch völlig. Vielmehr führt hier, ganz wie bei *Cunina*, der einfache weite Mund sogleich in eine flache niedrige taschenförmige Magenhöhle, von deren Umkreis unmittelbar die flachen taschenförmigen Radialcanäle ausstrahlen, um an der flachen Unterseite des Schirmes zum Rande zu laufen und sich dort durch das Cirkelgefäss zu verbinden. Die Larve der *Carmarina* besitzt nur solide, starre Knorpeltentakeln (Fig. 65 st), ganz gleich gebaut denen der *Cunina* (Fig. 83), zusammengesetzt aus einem Knorpelcylinder, der von einem Längsmuskelschlauche und darüber von einem einfachen einschichtigen Epithel überzogen ist. Die erwachsene *Carmarina* dagegen, die Imago, hat nur knorpellose, sehr contractile, hohle Tentakeln, die in gröberen wie im feineren Baue gänzlich von jenen ersten verschieden und aus einer inneren Ring- und äusseren complicirten Längsfaserschicht zusammengesetzt, darüber von einem mehrschichtigen Epithel überzogen sind (Fig. 60 — 62). Diese hohlen Tentakeln entspringen aus dem Cirkelcanal am Schirmrande (Fig. 98 t), während die Knorpeltentakeln der Larve, gleich denen der *Cunina*, aus der Rückenfläche des Schirmes entspringen.

In allen diesen wichtigen Beziehungen steht ohne Zweifel die Larve der *Carmarina* weit näher der *Cunina*, als der erwachsenen Imago, in welche sie sich allmählich verwandelt. Fände man diese drei Formen neben einander im Meere, ohne von ihren Beziehungen etwas zu wissen, so würde man zweifelsohne im Systeme die *Cunina* und die Larve der *Carmarina*, etwa als zwei Gattungen einer Familie, zusammenstellen, während man die erwachsene *Carmarina* als eine weit davon verschiedene Gattung sicher in eine andere Familie stellen würde [1]).

---

1) Ich schrieb diese willkürliche Voraussetzung nieder, ohne daran zu denken, dass dieser Fall in Wirklichkeit längst eingetreten ist. ESCHSCHOLTZ hat in seinem trefflichen »System der Acalephen« die *Eurybia*, welche weiter nichts, als eine Geryoniden-Larve ist, unmittelbar neben *Cunina* in die Familie der Aequoriden

Diese Erwägung der nahen verwandtschaftlichen Beziehungen zwischen den embryonalen Formen der Geryoniden und den erwachsenen Aeginiden führt uns zu den wichtigsten Betrachtungen über die allgemeine Stellung der letzteren Familie, die auch für unseren speciellen Fall hier von besonderem Interesse sind. Zuvor jedoch ist es nöthig, ausser den bereits erörterten Grundzügen des anatomischen Baues der Aeginiden auch die sämmtlichen bekannten Entwickelungs-Verhältnisse dieser merkwürdigen Familie in Betracht zu ziehen. Was man davon bisher wusste, ist ausserordentlich wenig. Dieses Wenige aber ist dennoch von der höchsten Wichtigkeit. Ich werde desshalb alles bisher Bekannte hier kurz zusammenfassen.

Die erste und lange Zeit einzige, auf die Entwickelung der Aeginiden bezügliche Beobachtung wurde 1851 von JOHANNES MÜLLER veröffentlicht[1]. Er beobachtete den bewimperten Jugendzustand der zweiarmigen *Aeginopsis mediterranea (Campanella mediterranea Agassiz)*, welcher sich von dem halbkugeligen erwachsenen Thiere, ausser durch das Wimperkleid, auch noch durch länger gestreckte, fast cylindrische Körperform und durch viel geringere Länge der beiden Tentakeln unterscheidet. JOHANNES MÜLLER macht am Schlusse seiner Mittheilung folgende Bemerkung: »Da die jüngsten Exemplare Wimperbewegung auf der Oberfläche des Körpers besitzen, so scheinen sie dem Embryonenzustande noch nahe zu stehen. Der Umstand aber, dass sie in diesem Zustande in der Form und namentlich in den Armen von der späteren Medusenform wenig abweichen, scheint darauf hinzudeuten, dass diese Gattung von Medusen dem Generationswechsel vielleicht nicht unterworfen sein könne«.

Diese vorsichtige Bemerkung JOHANNES MÜLLER's wurde von den folgenden Autoren nicht mit derselben Vorsicht aufgenommen und verwerthet. Vielmehr gründete man auf diese eine, und noch dazu unvollständige Beobachtung den Schluss, dass alle Aeginiden sich nur auf homogenem Wege fortpflanzten und entweder durch geschlechtliche oder ungeschlechtliche Zeugung stets nur Ihresgleichen producirten. Ausserdem zog man daraus weiter den ebenfalls irrigen Schluss, dass das Wimperkleid jugendlicher Medusen für ihre Abkunft aus Eiern beweisend sei, obwohl doch zu dieser Annahme gar kein Grund vorlag, und nicht einmal von den bewimperten Embryonen der *Aeginopsis*

(die dritte der Cryptocarpen) gestellt, während er die Geryoniden als eine eigene Familie (die erste der Cryptocarpen) ansah.

[1] MÜLLER's Archiv, 1851, p. 272, Taf. XI.

mediterranea selbst ihre Abkunft aus Eiern ermittelt, sondern bloss vermuthet war.

Eine zweite wichtige Beobachtung in diesem Gebiete wurde von Kölliker 1853 mitgetheilt[1]). Dieser Forscher beschreibt unter dem Namen *Stenogaster complanatus* eine kleine Aeginide von 1‴ Durchmesser, mit 16 Tentakeln und 16 Sinnesbläschen (wahrscheinlich eine *Cunina*). Diese kleine Meduse wurde von ihm in Messina nur einmal, und zwar in der Leibeshöhle von *Eurystoma rubiginosum* gefunden. Unter letzterem Namen beschreibt Kölliker eine andere Aeginide von 5 — 6‴ Durchmesser, welche vermuthlich unserer *Cunina rhododactyla* nahe steht, und welche eine halbkugelige Scheibe mit 10 Randlappen, 10 Tentakeln und je 6 — 8 Randbläschen zwischen je 2 Tentakeln besitzt. In der Leibeshöhle (wahrscheinlich Magenhöhle) von *Eurystoma* fand nun Kölliker ausser jenem *Stenogaster* »noch viele Formen, die höchst wahrscheinlich junge Zustände des *Stenogaster* sind. Es zeigten sich da: 1., ovale kleine Körper mit einer äusseren Rindenlage und einer inneren geschlossenen Cavität, von denen nach einer Seite ein kurzer Arm abging: 2., ähnliche etwas grössere Embryonen mit 2 von entgegengesetzten Seiten abgehenden Fangfäden; 3., ebensolche mit 4 kreuzweise gestellten Armen; 4., endlich noch grössere mit 5 und 6 Armen«. Kölliker deutet diese Beobachtung dahin, »dass das fragliche Individuum von *Eurystoma* von einem ganzen Schwarm junger *Stenogaster* (mit dem *Eurystoma* unmöglich im Zusammenhang stehen kann) einige in sich aufgenommen hatte«.

Die wahrscheinlich richtige Erklärung dieser Beobachtung wurde erst 1861 von Fritz Müller in Desterro gegeben, welcher die Behauptung aufstellte, dass *Stenogaster* nichts Anderes als die Brut von *Eurystoma* sei, und diese Behauptung durch die ausführliche Schilderung eines ganz ähnlichen Fortpflanzungsvorganges an einer brasilischen *Cunina* begründete[2]). Diese Aeginide, welche er *Cunina Köllikeri* nennt, besitzt einen meist achtstrahligen Schirm von 6½ᵐᵐ Durchmesser, zwischen den 8 Tentakeln 8 Randlappen, und an jedem der letzteren 1 — 3 Randbläschen. Ausser den achtzähligen Individuen kommen jedoch bisweilen auch Andere mit 6 — 7, seltener mit 9 gleichen Körperabschnitten vor. Im Magen und seinen Nebentaschen findet sich sowohl bei den geschlechtsreifen Individuen (die stets männlichen Geschlechts waren), als bei älteren, bei denen bereits die Samenbildung erloschen ist, in reicher Menge junge Brut, deren Segmentzahl von 1, 2, 4 bis auf 12 steigt. Die jüngsten Knospen, die sich eben erst als rundliche

---

1) Zeitschrift für wiss. Zool. IV, 1853, p. 322, 327.
2) Archiv für Naturgeschichte XXVII, 1, 1861, p. 42. Taf. IV.

Knöpfchen von der Magenwand abgelöst haben, tragen nur einen einzigen, die nächstälteren zwei gegenständige Tentakeln. In der Mitte
zwischen diesen entstehen zwei neue: »dann ein Tentakel zu jeder Seite
des ersten, wie des zweiten Tentakels, endlich ein Paar vor und ein
anderes hinter den mittleren Tentakeln. Nicht selten bleibt die Zahl
der Tentakeln auf 11 oder 10, seltener auf 9 beschränkt«. Ein einziges
Mal kam auch eine Form mit 13 Tentakeln vor. Die zwölfstrahligen
Caninen sind ihrem achtstrahligen Vater, in den sie natürlich nicht
durch Verwandlung übergehen können, im Uebrigen sehr ähnlich, die
jüngeren mit einem Flimmerepithel versehen, gleich dem der Magenhöhle, aus der sie hervorgesprosst sind. Das weitere Schicksal der
beiderlei Formen von *Cunina Köllikeri* ist unbekannt.

Ein weiterer Fall von Knospenbildung im Magen einer Aeginide
ist schon früher (1854) von GEGENBAUR mitgetheilt worden [1]. In dem
peripherischen Theile des Magens von *Cunina prolifera* (späterhin *Aegineta prolifera* genannt), welche einen Schirm von 11 mm Durchmesser
und 16 Tentakeln nebst 20 Randbläschen besitzt, finden sich dicht gedrängt zahlreiche kleine Knospen, die noch, während sie als runde
Knöpfchen an der Magenwand festsitzen, die Anlage von vier im
Kreuz stehenden Tentakeln erkennen lassen. Nach der Ablösung bleiben die Knospen noch in der Magenhöhle der Mutter und erhalten hier
die übrigen Tentakeln und die Randbläschen. Dieselbe Art ist auch
von KEFERSTEIN und EHLERS [2] später (1860) in Messina wiedergefunden
und als *Aegineta gemmifera* beschrieben worden. Der Unterschied
beider Arten soll darin bestehen, dass die Magensäcke der *Aegineta
prolifera* »halbbogenförmig abgerundet«, bei *A. gemmifera* »sanft abgerundet« sind, und dass das Velum bei ersterer »breit und schlaff her-
unter hängend«, bei letzterer »schmal und straff« ist. Offenbar reduciren sich diese Differenzen auf verschiedene Contractionszustände.
Auch beschreiben KEFERSTEIN und EHLERS die Knospung ebenso wie
GEGENBAUR. Die ältesten beobachteten Knospen waren flache Scheiben
von 1 mm Durchmesser, mit 16 Tentakeln. Bei dieser Art scheint also
die Segmentzahl des Körpers beim Stammthier und der Knospe gleich zu
zu sein. Auch unterscheidet sich die Knospung dadurch von den beiden Fällen KÖLLIKER's und FRITZ MÜLLER's, dass die Tentakeln nicht paarweis nach einander auftreten, zuerst einer, dann noch einer, dann
zwei, vier u. s. w., sondern dass gleich zuerst vier Tentakeln angelegt
werden, mit denen alternirend die übrigen hervorsprossen.

---

1) Zur Lehre vom Generationswechsel. Würzburg 1854, p. 56, Fig. 24—31.
2) Zoologische Beiträge. Leipzig 1861, pag. 93, Taf. XIV, Fig. 10, 11.

Endlich ist hier nochmals der merkwürdigen, oben erwähnten Embryonen der *Cunina octonaria* zu gedenken, welche Mc. Crady in der Mantelhöhle von einer Oceanide, *Turritopsis nutricola*, schmarotzend fand, und anfangs selbst für die Embryonen dieser letzteren Meduse hielt, eine Ansicht, die wohl auch jetzt noch nicht ganz von der Hand gewiesen werden darf, wenngleich der Parasitismus derselben das Wahrscheinlichere ist. Auch bei diesen Embryonen sprossen die Tentakeln paarweise hervor, so dass also zuerst 2, dann 4, zuletzt 8 vorhanden sind. Die Herkunft dieser Embryonen, wie die Wege, auf welchen die jüngsten Embryonen in die Schirmhöhle ihres Wohnthieres gelangen, sind aber noch ganz unbekannt.

Vergleicht man alle diese vier, über die Entwickelung der Aeginiden vorliegenden Angaben, so erscheinen sie durchaus ungenügend, um sich ein allgemeines Bild von den Entwickelungsvorgängen in dieser seltsamen Medusen-Familie zu entwerfen. Dennoch aber sind sie, namentlich die beiden von Kölliker und Fritz Müller beobachteten Fälle, von hohem Werthe für die Beurtheilung des hier vorliegenden Falles von *Cunina rhododactyla*. Im letzteren, wie in den beiden ersteren Fällen ist jedenfalls ein Dimorphismus zweier verschiedener Generationen constatirt, von denen die eine aus der anderen durch Knospung entstanden ist und nicht direct wieder in die Stammform durch Metamorphose sich umwandeln kann. Kölliker's *Eurystoma rubiginosum* besitzt 10, seine Knospenbrut 16 Segmente des Körpers; Fritz Müller's *Cunina Köllikeri* zeigt 8, ihre Knospenbrut 12 Segmente. In beiden Fällen sind aber die Knospen im Uebrigen vom Stammthier wenig verschieden und gehören derselben Familie an. Anders dagegen in unserem Falle, wo die Knospe, *Cunina rhododactyla* mit 8 Segmenten, von ihrem Stammthiere, *Carmarina hastata* mit 6 Segmenten, so sehr verschieden ist, dass ich selbst sie früher als Angehörige zweier ganz verschiedener Quallen-Familien beschrieben habe.

Die Auflösung dieser wunderbaren Räthsel und die Beantwortung der zahlreichen sich hier aufdrängenden Fragen ist erst von ausgedehnten und zusammenhängenden Beobachtungsreihen der Zukunft zu erwarten. Ich zweifle nicht, dass Dasjenige, was hier als ein höchst fremdartiger Ausnahmefall erscheint, sich später als eine weit verbreitete Erscheinung, wenigstens unter den niederen Medusen, und namentlich unter den Aeginiden, wird nachweisen lassen. Wie vereinzelt erschien bei ihrem Bekanntwerden die Thatsache des Generationswechsels, und wie allgemein verbreitet hat sie sich jetzt in ganzen Thierclassen herausgestellt! Vielleicht geht es ähnlich mit dieser neuen Form der Fortpflanzungsweise, die sich vom Generationswechsel we-

sentlich unterscheidet: denn es findet hier kein Wechsel statt zwischen
einer niederen, unvollkommenen und einer höheren, ausgebildeteren
Generation, kein Wechsel zwischen einer geschlechtlich entwickelten
und einer ungeschlechtlich bleibenden Generation, kein Wechsel zwischen einer polypoiden festsitzenden und einer medusoiden frei schwimmenden Generation. Vielmehr sehen wir hier durch unmittelbare Blutsverwandtschaft, durch das innige Verhältniss der Sprossung, zwei ganz
verschiedene Thierformen mit einander continuirlich verknüpft, welche
beide als vollkommen entwickelte Medusen mit wohldifferenzirten Organen und Geweben frei umherschwimmen, beide ziemlich gleich hoch
organisirt sind, und beide geschlechtsreif werden. Von allen verschiedenen Formen des Generationswechsels ist diese Allotriogonie
oder Alloeogenesis, wie man sie nennen könnte, also ganz wesentlich verschieden.

Schon jetzt möchte ich hinweisen auf einige andere, allerdings noch
nicht hinreichend sicher constatirte Verhältnisse, in denen wahrscheinlich ganz dieselbe Alloeogenesis, wie in unserem Falle sich findet. Zunächst möchte ich hierher ziehen die schon oben erwähnte Knospenähre, welche Fritz Müller einmal in der Magenhöhle von *Liriope catharinensis* fand, und von der er glaubt, dass sie von diesem Thiere
verschluckt worden sei[1]). Er selbst sagt von den betreffenden Knospen
aus, dass »alle ihre Eigenthümlichkeiten mit der achtstrahligen Form
von *Cunina Köllikeri* stimmen, während nicht die entfernteste Aehnlichkeit mit irgend einer anderen der im Laufe von 4 Jahren dort beobachteten Quallen besteht«. Höchstwahrscheinlich entsteht also die
achtstrahlige Form von *Cunina Köllikeri* in gleicher Weise durch Knospung an dem Zungenkegel von *Glossocodon catharinensis*, wie *Cunina
rhododactyla* an der Zunge von *Carmarina hastata*. Ebenso stammt
vielleicht die *Cunina* (?) *rubiginosa* (Köllikers *Eurystoma rubiginosum*,
vielleicht auch identisch mit Gegenbaur's *Aegineta rosea*?) aus Messina
ab von der *Geryonia proboscidalis* (*Carmarina umbrella*??), welche in
Messina von Gegenbaur und Krohn, von Letzterem mit Knospenähre an
der Zunge, beobachtet worden ist. Den *Glossocodon eurybia* aus Nizza
habe ich niemals mit Knospen an der Zunge und in der Magenhöhle gefunden. Doch stammt vielleicht von ihm eine kleine *Cunina* ab, welche
der *Cunina rhododactyla* sehr ähnlich, aber 4—6mal kleiner ist, und
welche ich vorläufig als *Cunina eurybia* bezeichnen möchte. Ich hielt
sie anfangs nur für eine Zwergform der mindestens 4mal so grossen
Cunina rhododactyla und habe sie desshalb nicht näher untersucht. Doch

---

[1]) Archiv für Naturgeschichte, XXVII, 1, 1861, p. 51, Taf. IV. Fig. 30.

unterschied sie sich von ihr durch viel stärker entwickelte halbmondförmige Wülste an der Basis der Tentakeln, durch längere, schlankere
und nicht gefärbte Tentakeln und durch geringere Anzahl der Randbläschen. Ich habe von dieser Form Individuen mit 8, 10, 11 und
12 Tentakeln beobachtet. Die meisten hatten deren 10.

Sollte sich durch fernere Beobachtungen dieser unmittelbare
genealogische Zusammenhang zwischen den Geryoniden
und den Aeginiden bestätigen, wie ich ihn bei *Carmarina* und
Cunina sicher nachgewiesen zu haben glaube, so kann man natürlich
beide Familien nicht mehr getrennt halten. Man wird sie vielmehr
ebenso vereinigen müssen, wie dies mit den Hydroidpolypen und den
von ihnen abstammenden Craspedoten bereits geschehen ist. Der anatomische Charakter dieser vereinigten Medusen – Familien, gegenüber
den anderen Craspedoten, würde vor Allem durch die flachen Genitalblätter in sehr bestimmter Weise ausgesprochen sein, wonach
man sie Phyllorchiden nennen könnte. Die nähere Charakteristik
dieser Familie würde folgendermaassen lauten:

Phyllorchida: Radialcanäle entweder bleibend (Aeginida) oder
vorübergehend (Geryonida) in tangentialer Richtung zu sehr flachen und
breiten blattförmigen Taschen erweitert, in deren unterer (subumbraler)
Wand sich die Geschlechtsproducte entwickeln, jedoch nur in den beiden
Seitentheilen jedes Genitalblattes, so dass die radiale Mittellinie desselben
frei bleibt. Solide Knorpeltentakeln entweder nur in der Jugend (Geryonida) oder bleibend (Aeginida) vorhanden. Hohle knorpellose Tentakeln
entweder gar nicht (Aeginida) oder nur beim erwachsenen Thiere (Geryonida) vorhanden. Das gegenseitige Verhältniss der drei verschiedenen
Hauptformen, welche in der Phyllorchiden–Familie genetisch verbunden
sind, wird durch die Vergleichung der Diagramme Fig. 95 — 99, sowie
durch nachstehende Tabelle deutlich hervortreten:

Aeginiden-Generation.	Larve der Geryoniden-Generation.	Imago der Geryoniden-Generation.
1. Magenstiel fehlt.	Magenstiel fehlt.	Magenstiel vorhanden.
2. Solide Knorpeltentakeln vorhanden.	Solide Knorpeltentakeln vorhanden.	Solide Knorpeltentakeln fehlen.
3. Hohle Tentakeln fehlen.	Hohle Tentakeln fehlen.	Hohle Tentakeln vorhanden.
4. Radialcanäle viel breiter als der Ringcanal.	Radialcanäle ungefähr eben so breit als der Ringcanal.	Radialcanäle ungefähr eben so breit als der Ringcanal.
5. Randbläschen äusserlich auf dem Schirmrand.	Randbläschen im Gallert-mantel des Schirmrandes eingeschlossen.	Randbläschen im Gallert-mantel des Schirmrandes eingeschlossen.

Es ist nicht unwahrscheinlich, dass sich in den Beziehungen der einzelnen Aeginiden-Formen zu den verschiedenen Geryoniden-Arten, und vielleicht auch zu anderen Medusen (z. B. den Trachynemiden, die sonst den Geryoniden von Allen am nächsten stehen, eine grosse Mannichfaltigkeit von verschiedenen Modificationen ergeben wird, wie sie auch zwischen den Hydroidpolypen und den genealogisch mit ihnen verwandten Craspedoten sich herausgestellt hat. Die Systematik dieser Thiere ist schon jetzt äusserst schwierig, ja fast unmöglich geworden, indem es sich immer mehr auf das deutlichste gezeigt hat, dass weder die äussere Aehnlichkeit, noch die Uebereinstimmung im inneren Bau, noch die Aehnlichkeit in der Entwickelungsweise es ist, welche die systematische »Verwandtschaft« der Thiere bedingt, sondern lediglich der continuirliche genetische Zusammenhang zweier wenn auch noch so sehr verschiedenen Formen, das Princip der Abstammung, so dass die systematische und die genealogische Verwandtschaft zusammenfallen. Der genetische Zusammenhang der Geryoniden mit den Aeginiden liefert hierfür einen neuen schlagenden Beweis.

Die Familie oder die Gruppe der Aeginiden im Allgemeinen scheint sehr alten Ursprungs zu sein, und als eine gemeinsame Ausgangsgruppe oder Stammform für verschiedene andere Quallenformen betrachtet werden zu müssen. Namentlich dürfte die Gattung *Cunina* als eine solche, nach verschiedenen Richtungen divergirende Aeste treibende Stammform aufzufassen sein, während vielleicht andere Aeginiden, wie die Campanella, die Aegineten, in homogener Weise sich fortpflanzen und den ursprünglichen Stammtypus am reinsten zeigen. Für diese Auffassung scheinen mir mehrere anatomische Gründe zu sprechen, wie die überwiegende Entwickelung der Radialcanäle, während das Ringgefäss noch auf einer sehr niederen Stufe steht; ferner die Bildung der starren soliden Knorpeltentakeln, welche nur bei den Embryonen der Geryoniden sich wiederfinden; und der Mangel der hohlen Tentakeln, welche letztere im erwachsenen Zustande besitzen. Dieser embryonale Charakter im Baue der Aeginiden, der sich constant bei den älteren Typen der thierischen Entwickelungsreihen findet, lässt auf ihr hohes Alter zurückschliessen und annehmen, dass die noch jetzt existirenden Formen uns jenen alten Stamm-Typus noch ziemlich rein erhalten zeigen, von dem aus andere Medusen-Formen, wie namentlich die Geryoniden und Trachynemiden, nach verschiedenen Seiten hin sich entwickelt haben. Auch die habituelle und anatomische Verwandtschaft der Aeginiden und Charybdeiden, die namentlich von Fritz Müller und Agassiz, wenn auch viel zu einseitig, betont worden ist, dürfte hier zu berücksichtigen sein. Vielleicht sind die Charybdeiden Mittelformen in der Uebergangsreihe von den Aeginiden zu den Acraspeden. Sind diese Anschauungen richtig, so könnte man sich vielleicht schon jetzt einen sehr einfachen uralten Stammtypus der Aeginiden als gemeinsame Grundform oder Wurzel für verschiedene Stämme darstellen. Der eine Stamm würde sich in ziemlich gerader Richtung nur wenig verändert fortgepflanzt und diejenigen Aeginiden geliefert haben, welche auch heutzutage nur Aeginiden-erzeugen. Ein zweiter Stamm (*Cunina*) würde durch die Geryoniden zu anderen Craspedoten (Trachynemiden?) und ein dritter durch die Charybdeiden zu Acraspeden hinüberführen.

Ein Verhältniss, welches mir ganz besonders diese Auffassung zu stützen scheint, finde ich, abgesehen von der embryonalen Structur der Tentakeln und des Gastrovascularsystems, in der schwankenden Zahl der Körpersegmente, welche die Aeginiden vor allen anderen Medusen auszeichnet. Bei allen bisher genauer beschriebenen Aeginiden hat sich dieser Mangel einer festen homotypischen Grundzahl herausgestellt. Allerdings scheint auch hier die ursprüngliche gemeinsame homotypische Grundzahl Vier oder ein Multiplum von Vier (namentlich Acht) zu sein. Allein während einerseits, wie bei *Aeginopsis* (*Campanella*), auch nur Zwei als Grundzahl vorkommt und dadurch ein Stehenbleiben auf der früheren Entwickelungsstufe der oben beschriebenen zweiarmigen *Cunina*-Knospen angedeutet wird, schwankt andrerseits die Grundzahl sehr oft in allen Stadien zwischen 8 und 16, wie es unsere *Cunina rhododactyla* in der evidentesten Weise zeigt. Bei vielen Aeginiden steigt die Segmentzahl durch weitere Einschaltung neuer radialer Körperabschnitte bis über 20 und 30 hinauf. Am auffallendsten zeigt sich diese permanente Schwankung der Grundzahl an den Randbläschen, die selbst an verschiedenen Lappen eines und desselben Thieres in sehr verschiedener Zahl auftreten können.

Die allgemeine homotypische Grundzahl der Segmente des Medusenkörpers ist bekanntlich Vier: die einzigen Craspedoten, die auch in dieser Beziehung zu den Aeginiden sich hinüberneigen, sind wieder die Geryoniden, bei denen nur die eine Abtheilung, die Liriopiden, die Vierzahl zeigen, während bei der anderen Abtheilung, den Carmariniden, die Sechszahl sich consolidirt hat. Um so interessanter ist es, dass die Knospen, die von diesen getrieben werden, wieder in die Vierzahl (8 — 16) der alten Stammältern zurückschlagen.

XI. Gewebe der Geryoniden.

Wenn ich schliesslich einen besonderen Abschnitt dieser Untersuchungen einer ausführlicheren Darstellung der Gewebe, aus denen
sich der Geryonidenkörper zusammensetzt, widme, so geschieht dies
theils, weil ich meine Untersuchungen nach dieser Richtung hin besonders ausgedehnt habe, theils weil unsere histologischen Anschauungen
vom elementaren Bau des Medusenkörpers und von den Geweben
des Coelenteratenorganismus überhaupt bisher nur höchst unvollkom-
mene und fragmentarische waren. Zwar sind in der neueren Zeit
zahlreichere Untersuchungen über den feineren Bau des Körpers der
Coelenteraten und insbesondere der Hydromedusen angestellt worden; allein über die eigentliche elementare Zusammensetzung desselben aus den verschiedenen Geweben liegen nur sehr unbefrie-
digende Mittheilungen vor. So sind z. B. in dem prachtvollen Me-
dusen-Werke von AGASSIZ zwar zahlreiche Beschreibungen und Abbildungen der zelligen Elemente und der aus ihnen gebildeten Schichten
gegeben worden; allein eine histologische Deutung und physiologische
Verwerthung derselben, auf welche schliesslich doch unsere histologischen Arbeiten hinzielen, wird nur selten versucht. Es mögen
mir diese Bemerkungen und der Hinweis auf die Unabhängigkeit meiner Untersuchungen von denen anderer Forscher zur Entschuldi-
gung dienen, wenn die folgenden Mittheilungen nicht die erwünschte
Vollständigkeit haben sollten und wenn sie mehrfach herrschenden
Anschauungen entgegen treten. Es wird sich zeigen, dass die histologische Differenzirung des Körpers unserer Quallen eine weit grössere ist, als man gewöhnlich anzunehmen geneigt ist. Dass so viele
feinere Verhältnisse in dieser Beziehung den bisherigen Beobachtern
entgangen sind, hat allerdings seinen guten Grund auch in der unge-
wöhnlichen Schwierigkeit, welche der histologischen Untersuchung
theils durch die allzugrosse Durchsichtigkeit, theils durch die ungemeine
Zartheit der Gewebselemente bereitet wird. Die gewöhnlichen Wirbel-
thiergewebe erscheinen grob und roh im Vergleich mit diesen höchst
zerstörbaren Elementen.

Alles, was ich im Folgenden über den histologischen Bau des Geryoniden-Körpers mittheile, bezieht sich, wenn nichts Besonderes bemerkt ist, auf *Carmarina hastata*, die sich wegen ihrer beträchtlichen
Grösse ganz besonders für die Isolirung und feinere Untersuchung der
Elementartheile eignet. Die elementare Zusammensetzung des Körpers

von *Glossocodon eurybia* stimmt wesentlich mit derjenigen der ersteren überein; nur sind die Elemente im Ganzen kleiner, zarter und schwieriger zu behandeln und zu erkennen. Wo diese Art eigenthümliche Verhältnisse zeigt, werde ich dies besonders erwähnen. Vieles, vielleicht das Meiste, was ich über die Structur der Gewebe bei diesen beiden Geryoniden gefunden habe, dürfte auch von der Mehrzahl der anderen craspedoten Medusen gelten, welche sich auch in histologischer Beziehung vielfach von den höheren Acraspeden zu unterscheiden scheinen. Wenigstens hat mir die vergleichende histologische Untersuchung der craspedoten Medusen, die ich im Frühjahr 1864 gleichzeitig mit *Carmarina* und *Glossocodon* in Nizza beobachtete, und insbesondere der 14 neuen Arten, welche ich auf pag. 326 — 342 des ersten Bandes der Jenaischen Zeitschrift für Medicin und Naturwissensch. kurz beschrieben habe, viele bei den Geryoniden aufgefundene Verhältnisse bestätigt.

Die Elementarorganismen, welche den Körper der Geryoniden zusammensetzen, sind theils einfache, einen einzigen Kern enthaltende Zellen, theils Zellencomplexe, entstanden aus der Verbindung mehrerer Zellen und demgemäss mehrere Kerne enthaltend. Die einfachen Zellen sind theils membranlose Zellen (Urzellen), theils von einer Membran umgebene Zellen (Hautzellen). Als membranlose Zellen, Urzellen oder Primordialzellen, d. h. als festweiche oder zähflüssige Klumpen von Zellsubstanz oder Protoplasma, welche einen Kern umschliessen, sind nachzuweisen: 1., die Nervenzellen der Ganglien. 2., die Knorpelzellen, 3., die dunkeln kernhaltigen Spindelzellen der radialen Haupttentakeln, 4., die blassen (scheinbar kernlosen) Spindelfasern der radialen Haupttentakeln (?), 5., einzelne Epithelien, namentlich das Epithel des Ectoderm, wenigstens zu einer gewissen Zeit des Lebens, 6., die jüngeren Eier.

Hautzellen oder Bläschenzellen, d. h. festweiche oder zähflüssige Klumpen von Zellsubstanz oder Protoplasma, welche einen Kern enthalten und ausserdem von einer Membran, d. h. von einer festeren, chemisch differenten, oft ablösbaren Rindenschicht umgeben, in einem Säckchen eingeschlossen sind, scheinen zu sein 1., die meisten Epithelien, 2., die älteren Eier, 3., die Samenzellen.

Die complexen Zellenelemente des Geryoniden-Körpers, welche durch den Besitz mehrerer Kerne ihre Entstehung aus mehreren verschmolzenen Zellen anzeigen, sind die quergestreiften Muskelfasern und die Nervenfasern.

1. Epithelialgewebe.

Die Epithelien, welche die sämmtlichen äusseren Oberflächen des
Geryoniden-Körpers, sowie die inneren Höhlungen des Gastrovascularsystems auskleiden, sind beim erwachsenen Thiere in sehr verschiedene
Formen differenzirt.   Bei den jüngsten beobachteten Larven (Fig.
26 — 28) sind dagegen nur zwei verschiedene Epithelialbildungen sichtbar, nämlich erstens die grösseren und helleren Zellen des Ectoderms,
welche bloss die Oberfläche des gallertigen kugeligen Schirms bekleiden, und zweitens die kleineren und dunkleren Zellen des Entoderms,
welche die kleine embryonale Schirmhöhle und das Velum bekleiden,
und aus denen sich später wohl die anderen Gewebe differenziren.
Es scheint hierin eine sehr bemerkenswerthe Differenz von dem gewöhnlich bei den Coelenteraten vorkommenden Verhältniss zu liegen, wo
das Entoderm bloss das Epithel des Gastrovascularsystems, das Ectoderm alle übrigen Gewebe bildet, wie ich es auch oben von den Knospen der *Carmarina* dargestellt habe (Fig. 94 im VIII. Abschnitt).

Die meisten Epithelien sind einschichtig und bestehen nur aus
einer einzigen Zellenlage. Sogenanntes geschichtetes oder mehrschichtiges Epithel, aus mehreren über einander liegenden Zellenlagen zusammengesetzt, findet sich nur an zwei Orten, nämlich als
innere Auskleidung der Magenhöhle (Fig. 73) und als äusserer Ueberzug der radialen Haupttentakeln (Fig. 61, 91) und ist bei deren Darstellung oben genau beschrieben worden.

Flimmer-Epithelium findet sich bloss in den Höhlungen des
Gastrovascularsystems, doch kann ich über die allgemeine Ausbreitung
daselbst nichts Bestimmtes angeben.

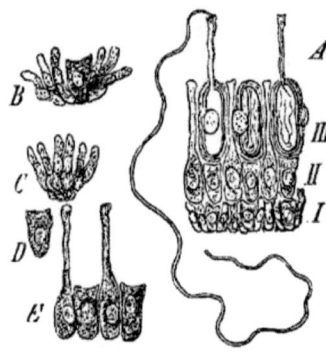

Fig. 91. Epithelzellen aus einem Nesselwulst der radialen Haupttentakeln von
Carmarina hastata. A. Ein Stück des Epithels in seiner ganzen Dicke, aus 3 Schichten
bestehend : 1. Schicht der Büschelzellen.
II. Schicht der Flaschenzellen. III. Schicht
der Nesselzellen.   Aus 2 Nesselzellen der
obersten Schicht ist der Nesselschlauch,
aus einer zugleich der Nesselfaden hervorgetreten.   B. Eine Kegelzelle der ersten,
tiefsten Schicht, von Büschelzellen umgeben. C. Eine Gruppe von Büschelzellen der
ersten Schicht. D. Eine Kegelzelle der ersten
Schicht. E. Zwei Kegelzellen und zwei Flaschenzellen der zweiten, mittleren Schicht.

Die Epithelien sind zum Theil flache Pflasterepithelien, deren Zellen breiter als hoch, meistens sehr dünne und flache Platten sind. Solche bilden 1., die äussere Bekleidung des Gallertmantels (Ectoderm, e l); 2., das Epithel der Subumbrella (e s); 3., dessen Fortsetzung auf die äussere Fläche des Magenstiels (p e): 4., das Epithel der unteren Velumfläche (v e); 5., das Epithel der radialen Nebententakeln (s e), 6., das Epithel der interradialen Tentakeln (y e); 7., das umbrale (innere, der Gallertsubstanz zugekehrte) Epithel der Radialcanäle (r l) und des Cirkelcanals (c l); 8., das Epithel der Randbläschen (b e); 9., das Epithel des Zungenkegels (Fig. 6). Zu dem sogenannten Cylinderepithel, dessen cylindrische, conische oder prismatische Zellen höher als breit sind, gehören: 1., Das Epithel des Schirmrandes (u e); 2., das Epithel der marginalen Mantelspangen (h e); 3., das Epithel der oberen Velumfläche (v e); 4., das Epithel der äusseren Magenfläche (k e); 5., das subumbrale (der Schirmhöhle zugekehrte) Epithel der Radialcanäle (r s) und des Cirkelcanals (c s); 6., das innere (den Axencanal auskleidende) Epithel der radialen Haupttentakeln (t e). Alle diese Cylinderepithelien sind einschichtig; daran schliesst sich als mehrschichtiges Cylinderepithelium 7., das äussere Epithel der radialen Haupttentakeln (t u); 8., das Epithel der Magenhöhle (k i).

Ein Theil der genannten Cylinderepithelien, nämlich die unter 1, 2, 7, 8 genannten Zellenlager, sind zugleich Nesselepithelien, d. h. einzelne, oft zahlreiche Zellen derselben werden zu Nesselorganen und entwickeln im Inneren je eine Nesselkapsel. Diese Organe zeigen an allen Stellen, wo sie vorkommen, den gleichen Bau. Sie sitzen in dem Cylinderepithel theils zerstreut, theils auf einzelne Stellen concentrirt, gruppenweis versammelt. Unregelmässig zerstreut finden die Nesselzellen sich am Schirmrande und an den marginalen Mantelspangen. Reihenweis neben einander geordnet finden sie sich in den ringförmigen Nesselwülsten der radialen Haupttentakeln, gegen deren Längsaxe ihre eigene Axe radial gerichtet ist. In convexe kreisrunde Polster geordnet setzen die Nesselzellen die Nesselpolster der interradialen Tentakeln zusammen. Ebenso bilden sie die halbkugeligen Nesselwarzen des Mundsaumes. Einen kugeligen Knopf, gegen dessen Centrum ihre Axe radial gerichtet ist, setzen sie an den radialen Nebententakeln zusammen.

Der Bau der Nesselorgane lässt sich bei *Carmarina hastata* wegen ihrer verhältnissmässigen Grösse deutlich erkennen (Fig. 67—69, Fig. 91). Jede einzelne Nesselzelle (Fig. 67) ist ein an beiden Enden abgerundeter Cylinder von 0,03 ^{mm} Länge, 0,008 ^{mm} Breite. Sie ist fast ganz ausgefüllt von der Nesselkapsel, so dass der grosse runde

scheibenförmige Kern, welcher in der Mitte der Zelle zwischen ihrer
Wand und der Aussenfläche der Nesselkapsel liegt, erstere bauchig
vortreiben muss. Hier tritt die Membran der Zelle sehr deutlich hervor,
die wegen ihres blassen zarten Contours oft übersehen wird. Die nur
wenig kleinere Nesselkapsel (Fig. 68 A—D) ist ein sehr dickwandiger
Cylinder, dessen Axe gewöhnlich etwas verbogen, die beiden Enden
abgerundet sind. Die derbe, starre Wand ist dunkel glänzend und
doppelt contourirt. Durch ihre starke Lichtbrechung lässt sie die Nesselorgane überall sehr deutlich erkennen. Das untere Ende der Nesselkapsel ist geschlossen, das obere mit einer sehr kleinen, gewöhnlich
etwas schiefstehenden Oeffnung versehen, an welcher sich das eine
Ende des Nesselschlauchs inserirt. Der Nesselschlauch ist eine
cylindrische, an beiden Enden offene Röhre, welche fast so lang als die
Nesselkapsel, aber nur etwa $\frac{1}{2}$ oder $\frac{1}{4}$ so dick ist. Sie ist weich und zart
und legt sich leicht in Falten. Ihre Wand ist zwar auch bei 600maliger
Vergrösserung doppelt contourirt, aber weit blasser und dünner, als die
der Nesselkapsel. Am freien Ende ist der Nesselschlauch in ein rundliches Knöpfchen oder einen spindelförmigen Kolben angeschwollen, an
dessen feiner Endöffnung sich der lange Nesselfaden inserirt. Der
Nesselfaden ist ein sehr langer und dünner, anscheinend solider
cylindrischer Strang, nur etwa $0,001^{\,\mathrm{mm}}$ dick, mehrmals (5—20mal
länger als die Nesselkapsel. Bei sehr starker Vergrösserung erscheint er
spiralig gewunden (Fig. 69); doch lässt sich nicht deutlich erkennen,
ob er einfach, wie ein Tau, um seine eigene Axe gewunden ist, oder
ob er aus zwei Strängen, einem spiralig gewundenen Faden und einem
geraden Axenfaden zusammengesetzt ist, von denen der erstere um den
letzteren herumläuft.

Man trifft die Nesselkapseln in drei verschiedenen Zuständen an.
Im Ruhezustande, wenn die Nesselkapsel noch in der unversehrten
Nesselzelle eingeschlossen ist (Fig. 68 A von der Seite, B von oben), ist
der Nesselschlauch im Innern der Nesselkapsel verborgen und erscheint
in der Axe derselben als ein hellerer Streif. Die Höhlung des Nesselschlauchs ist leer und der Nesselfaden, der in mehreren Windungen
rings um ihn herum zusammengelegt ist, erfüllt die Höhlung der Kapsel.
Im zweiten Stadium (Fig. 68 C) ist der Nesselschlauch umgestülpt und
durch die obere Oeffnung der Kapsel, an der er inserirt ist, vorgetreten.
Das freie kolbenförmige Ende, welches vorher den Boden der Kapsel
berührte, bildet jetzt die freie knopfförmige Spitze. Die Höhlung des
Schlauchs ist von dem Anfange des Nesselfadens erfüllt, dessen übriger
Theil in der Höhlung der Kapsel noch zusammengelegt ist. Im dritten
Stadium endlich, wenn der Nesselfaden hervorgeschnellt ist (Fig. 68 D),

ist sowohl die Höhlung der Nesselkapsel, als die damit zusammenhängende des Schlauches vollständig leer.

Die Nesselzellen von *Glossocodon eurybia* sind nur ⅓ so lang, und fast um die Hälfte schmäler, als die von *Carmarina hastata*. Sie sind ellipsoid, an beiden Enden abgerundet, haben aber sonst den gleichen Bau (Fig. 52). Die ebenfalls eirunden Nesselkapseln sind 0,01 ^{mm} lang, 0,005 ^{mm} breit (Fig. 53). Nesselschlauch und Nesselfaden sind sehr zart und dünn.

2. Mantelgewebe.

Die eigenthümliche Structur des Gallertmantels, wie ich sie nicht allein bei den Geryoniden, sondern auch bei anderen craspedoten Medusen finde, zwingt mich, von dem üblichen Schema abzuweichen, nach welchem man die Gewebe in die vier Classen des Epithelial-, Binde-, Muskel- und Nervengewebes eintheilt. Es ist allerdings diese Classification der Gewebe, die sich auf ihre physiologische Function stützt, die einzig durchführbare; indessen ist sie, wie namentlich Leydig wiederholt hervorgehoben hat, immerhin eine künstliche und schliesst verbindende Uebergangsbildungen zwischen jenen vier Gruppen keineswegs aus. Eine solche evidente Mittelbildung scheint mir das Mantelgewebe der craspedoten Medusen zu sein, welches nach seiner Function mit gleichem Rechte zum Epithelial- wie zum Bindegewebe gestellt werden könnte.

Bei den Acraspeden oder phanerocarpen Medusen gehört bekanntlich die mächtige Gallertsubstanz des Mantels, wie namentlich Max Schultze nachgewiesen hat, in die Kategorie des gallertigen Bindegewebes, indem in der hyalinen homogenen Gallertmasse überall sternförmige Zellen zerstreut liegen, die durch ihre verästelten Ausläufer ein anastomosirendes Fadennetz herstellen. Dagegen bei den Geryoniden, wie bei allen übrigen Craspedoten, die ich untersucht habe, ist weder von einem solchen Zellennetze, noch überhaupt von Zellen in der ganz homogenen wasserklaren Gallertsubstanz irgend eine Spur zu finden. Die einzigen Formelemente, welche man darin vorfindet, sind sehr feine, spitzwinklig verästelte und anastomosirende, sparsam zerstreute Fasern, die sich scharf von der Gallertsubstanz absetzen. Sie entsprechen vielleicht den ähnlichen verästelten und anastomosirenden Fasern, welche auch im Mantel der Acraspeden zwischen dem Netzwerk der anastomosirenden Bindegewebszellen vorkommen, sich mit letzteren nicht verbinden und ganz unabhängig von ihnen sind. Die Mantelfasern finde ich bei *Carmarina* (Fig. 63, 64 l f) und bei *Glossocodon* (Fig. 25,

87 1 f) in ziemlich gleicher Form und Vertheilung vor. Doch sind sie
bei ersterer stärker und zahlreicher. Sie finden sich nicht allein in dem
Gallertmantel des Schirmes, sondern auch in dessen unterer centraler
Fortsetzung, die den Magenstiel bildet (Fig. 88). Sie sind meistens
sehr fein und dünn, höchstens 0,001 ^{mm} dick, gewöhnlich noch dünner.
Sie sind von zwei sehr feinen und blassen parallelen Contouren eingefasst, die sich scharf von der umgebenden Gallertsubstanz absetzen,
dennoch aber schwer zu erkennen sind, weil sie das Licht fast ebenso
wie letztere selbst brechen. Im Schirme ist die Richtung der meisten
Fasern senkrecht zur Oberfläche des Schirmes, mit dessen Ectoderm-
epithel die Fasern zusammenzuhängen scheinen. Viele Fasern sind in
ihrer ganzen Länge einfach, die meisten aber sind dichotom verästelt
und anastomosiren mittelst ihrer feinen Gabeläste mit anderen Faser-
zweigen, die ihnen entgegen kommen. Bei dem im frischen Zustande
untersuchten Mantelgewebe fand ich die Fasern fast immer geradlinig
gestreckt verlaufen, und scheinbar die ganze Dicke des Schirms durchsetzen: dagegen bei den in Salzlösung aufbewahrten Thieren zeigten
sie stets einen stark geschlängelten, oft selbst spiralig gewundenen
Verlauf. Zugleich erschienen sie jetzt stärker lichtbrechend, als im
frischen Zustand und erinnerten in vieler Beziehung sehr an feinere
elastische Fasern des Wirbelthierleibes.

Da der Gallertmantel der Craspedoten allgemein, bei den jüngsten
beobachteten Larven ebenso wie bei den erwachsenen Thieren, keine
Zellen enthält, so muss die homogene Gallertmasse sammt den sie durch-
setzenden dichotomen Fasern das Product der einfachen Epithelzellen-
schicht sein, welche die Manteloberfläche allenthalben überzieht. Die
hyaline Gallertsubstanz sehe ich als Ausscheidungsproduct dieser Epithelzellen, die gabelspaltigen Fasern in derselben dagegen als Protoplasmastränge an, welche ursprünglich die Zellen der beiden nahe an
einander liegenden Epithelschichten der oberen und unteren Schirmfläche mit einander verbanden, und diese continuirliche Verbindung
auch dann noch weiter unterhielten, als während der fortdauernden
Ausscheidung der Gallertsubstanz beide Zellenlager sich, entsprechend
dem fortschreitenden Wachsthum des Mantels, immer weiter von einander entfernten. Ob die anastomosirenden Protoplasmastränge, die
später einen bedeutenden Grad von Festigkeit annehmen, ursprünglich
bloss dem äusseren Schirmepithel (e l) oder dem Epithel der Subumbrella (e s), oder beiden zugleich angehören, dürfte schwer zu entscheiden sein; doch ist das Wahrscheinlichste, dass sie bloss von der äusseren Epithelialschicht abgeleitet werden müssen.

Im Bau sowohl als in der wahrscheinlichen Bildung des gallertigen

Mantelgewebes finde ich auffallende Aehnlichkeit mit dem Baue und der
Entwickelung des Knochengewebes, wie sie kürzlich von GEGENBAUR [1]
geschildert worden sind. So paradox dieser Vergleich zuerst klingen mag,
so wird er dennoch ganz annehmbar, wenn man nur den verschiedenen
Consistenzgrad der beiden Gewebe, jedenfalls ein secundäres Moment,
ausser Betracht lässt. Es entspricht dann die Epithelschicht, welche
den Mantel absondert, der ebenfalls aus einer einzigen Zellenlage bestehenden, epithelähnlichen Schicht der Osteoblasten; die verästelten
und anastomosirenden Ausläufer des Protoplasma, welche von letzterem
ausgehen, und das feine Netzwerk der sogenannten Knochencanälchen
erfüllen, entsprechen den dichotomen Fasern: die homogene oder in
concentrischen Lamellen abgelagerte Grundsubstanz des Knochens endlich entspricht der Gallerte selbst.

Dieser Vergleich wird weiterhin auch noch dadurch gestützt, dass
die Epithelzellen der äusseren Manteloberfläche, ebenso wie die Osteoblasten des Knochengewebes, membranlose Urzellen, und zwar pflaster-
förmige Protoplasmaplatten zu sein scheinen. Wenigstens ist es mir
auf keine Weise gelungen, mich von einer Differenz von Inhalt und
Membran und von der Bläschennatur derselben bei verschiedenen Craspedoten zu überzeugen. Sehr häufig sind Zellengrenzen überhaupt nicht
wahrzunehmen und man sieht auf der Schirmfläche nichts, als deutlich
vortretende rundliche Zellenkerne, welche in bestimmten Abständen
von einander zerstreut liegen (Fig. 26—30). Bisweilen ist jeder einzelne Kern rings von einem Hofe sehr kleiner Körnchen umgeben, welche
nicht selten reihenweis nach verschiedenen Richtungen hin von dem
Kerne ausstrahlen und sich mit anderen, von benachbarten Kernen
kommenden Körnchenreihen netzförmig verbinden, sodass ähnliche Bilder entstehen, wie sie die Pseudopodiennetze der Rhizopoden bieten.
In der hyalinen vollkommen structurlosen Grundsubstanz der Schirmoberfläche zwischen den Kernen, in welcher später oft feine, scharfe
Zellgrenzen nachzuweisen sind, ist in diesen Fällen, namentlich bei
jüngeren Craspedoten, auf keine Weise von den letzteren irgend eine
Spur zu entdecken. Weder schiefe Beleuchtung, noch chemische Behandlung vermag solche zur Anschauung zu bringen und beim Zerzupfen erhält man unregelmässige, mit mehreren Kernen besetzte Fetzen,
welche nirgends scharfe gerade oder polygonale Contourlinien zeigen.
Die Kerne aber, welche in dieser homogenen Masse so regelmässig zerstreut sind und über ihre Oberfläche als flache rundliche Hügel ein wenig

---

1) C. GEGENBAUR, Ueber die Bildung des Knochengewebes. Jenaische Zeitschrift für Medicin und Naturwissenschaft. I. p. 343.

hervorragen, sind ganz dieselben, wie in späteren Stadien, wo das zu
jedem Kerne gehörige Theilchen der Grundmasse als eine polygonale
Platte gegen die benachbarten Platten abgeschlossen ist (Fig. 32, 33).
Diese Erscheinung lässt sich wohl kaum anders auslegen, als dass anfänglich die Zellen des einschichtigen Epithels weichere und mehr homogene, kernhaltige, hüllenlose Protoplasmaklumpen darstellen, welche
vollkommen zu einer continuirlichen Lage verschmolzen bleiben, während erst später sich die einzelnen Zellen differenziren und entweder
durch blosse Verdichtung der Peripherie oder durch nachträgliche Bildung von Scheidewänden ihre Bezirke gegen einander abgrenzen.
Solche aus hüllenlosen Urzellen zusammengesetzte Epithelien kann man Coenepithelien nennen. Sie scheinen bei
niederen Thieren weit verbreitet zu sein, in manchen Gruppen vielleicht
weiter, als die bei den höheren Thieren vorkommenden gewöhnlichen
Epithelien, welche aus deutlich neben einander gesonderten Hautzellen
bestehen und welche man im Gegensatz zu jenen als Autepithelien
bezeichnen kann. Derartige Coenepithelien habe ich namentlich unter
den niederen Gliederthieren (besonders Crustaceen) vielfach vorgefun-
den, wie ich schon an einem anderen Orte angeführt habe[1]. Hier will
ich nur noch bemerken, dass das Epithel der Schirmoberfläche bei
manchen Medusen zeitlebens den Charakter des Coenepithels beibehält
und aus einer einfachen Schicht innig verbundener hautloser Zellen bestehen bleibt; so fand ich es z. B. bei *Rhopalonema umbilicatum* sehr
deutlich, wo bloss die grossen, in regelmässigen Abständen zerstreuten
Kerne die Zahl der zu einem continuirlichen Protoplasmalager verschmolzenen Zellen andeuten.

Was das Coenepithel betrifft, welches als eine einfache Lage von
hautlosen Urzellen die Schirmoberfläche der Larven von *Carmarina* bekleidet, so sei hier nur noch bemerkt, dass man fast immer viele Kerne
desselben in Theilung findet, was wohl mit dem raschen Wachsthum
der Schirmoberfläche zusammenhängt. Bei den Larven von *Glossocodon*
sind die ziemlich grossen Kerne keine flachen Platten, sondern ellipsoi-
dische oder sphäroidale Körper; sie ragen daher etwas über die Schirmfläche vor und bedingen so das eigenthümlich höckerige Aussehen,
welches schon die kleinsten Larven auszeichnet (Fig. 26—30). An
dem Schirmepithel der älteren *Carmarina* sind die Kerne oft nur sehr
schwierig zu erkennen, blass und fein contourirt. Schon bei Larven
mittleren Alters sind hier die Zellen bisweilen von colossaler Grösse,
von 0.8—0,12^{mm} Durchmesser, dabei aber so äusserst dünne Platten,

---

[1] Jenaische Zeitschrift. I. 1864, p. 78.

dass sie auf dem Querschnitt kaum doppelt contourirt erscheinen. Gewöhnlich sind die Zellen hier sehr regelmässig polygonal, meist sechseckig, andere Male rhombisch (Fig. 90). Ihre grossen rundlichen Kerne sind fein granulirt und halten durchschnittlich 0,02 ᵐᵐ Durchmesser. Die Consistenz der Platten ist übrigens nachweisbar bedeutend und scheint denjenigen der dichotomen Fasern, die als ihre Ausläufer zu betrachten sind, Nichts nachzugeben. Die Ränder der Platten sind sehr fein gezähnelt, so dass die Verbindung der ineinander greifenden Ränder benachbarter Platten eine sehr innige ist (Fig. 90).

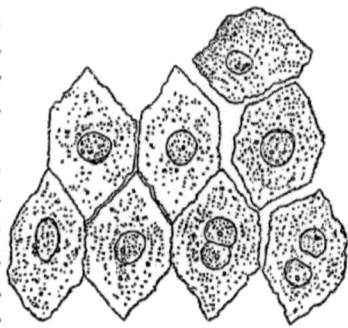

Fig. 90. Eine Gruppe von Epithelzellen der äusseren Schirmoberfläche von *Carmarina hastata*. Einige Zellen sind aus dem Zusammenhang gelöst, einige mit getheiltem Kern versehen.

Da das Epithel der Schirmoberfläche als die Matrix des Gallertmantels wesentlich zu diesem Gewebe gehört, so ist es klar, dass man das Mantelgewebe sowohl in physiologischer, als in morphologischer Beziehung weder zu dem Epithelialgewebe noch zu dem Bindegewebe ausschliesslich rechnen kann. Obwohl seine homogene Gallertsubstanz die massebildende und formgebende Grundlage des ganzen Medusenkörpers liefert und obwohl seine Bildung sich an die des Knochengewebes anschliessen lässt, so unterscheidet sich seine Matrix doch wesentlich dadurch von der Osteoblastenschicht, dass sie zugleich als Aequivalent der Epidermis die Aussenfläche des Körpers überkleidet und epitheliale Functionen übernimmt.

3. Knorpelgewebe.

Das charakteristische Gewebe, welches ich in Folgendem als Medusenknorpel beschreibe, scheint im Körper der Geryoniden, wie vieler anderer Craspedoten, die einzige Gewebsform zu sein, welche ihrem Baue, wie ihrer Function nach die Gruppe der Bindesubstanzen im Körper dieser Thiere repräsentirt. Eigentliches Bindegewebe oder sogenanntes »gewöhnliches Bindegewebe«, von der Art, wie dasselbe im Körper der höheren Thiergruppen so verbreitet ist, d. h. ein Gewebe mit mehr oder minder faserig differenzirter weicher Intercellularsubstanz zwischen den kleinen, oft durch Ausläufer verbundenen Zellen, kommt hier nirgends vor. Die verschiedenen anderen Gewebe, Nerven, Muskelfasern, Epithelien, findet man im Körper der Geryoniden überall unmittelbar an einander gelagert und nur durch eine minimale, meist optisch gar nicht nachweisbare Menge einer verklebenden Zwischensubstanz zusammengekittet. Von zwischenliegenden bindegewebigen Schichten, Unterlagen der Epithelien, oder Hüllen der Organe, wie Sarcolemm, Neurilemm und dergl. ist keine Spur wahrzunehmen. Sehr deutlich z. B. lässt sich am Velum nachweisen, dass dasselbe lediglich aus den beiden Muskelschichten und den beiden Epithelüberzügen besteht (Fig. 63, 64 v). Selbst die Wandungen der Gastrovascularcanäle bestehen bloss aus einer einfachen Epithelzellenlage, ohne eine besondere hindegewebige Grundlage.

Dass das Gallertgewebe des Mantels nicht als eigentliche Bindesubstanz aufzufassen sei, vielmehr seiner Structur, wie seiner Function nach ebenso gut, als zu dieser, auch zum Epithelialgewebe gerechnet werden könne, wurde soeben bewiesen. Ob ein Theil des Fasergewebes der radialen Hauptentakeln (Fig 61, 62), entweder die dunkeln kernhaltigen (t m) oder die hellen kernlosen Fasern (t l, t c), oder ob keins von beiden zur Bindesubstanz zu rechnen sei, haben wir nicht entscheiden können (vergl. oben). Doch sind beide wahrscheinlich musculöser Natur.

Es bleibt also, als zur Bindesubstanzgruppe gehörig, nichts weiter übrig, als das Gewebe, welches das feste Skelet des Schirmes, sowie der interradialen und radialen Nebententakeln bildet. Sowohl seiner physikalischen Eigenschaften und seiner physiologischen Leistungen, wie seines histologischen Baues halber scheint mir dieses Gewebe den Namen des Knorpels mit vollem Rechte zu verdienen, so befremdlich es auch zunächt klingen mag, bei den zarten Medusen, deren ganze Körpermasse nur aus zerfliesslich weichen Geweben zu bestehen scheint, von einem skeletbildenden Knorpel zu reden. Das Gewebe besteht aus grossen kernhaltigen rundlichen Zellen mit mehr oder weniger ansehnlichen Mengen von Intercellularsubstanz. Da die Zellen desselben oft weit ansehnlicher und grösser sind, als alle anderen im Medusenkörper vorkommenden Zellen, so ist dies Gewebe, welches bei den Medusen sowohl als bei den zugehörigen Hydroidpolypen weit verbreitet zu sein scheint, auch schon mehrfach von anderen Autoren erwähnt, und bald als »zelliges«, bald als »fächeriges« Gewebe, bisweilen auch als »Muskelgewebe« gedeutet worden. Seine Bedeutung als Bindesubstanz, und zwar als eine Modification des Bindegewebes, welche dem Knorpel der Wirbelthiere sehr nahe steht, finde ich aber von keinem Beobachter erkannt.

In der Familie der Geryoniden, und zwar sowohl bei den vierzäh-

ligen (*Glossocodon*), als bei den sechszähligen (*Carmarina*) bildet der
Medusenknorpel den oben als »Knorpelring« beschriebenen kreisförmigen Skeletreifen, der zwischen dem Aussenrand des Velum und unteren
freien Rand des Schirmes eingeschaltet ist und beiden zur festen Stütze
dient. Ausserdem bildet er im Larvenzustande der Geryoniden die
Hauptmasse der interradialen und der radialen Nebententakeln, welche
mit dem Abschlusse der Metamorphose verloren gehen. Endlich stützt
er bei der sechszähligen *Carmarina* (nicht aber bei dem vierzähligen
Glossocodon) die 12 vom Ringknorpel ausgehenden und in der äusseren
Mantelfläche aufsteigenden spangenartigen Knorpelstreifen, welche wir
oben als centripetale Mantelspangen beschrieben haben und welche
sowohl dem Schirmrande selbst, als namentlich den interradialen und
radialen Nebententakeln zur Stütze dienen.

Das Knorpelgewebe verhält sich an diesen verschiedenen Stellen
etwas verschieden, so dass seine Identität nicht sofort in die Augen
springt. Namentlich sind am Ringknorpel die Zellen bedeutend kleiner,
dafür auch die Intercellularsubstanz massenhafter entwickelt, als an
den Knorpelstreifen der Tentakeln. Der Ringknorpel (u k) des
Schirmrandes ist in Fig. 41, 65, 66 von der Fläche gesehen, in Fig. 63,
64 auf dem Querschnitt abgebildet. Fig. 70 stellt ein sehr feines Split-
terchen eines ganz dünnen Querschnittchens dar, welches bei 600ma-
liger Vergrösserung das Verhältniss der Knorpelzellen zur Intercellularsubstanz besonders deutlich zeigt. Die Zellen des Ringknorpels
(Fig. 41, 70 u k') sind membranlose Urzellen oder Protoplasmaklumpen,
welche einen rundlichen Kern umschliessen. Der Nucleus ist feinkörnig,
scharf contourirt, oft mit einem grösseren Körnchen (Nucleolus) und
hält 0,005 — 0,015 mm Durchmesser. Er liegt gewöhnlich in der Mitte
der Zelle, deren Protoplasmasubstanz bald ganz klar, wasserhell, bald
von feinen Körnchen durchsetzt ist. Nicht selten finden sich in einer
Zelle zwei Kerne, offenbar eben erst durch Theilung entstanden (Fig.
70 oben rechts). Die Zellen kann man bisweilen aus den Höhlen der
Intercellularsubstanz isoliren und sich dann von der Abwesenheit einer
Membran überzeugen (Fig. 70 unten links). Die Form der Urzellen und
der von ihnen ausgefüllten Hohlräume der Grundsubstanz (Knorpelhöhlen) ist meist unregelmässig rundlich, oft etwas polygonal abgeplattet, bisweilen stark in die Länge gezogen (Fig. 41 unten links). Ihr
Durchmesser beträgt 0,02 — 0,04 — 0,06 mm. Die Intercellularsubstanz oder Grundsubstanz des Ringknorpels (Fig. 41, 70
u k'') ist durchaus homogen und lässt keine concentrische Streifung rings
um die Knorpelhöhlen wahrnehmen, welche ihrem schichtenweisen Ab-
satz aus dem Protoplasma entspräche. Sie ist stärker lichtbrechend

als das letztere. In der Mitte zwischen je zwei Zellen ist sie meist bedeutend schmäler, dagegen in der Mitte zwischen je drei Zellen oft breiter als der Querdurchmesser der Zellen selbst. Wenn man ein sehr
dünnes Knorpelschnittchen in Wasser macerirt, so dass die Primordialzellen aus ihren Höhlen herausfallen, so bleibt die Intercellularsubstanz
als ein fächeriges Lückenwerk zurück (Fig. 70). Durch chemische Behandlung und durch Zerzupfen gelingt es nicht, einzelne blasenförmige
Fächer zu isoliren, welche sogenannten Knorpelkapseln entsprächen.
Es scheint vielmehr, dass die von den benachbarten Primordialzellen ausgeschiedene intercellulare Substanz sich sogleich zu einer
homogenen Grundmasse verbindet.

An den Knorpel des Ringknorpels schliesst sich zunächst seiner
histologischen Beschaffenheit nach der Spangenknorpel an, der
schmale dünne Knorpelstreif, welcher bei *Carmarina* das Knorpelskelet
der 12 marginalen Mantelspangen (h) bildet (Fig. 63, 64, 65 h k). Bei
Glossocodon fehlt dieser Spangenknorpel. Er besteht aus einer einzigen
Reihe hinter einander liegender Zellen, welche anfänglich sehr flache
Scheiben darstellen (Fig. 64). Späterhin, wenn die Mantelspange
wächst, dehnen sich die Knorpelzellen mehr in die Länge, und es erscheinen beim erwachsenen Thier namentlich die obersten, welche der
Spitze der hornförmig gekrümmten Spange am meisten genähert sind,
als sehr schmale und lange Cylinder (Fig. 63). Die Länge der Knorpelzellen wächst hier allmählich von der Basis bis zur Spitze, während ihre
Dicke entsprechend abnimmt. Die Intercellularsubstanz der Spangenknorpel ist meist nur von geringer Dicke. Der Kern der Zellen liegt
meist wandständig an jener Wand der Zelle, welche der Spangenspitze
zugekehrt, von dem Mantelrand abgewendet ist.

Der Tentakelknorpel, welcher das Skelet der interradialen und
der radialen Nebententakeln bildet, und namentlich der der ersteren,
zeichnet sich durch sehr bedeutende Grösse der Zellen, sowie durch geringere Mengen von Intercellularsubstanz aus. besonders aber dadurch,
dass häufig das Protoplasma, welches die Knorpelhöhlen ausfüllt, grosse
Vacuolen enthält, welche mit einer wässrigen Flüssigkeit erfüllt sind.
Man könnte dieses Gewebe, statt zum Knorpel, auch zu dem sogenannten Blasengewebe oder dem blasig-zelligen Bindegewebe rechnen, jener
Modification der Bindesubstanz, welche bei niederen Thieren (Arthropoden, Mollusken etc.) so weit verbreitet ist und das faserige Bindegewebe der höheren Thiere ersetzt.

Das Knorpelskelet der radialen Nebententakeln bildet
sowohl bei *Carmarina* als bei *Glossocodon* eine cylindrische Säule,
welche aus einer einzigen Reihe hintereinander gelagerter scheibenför-

iniger Knorpelzellen zusammengesetzt ist (Fig. 38, 39, 65 s k). Wenn
die longitudinalen Fasern des Muskelcylinders, der den Knorpelstab überzieht, stark contrahirt sind, so erscheinen die Knorpelzellen breiter und
flacher, fast münzenförmig; sind dagegen die Muskelfasern erschlafft, so
dehnen sich die Knorpelzellen vermöge der Elasticität der Intercellularsubstanz zu längeren und schmäleren cylindrischen Scheiben aus. Die
Knorpelkapseln, welche die Intercellularsubstanz bilden, sind an den
radialen Nebententakeln dicker, dagegen die Höhlungen der Kapseln
und die membranlosen Zellen, welche diese Höhlen ausfüllen, kleiner,
namentlich bedeutend kürzer, als an den interradialen Tentakeln. Bei
Carmarina (Fig. 65) sind die Knorpelzellen (s k) der radialen Nebententakeln oft deutlich sphäroid, und da die Grundsubstanz (s k),
welche zwei benachbarte Zellen scheidet, keine Spur einer transversalen Grenzlinie zeigt, welche die Kapsel der einen Zelle von der
benachbarten schiede, so erscheint die ganz homogene Intercellularmasse
am dünnsten in der Axe des Tentakels, wo die einander zugekehrten
Wölbungen der beiden sphäroiden Zellen sich am nächsten stehen. Am
dicksten ist die Kapselsubstanz dagegen an der peripherischen Wand
des Tentakels in der Mitte zwischen je zwei Zellen. Das Protoplasma
der Zellen füllt bei den radialen Nebententakeln bald die ganze Knorpelhöhle aus; bald enthält es mit wässriger Flüssigkeit erfüllte Vacuolen
(Fig. 39 s k). Der ellipsoide oder planconvexe scheibenförmige Kern
liegt meist an derjenigen Wand der Knorpelkapsel an, welche der
Spitze des Tentakels zugekehrt ist, seltner in der Mitte der Höhle.

Der Knorpelcylinder, welcher die Hauptmasse der interradialen
Tentakeln (y) bildet, zeichnet sich durch die ausserordentliche
Grösse seiner Knorpelzellen aus, welche bei weitem die grössten von
allen zelligen Elementen sind, die im Körper der Geryoniden vorkommen (Fig. 40 y k, Fig. 64 y k). Bei jüngeren Larven liegen dieselben
nur in einer einzigen Reihe hinter einander. Das Tentakelskelet erscheint dann als ein einfacher cylindrischer Knorpelstab, welcher durch
transversale Septa (die intercellularen Scheidewände je zweier hinter
einander gelegener Zellen) gleichsam gegliedert ist. Die einzelnen Zellen
sind dann noch kurze Cylinder, im Mittel ungefähr so lang als breit.
Beim weiteren Wachsthum des Tentakels verlängern sie sich und es
beginnt die Bildung von longitudinalen Scheidewänden, so dass nun
mehrere Zellen, die durch gegenseitigen Druck polygonal abgeplattet
erscheinen, neben einander zu liegen kommen. Diese Längstheilung
der Knorpelzellen tritt namentlich an der spindelförmig verdickten Basis
des Tentakels reichlich auf (Fig. 40, 64), so dass hier auf einem Querschnitt 4—8 Zellen neben einander gleichzeitig sich zeigen, während

gegen die Spitze hin die Zellenreihe einfach bleibt, oder nur ein einziges Longitudinal-Septum dieselbe in zwei halbcylindrische Reihen theilt. Je grösser die Zahl der benachbarten Knorpelzellen, mit denen jede einzelne in Berührung steht, desto mehr geht ihre ursprüngliche Cylinderform in eine unregelmässig polyedrische über. Ihr Durchmesser beträgt bei *Glossocodon* im Mittel 0,05 — 0,08 ^{mm}, bei *Carmarina* 0,06 — 0,1 ^{mm}.

Während die Knorpelzellen der interradialen Tentakeln durch ihre ansehnliche Grösse die Knorpelzellen der radialen Nebententakeln, der Mantelspangen und namentlich diejenigen des Ringknorpels beträchtlich übertreffen, so stehen sie dagegen bedeutend hinter diesen zurück hinsichtlich der Entwickelung der Grundsubstanz. Diese ist meist nur an den peripherischen Kapselwänden, welche an den umschliessenden Muskelcylinder des Tentakels stossen, von ansehnlicher Dicke, mehrmals dicker als der letztere, während dagegen die transversalen und namentlich die longitudinalen und diagonalen Scheidewände, welche die benachbarten Knorpelzellen von einander trennen, nur sehr dünn sind. Es sind daher diejenigen Knorpelzellen, welche ganz in der Axe der verdickten Tentakelbasis liegen, nur von einer sehr zarten Knorpelkapsel umschlossen, während die Kapseln der peripherischen Zellen da, wo sie nach aussen an den Muskel grenzen, ansehnlich verdickt sind. Gegen die Spitze des Tentakels, wo bei jüngeren Larven die Zellen in einer Reihe liegen, ist der Cylindermantel jeder Zelle meist stark verdickt, die beiden Grundflächen der Kapsel dagegen nur dünnwandig. Bisweilen ist in der Mitte der Scheidewand je zweier benachbarter Zellen eine feine Linie sichtbar, welche die Grenze der den beiden Zellen zugehörigen Kapselwände andeutet, die noch nicht zu homogener Grundsubstanz verschmolzen sind. Bisweilen bleiben auch da, wo drei oder vier Knorpelkapseln in einer Ecke zusammen treffen, kleine polyedrische Intercellularräume zwischen ihnen übrig (Fig. 64).

Die Kerne in den Knorpelzellen der interradialen Tentakeln sind bald Ellipsoide, bald planconvexe Scheiben, welche theils wandständig der Innenfläche der Knorpelkapseln anliegen (besonders derjenigen Wand, welche der Tentakelspitze zugekehrt ist), theils in der Mitte der Zelle oder an anderen Stellen der Höhle in das Protoplasma eingebettet liegen. Oft sind in einer Knorpelzelle mehrere Kerne sichtbar, bisweilen drei bis vier in einer Reihe hinter einander liegend, so dass es aussieht, als ob sie eben erst durch wiederholte Quertheilung des ursprünglich einfachen Kernes entstanden seien.

Das Protoplasma (Fig. 40, 64 y k') füllt die Knorpelhöhlen der interradialen Tentakeln bald vollständig, bald nur theilweise aus, indem häufig eine Anzahl von kleineren und grösseren Vacuolen in dasselbe eingelagert sind, die mit einer wässerigen Flüssigkeit gefüllt zu sein scheinen. Oft nehmen diese Vacuolen an Ausdehnung so zu, dass der grösste Theil der Knorpelhöhle von der wässrigen Flüssigkeit erfüllt wird, während das Protoplasma (meist deutlich zu unterscheiden durch sehr feine blasse Körnchen, die in seine zähflüssige Grundsubstanz eingelagert sind), sich beschränkt auf eine dünne wandständige Schicht, die die Innenwand der Knorpelhöhle auskleidet (Primordialschlauch) und auf mehrere einfache oder verästelte Schleimfäden, welche die wassererfüllte Zellenhöhlung durchziehen und nicht selten durch Anastomosen ein Netzwerk herstellen (Fig. 93). Liegt der Kern nicht an der Innenwand der Knorpelhöhle an, sondern frei in derselben, so bildet er oft das Centrum dieses Fadennetzes, indem nach allen Richtungen Fäden von ihm ausstrahlen, welche zur Höhlenwand laufen und sich dort zur Bildung der Wandschicht vereinen. Kurz es bieten dann die Knorpelzellen dasselbe Bild, wie es in grösseren Pflanzenzellen so häufig gefunden wird. Wahrscheinlich befinden sich auch im lebenden Knorpel die einzelnen Theilchen des Protoplasma in einer langsamen Bewegung; doch ist wegen der geringen Grösse und Zahl der in demselben suspendirten Körnchen diese Strömung schwer zu constatiren. Unmittelbar habe ich von derselben, auch bei anderen Craspedotenmedusen, mich niemals überzeugen können; wohl aber bemerkte ich, dass an einer und derselben Zelle die Configuration des Schleimfadennetzes, das den Hohlraum der Knorpelhöhle durchzieht, sich nach einiger Zeit verändert hatte. Es sind diese Knorpelzellen ganz ähnlich den sogenannten strahligen oder radiirten, in runde Knorpelhöhlen eingeschlossenen »Knorpelkörperchen«, welche auch im Knorpel der Wirbelthiere hier und da vorkommen, auch bei Menschen öfter pathologisch beobachtet und z. B. von J. Lachmann [1]) aus einem menschlichen Enchondrome beschrieben worden sind.

Derselbe Knorpel, den ich hier von *Carmarina* und *Glossocodon* beschreibe, scheint bei den craspedoten Medusen weit verbreitet vorzukommen. Wenigstens habe ich bei der grossen Mehrzahl aller craspedoten Medusen, die ich zu beobachten Gelegenheit hatte, einzelne Skelettheile aus demselben gebildet gefunden. Insbesondere sind es diejenigen Formen von soliden Tentakeln, welche sich nicht bedeutend verkürzen können und welche man wegen ihrer eigenthümlichen Bewegungen als »starre Tentakeln« bezeichnet, bei denen der Medusenknorpel den grössten Theil des Volums bildet und die eigenthüm-

---

[1]) Müller's Archiv, 1857, p. 16, Taf. II.

lichen physikalischen Eigenschaften dieser Gebilde, ihre Starrheit,
verbunden mit grosser Elasticität bedingt. Die grösste Entwickelung erreichen diese sogenannten »starren Tentakeln« in der durch
ihren starren Habitus ausgezeichneten und, wie wir im X. Abschnitt
gezeigt haben, den Geryoniden genetisch sehr nahe verwandten
Familie der Aeginiden (Thalassantheen), deren bedeutendere Consistenz auch schon von anderen Beobachtern als »knorpelartig« bezeichnet
wird. In dieser eigenthümlichen Familie scheinen sämmtliche Tentakeln solid und aus einem dicken Knorpelstabe gebildet zu sein, der von
einem dünnen Muskelschlauche und zu äusserst von einem Epithel überzogen ist (Fig. 81, 83). Die Knorpelzellen sind hier meist münzenförmig, flache kreisrunde Scheiben, welche in einer einzigen Reihe hinter
einander liegen und eine Knorpelsäule, gleich einer Geldrolle bilden.
Ihr Durchmesser ist oft colossal bis zu $\frac{1}{2}$ ^{mm} und darüber. Die Knorpelkapseln der einzelnen Zellen können hier bisweilen von einander isolirt
werden, sodass die Intercellularsubstanz, welche gewöhnlich als homogene Grundsubstanz zwischen je zwei Zellen eingeschaltet ist (Fig. 83),
hier bisweilen in Form einer sehr dicken Zellenmembran auftritt. Diese
verbindet in hohem Grade, gleich genuinem Knorpel, Festigkeit und Elasticität. Der grösste Theil der Knorpelhöhle ist bei den Aeginidententakeln
und ihren Wurzeln, die sich ganz besonders zum Studium des Medusen-
Knorpels eignen (Fig. 93), meist von einer hellen wässrigen Flüssigkeit (D) erfüllt, während das zähe, flüssige oder feinkörnige Protoplasma (B) sich auf eine Wandschicht beschränkt, welche die Innenfläche der Knorpelhöhle (C)
auskleidet. Von dieser Schicht gehen meist verzweigte
Schleimfäden aus, welche, wie oben beschrieben, anasto-
mosirend den hohlen Zellenraum durchziehen und, wenn
der Kern (A) in der Mitte der Zelle liegt, von diesem
auszustrahlen scheinen. Andere Male zieht nur ein einziger Protoplasmastrang, der Längsaxe des Tentakels
entsprechend, mitten durch die cylindrische Knorpelzelle
hindurch, die Mitten ihrer beiden Grundflächen verbin-
dend, und in der Mitte den Kern umschliessend (Fig.
83). Diese Gebilde sind schon von mehreren Autoren
beschrieben, aber irrig gedeutet worden. Im letzteren

Fig. 93.

Falle hat man z. B. die Summe der in der Tentakelaxe verlaufenden
Protoplasmastränge als einen centralen Canal aufgefasst. Die Proto-

Fig. 93. Ein Stück einer Tentakelwurzel von *Cunina rhododactyla*. A Kern.
B Protoplasma der Knorpelzellen.　C Intercellularsubstanz (Knorpelkapseln).
D Wässrige Flüssigkeit innerhalb des Protoplasmaschlauchs.

plasmastränge sind auch öfter als Muskeln beschrieben worden, während der Muskelschlauch, der den Knorpelstab überzieht, ganz übersehen wurde. Eine gute Abbildung einzelner Knorpelzellen aus den Tentakeln von *Aegineta corona* geben KEFERSTEIN und EHLERS [1] und bemerken dazu: »Die Tentakeln sind von regelmässigem, fächerigem Bau: in jedem Fach befindet sich eine Muskelzelle, die an der Basis des Tentakels einfach spindelförmig ist (9 a), in der Mitte desselben schon eine Anzahl Ausläufer besitzt (9 b) und in der Tentakelspitze endlich sehr vielfach verzweigt ist (9 c), so dass die Beweglichkeit der Tentakeln nach der Spitze hin zunimmt« [2]. Diese verschiedenen Formen der »Muskelzellen« sind nur die verschiedenen Formen, welche der die Zellhöhle durchziehende Theil des Protoplasma annimmt, während der wandständige Theil desselben, der in diesen Knorpelzellen einen geschlossenen Sack bildet, von ihnen, wie von den andern Beobachtern, übersehen wurde. Was gewöhnlich als »Fach« bezeichnet wird, ist die Knorpelkapsel. Aus denselben Knorpelzellen und zwar allein aus ihnen sind allgemein die eigenthümlichen »Tentakelwurzeln« zusammengesetzt, mittelst deren die Tentakeln der Aeginiden in den Schirmrand eingeschlossen sind (Fig. 81 t w).

Ganz ebenso gebaut wie die Knorpeltentakeln der Geryoniden und Aeginiden sind auch diejenigen der nahverwandten Trachynemiden. Bei *Rhopalonema velatum* ist der cylindrische, von Muskeln und Epithel überzogene dicke Axenknorpel aus einer einzigen Reihe münzenförmiger Zellen zusammengesetzt, während bei *R. umbilicatum* deren mehrere neben einander liegen. Denselben Bau finde ich ferner an den Tentakeln der *Aglaura*, an den kleinen, meist spiral aufgerollten Nebententakeln und soliden Kolbententakeln von *Mitrocoma* und *Cosmetira*, an den Mundarmen vieler Oceaniden, sowie an den Randtentakeln und Mundarmen vieler anderer Craspedoten. Ausserdem finde ich den Medusenknorpel bei vielen Craspedoten am äussersten Schirmrande vor, wo er als festes ringförmiges Skelet sowohl dem Velum einen sicheren Insertionspunct bietet und die feste Basis des Schirmrandes bildet, als auch durch seine Elasticität den durch das Velum contrahirten Schirmrand wieder ausdehnt. Auch bildet der Knorpel bei einigen Craspedoten feste spangenförmige Leisten in der Subumbrella, welche die Radialcanäle begleiten und deren Lumen, auch bei starker Contrac-

---

1) KEFERSTEIN und EHLERS, Zoologische Beiträge 1861, p. 95, Taf. XIV, Fig. 9.

2) Auch angenommen, es läge wirklich eine einfache oder verästelte Muskelzelle in jedem solchen Fache, glaube ich doch nicht, dass man daraus diesen Schluss ziehen dürfe. Wie soll aus der Verästelung einer in ein starres Fach eingeschlossenen Muskelzelle eine grössere Beweglichkeit dieses Theiles resultiren?

tion der Muskelschicht der Subumbrella, offen erhalten helfen. So finde
ich in sehr ausgezeichneter Weise bei *Rhopalonema velatum* jeden Radialcanal auf beiden Seiten von einer breiten Knorpelleiste eingefasst, welche
ein rechtwinkliges Dreieck bildet und den Canal vom Ringgefäss bis
zur Basis der Genitalien begleitet, wo sie zugespitzt endet.   Offenbar
haben diese Knorpelstreifen an der knorpelartigen Consistenz, welche
den starren Schirm der Trachynemiden auszeichnet, wesentlichen An-
theil; auch ist wohl die Elasticität des Knorpels hier die Ursache, dass
der Schirm, unmittelbar nach der durch die ausserordentlich entwickelte
Subumbrella bewirkten Contraction, mit solcher Kraft sogleich wieder
in die flache Form zurückschnellt.

Von besonderem Interesse endlich ist die Existenz des Medusenknorpels, und namentlich der letzterwähnten knorpeligen Schirmtheile,
für die Frage von der Bedeutung jener in geschichteten Gesteinen enthaltenen Abdrücke, welche man als fossile Medusen gedeutet hat. Wenn
man wegen der weichen zerfliesslichen Beschaffenheit der meisten Medusen Bedenken getragen hat, jene namentlich in den Sohlenhofener
Schiefern enthaltenen Abdrücke, welche nur auf Medusenschirme, und
auf keine anderen Organismen bezogen werden können, für solche zu
erklären, so erscheinen diese Bedenken jetzt nicht mehr gerechtfertigt,
da die Annahme, dass jene Arten einen theilweise knorpeligen Schirm
hatten, gestattet ist (Vergl. Haeckel, über fossile Medusen, Zeitschrift
für wissenschaftl. Zoologie. Bd. XV., Taf. XXXIX).

4. Muskelgewebe.

Das contractile Gewebe des Geryonidenkörpers tritt in zwei ganz
verschiedenen Formen auf, als quergestreifte und als glatte Muskelfasern.   Die letzteren bilden ausschliesslich das contractile Gewebe der
radialen Haupttentakeln (t) und zum Theil auch der Magenwand, während die ersteren die Muskeln aller übrigen Körpertheile zusammensetzen. Die verschiedene Structur der beiderlei Elemente bedingt auch
eine differente Function derselben, die sich in den abweichenden Be-
wegungsformen der aus ihnen zusammengesetzten Organe deutlich
ausspricht.

Die glatten homogenen Muskelfasern (Fig. 61, 62) sind
bereits oben, bei der detaillirten Darstellung des complicirten Baues der
radialen Haupttentakeln von *Carmarina*, ausführlich besprochen worden. Wir mussten es unentschieden lassen, ob bloss die blassen kernlosen Fasern (theils longitudinal (t l), theils circular (t c) verlaufend),
oder ob bloss die dunkeln kernhaltigen longitudinalen Spindelzellen
(t m), oder ob endlich beide Elemente zugleich musculöser Natur seien.

Das letztere ist wohl das Wahrscheinlichste. Die glatten Muskeln, welche einen Theil der Magenwand bilden (Fig. 73), und dort in einer äusseren dünneren Längsfaserschicht (k l) und einer inneren dickeren Ringfaserschicht (k c) entwickelt sind, scheinen sich den hellen kernlosen Fasern der radialen Haupttentakeln anzuschliessen, unterscheiden sich aber von ihnen wesentlich dadurch, dass sie sich beim Zerfasern nicht in spindelförmige Stränge (Fig. 62 t l), sondern in Bündel von sehr feinen und langen structurlosen Fibrillen auflösen.

Die quergestreiften heterogenen Muskelfasern sind am stärksten entwickelt im Velum, wo sie eine obere stärkere Lage von circularen und eine untere schwächere Schicht von radialen Muskelfasern bilden. Sehr stark sind auch die longitudinalen Muskelbänder, welche am Magenstiele die Zwischenräume zwischen den Radialcanälen ausfüllen. Viel schwächer sind die circularen Faserzüge der Subumbrella und die radialen Bänder, welche, von letzteren bedeckt, die Radialcanäle paarweise begleiten. Auch an der äusseren Magenfläche, oberhalb der oben erwähnten dicken Lagen von glatten Muskelfasern, findet sich eine dünne Schicht von longitudinal verlaufenden quergestreiften Fasern, welche die untere Ausbreitung der breiten Längsmuskelbänder des Magenstiels darstellen. Sie bilden auf der Magenoberfläche 4 — 6 schmälere Längsbänder, welche den Mundsaum in 4 oder 6 Lappen einziehen können (Fig. 18 — 21, Fig. 58, Fig. 74). Auch über dem Knorpelskelet der interradialen und der radialen Nebententakeln bilden die quergestreiften Muskeln nur eine dünne Lage von longitudinalen Fasern.

Die Querstreifung der Muskelsubstanz tritt bei *Carmarina* und bei *Glossocodon* an allen genannten Theilen bei Anwendung genügend starker Vergrösserungen (600) so scharf und deutlich hervor, als bei den Muskeln der Vertebraten und Arthropoden (Fig. 10, 40, 64, 72). Nur ist die Grösse der Sarcous–Elements viel geringer, als bei den meisten der letzteren. Einfach und doppelt brechende Substanz sind aber eben so scharf von einander abgesetzt. Die Form und Grösse der Elemente zu bestimmen, welche die Muskelfasern zusammensetzen, hält sehr schwer. Sowohl beim Zerzupfen der frischen Muskeln als nach Behandlung derselben mit verschiedenen Säuren etc. erhält man zwar bisweilen lange, oft sehr lange, spindelförmig an beiden Enden zugespitzte Fasern, welche in verschiedenen Abständen mit sehr kleinen feingranulirten länglichen Kernen besetzt sind (Fig. 10 m). In der Regel aber erhält man beim Zerzupfen nur ganz unregelmässige Bündel von sehr feinen und langen quergestreiften Fibrillen, die noch nicht 0,004 ^{mm} breit sind (Fig. 72 m s). Mit den stärksten Vergrösserungen

betrachtet, erscheinen die Fibrillen varicös, indem die dunkleren
Sarcous-Elements breiter aussehen, als die blasseren Zwischenscheiben
des Längsbindemittels.   Nicht selten erscheinen die breiteren Muskelbänder, namentlich die sehr regelmässigen Längsmuskeln, welche die
Radialcanäle am Magenstiele von einander trennen, und an der Subumbrella paarweise begleiten, wenn man sie unversehrt bei starker
Vergrösserung betrachtet, zusammengesetzt aus zahlreichen, sehr regelmässig parallel nebeneinander verlaufenden und gleich breiten linearen
Strängen von 0,003 ^{mm} Dicke.   Beim Zerzupfen zerfällt jeder derselben
sehr leicht in ein Bündel von Fibrillen.   Von grösseren oder kleineren
Scheiden um die Muskeln ist nirgends etwas wahrzunehmen.   Die einzelnen feinen Fasern scheinen einfach neben einander gelagert und
durch ein Minimum eines Querbindemittels verkittet zu sein.   Verflech-
tung oder Anastomose der Fasern scheint nirgends vorzukommen.

5. Nervengewebe.

Die Elementartheile des Nervensystems der Geryoniden sind, wie
bereits oben erwähnt wurde, von zweierlei Art, sehr zarte und dünne
homogene F a s e r n und mit diesen zusammenhängende kleine kernhaltige membranlose Z e l l e n.   Beide sind sowohl bei *Carmarina* als
bei *Glossocodon* schwer nachzuweisen.   An den lebenden Thieren sind
sie so vollkommen hell und durchsichtig, dass sie sich kaum von den
ebenfalls glasartigen Nachbartheilen absetzen.   Dabei sind sie so zart und
zerstörbar, dass man bei mechanischen Präparationsversuchen mit Messer und Nadel meist nur unkenntliche Trümmer erhält und dass auch
die Hülfe chemisch einwirkender Agentien nur mit grosser Vorsicht in
Anspruch genommen werden darf.   Viele Zeit und Mühe habe ich ver-
geblich aufgewendet, ehe es mir gelungen ist, die nervösen Elementartheile völlig zu isoliren und als solche zu bestimmen (Fig. 92).

Soweit ich diese sehr schwierigen Verhältnisse mit einiger Sicherheit erforschen konnte, habe ich die N e r v e n z e l l e n nicht allein auf
die unmittelbar unter der Basis der Sinnesbläschen gelegenen Ganglienknoten beschränkt gefunden, sondern auch im Verlaufe der Fasern
mehrfach eingeschaltet zu erkennen geglaubt.   Die rundlichen oder
flach hügelförmigen Ganglienknoten (f), 12 bei *Carmarina*, 8 bei *Glosso-*
codon, sind bereits oben beschrieben worden.   Sie sind in eine Vertiefung des Knorpelrings eingebettet (Fig. 63, 64 f), aus welcher sie
sehr schwierig herauszulösen sind.   Beim Zerzupfen der Knoten erhält
man neben und in einer feinkörnigen detritusartigen Masse kleine und
zarte unregelmässige Zellen von sehr verschiedener Grösse, welche zum

Theil mit sehr feinen Nervenfasern zusammenhängen. Die Kerne sind verhältnissmässig gross, die der grösseren Nervenzellen so gross, als die ähnlichen Kerne der Knorpelzellen des Ringknorpels, mit welchen auch die Zellen selbst leicht verwechselt werden können. Wie die aus ihren Knorpelhöhlen herausgelösten Knorpelzellen erscheinen auch die kleinen Nervenzellen als membranlose Urzellen, gebildet aus einer homogenen Substanz, welche feine Körnchen enthält, die namentlich um den Kern herum angehäuft sind. Unter den isolirten Zellen kann man solche mit einem und zwei Fortsätzen öfter finden, auch die verlängerten Fortsätze als identisch mit den Fasern erkennen. Seltener lassen sich sternförmige Zellen isoliren, welche die Ansätze von mehreren abgerissenen Ausläufern zeigen.

Fig. 92. Nervenfasern und Ganglienzellen von *Carmarina hastata*, aus dem Nervenring an der Austrittsstelle aus einem radialen Ganglion entnommen.

In situ kann man kleine spindelförmige Nervenzellen im Zusammenhang mit den Nervenfasern an den zarten Nervensträngen verfolgen, welche zwischen dem Knorpelskelet und dem Muskelschlauche der interradialen Tentakeln verlaufen (Fig. 64 y n). Die kleinen blassen Zellen können auch hier mit den ungefähr eben so grossen, oft von einem sternförmigen Protoplasmahofe umgebenen Kernen der grossen Knorpelzellen verwechselt werden. Leichter und sicherer, und zugleich in Menge beisammen liegend, kann man Nervenzellen in dem Basalganglion (w) der Sinnesbläschen beobachten Fig. 7, 8, 22, 23). Sie scheinen hier meist spindelförmig zu sein. Auch die Zellen, welche die das Concrement enthaltende Blase innerhalb der Sinnesbläschen erfüllen, sehe ich als Ganglienzellen an und deute jene Blase demgemäss als Sinnesganglion (s); um so mehr, als die gekreuzten Sinnesnerven innerhalb derselben zwischen den Zellen ausstrahlen und sich wahrscheinlich mit ihnen verbinden. Die Zellen erscheinen hier in frischem Zustand als sehr helle homogene polyedrische Körper (Fig. 7), lassen aber nach Zusatz von Säuren den Kern sehr deutlich vortreten (Fig. 8).

Die Nervenfasern (Fig. 72 a r, 92) sind vollkommen homogene, sehr zarte und blasse Fibrillen von 0,0001 bis höchstens 0,001 ^{mm} Breite, welche nirgends eine Differenz von Hülle und Inhalt erkennen lassen. In situ untersucht man sie am besten an den unversehrten Randbläschen, an deren Innenwand sie die beiden gegenständigen halbkreisförmig gebogenen Nervenbügel (n') zusammensetzen (Fig. 7, 8, 22, 23, 63, 65). Die sehr zarte Längsstreifung, welche man an den letzteren wahrnimmt, ist jedenfalls auf die Zusammensetzung aus

Fibrillen zu beziehen. In frischem Zustande vollkommen homogen, lassen sie nach Zusatz von Säuren, Sublimat etc. zerstreute sehr kleine längliche Kerne erkennen (Fig. 8). Ebenfalls in situ, aber schwieriger kann man die Nervenfasern in den schmalen blassen Nervensträngen nachweisen (y n), welche zwischen dem Knorpelskelet und dem Muskelrohr der interradialen Tentakeln verlaufen (Fig. 64). Hier ist auch ihr Zusammenhang mit eingestreuten Ganglienzellen bisweilen zu erkennen.

Zur Isolirung und Untersuchung der einzelnen faserigen Nervenelemente eignen sich am meisten die starken Radialnerven, welche man mit leichter Mühe aus den umgebenden Geweben herausschälen kann, besonders während ihres Verlaufes durch die Mitte der Genitalblätter. Beim Zerzupfen der Radialnerven mit Nadeln erhält man ziemlich leicht einzelne sowohl, als in kleine und grössere Bündel vereinigte Nervenprimitivfasern, welche als einfache unverzweigte Fäden parallel gelagert sind (Fig. 72 a r). Die meisten sind gleichbreit, noch nicht 0,0005 ^{mm} dick, hie und da mit sehr kleinen stäbchenförmigen Kernen besetzt. Sehr instructive Präparate erhält man von diesen Stellen dann, wenn an dem isolirten Nervenstückchen noch ein Fetzen von der unmittelbar darüber liegenden circularen Muskelschicht der Subumbrella (m s) hängen geblieben ist. Fig. 72 giebt ein solches Präparat getreu wieder. Bei hinreichend starker Vergrösserung (900) treten dann die Differenzen in der Lichtbrechung zwischen den blasseren, vollkommen homogenen Nervenfibrillen und den dunkleren, quergestreiften Muskelfasern sehr deutlich hervor. Mit anderen Elementartheilen, als den letztgenannten, können aber auch bei schwächerer Vergrösserung die Nervenfasern nicht verwechselt werden, da ähnliche fibrilläre Theilchen, namentlich bindegewebiger Natur (mit Ausnahme der im Gallertmantel verlaufenden dichotomen Fasern) im Geryonidenkörper nicht vorkommen. Weit schwieriger als die Radialnerven, ist der Ringnerv zu isoliren und in seine Fasern zu zerlegen; doch gelingt es auch hier bei sorgfältiger Präparation, die nervösen Elementartheile zu isoliren und die Nervenfasern noch im Zusammenhange mit den kleinen Ganglienzellen nachzuweisen.

Erklärung der Abbildungen.

Die Bedeutung der Buchstaben ist in allen Figuren dieselbe.

a   Nervenring am Schirmrand, zwischen Knorpelring und Gefässring.

a p   Radialnerven während ihres Verlaufs am Magenstiel (in der Mitte der äusseren Wand der Radialcanäle).

a r   Radialnerven während ihres Verlaufs an der Subumbrella (in der Mitte der Genitalblätter).

b   Sinnesbläschen oder Randbläschen.

b e   Epithel der Innenwand der Randbläschen.

b i   Interradiale Randbläschen.

b r   Radiale Randbläschen.

c   Gefässring am Schirmrand (Cirkelcanal).

c c   Lumen des Gefässringes.

c l   Umbrales (der Gallertsubstanz zugekehrtes) Epithel des Gefässringes.

c s   Subumbrales (der Subumbrella zugekehrtes) Epithel des Gefässringes.

d   Drüsenblätter in der Magenwand.

d′   Mittelrinne der Drüsenblätter.

d″   Einzelne Drüsen aus einem Drüsenblatt.

e   Centripetalcanäle (Blindgefässe).

e c   Ectoderm.

e l   Epithel der äusseren Schirmoberfläche (des Gallertmantels).

e n   Entoderm.

e s   Epithel der Schirmhöhle oder der Subumbrella.

f   Ganglienknoten des Ringnerven, unmittelbar unter dem Randbläschen.

g   Genitalblätter.

g′   Hoden.

g″   Eierstöcke.

h   Marginale Mantelspange (centripetale Spange des Schirmrandes).

h e   Epithel der Mantelspangen (zum Theil mit Nesselzellen).

h k   Knorpelskelet der Mantelspangen.

h m   Muskeln (longitudinale Muskelfasern) der Mantelspangen.

h n   Nerv der Mantelspange.

i   Ursprung der Radialcanäle aus dem Grunde der Magenhöhle.

k   Magen.

k′   Innenfläche des Magens, umgestülpt.

l   Gallertsubstanz des Mantels und des Schirmstiels.

l f   Dichotom verzweigte Fasern in der Gallertsubstanz.

m   Muskelbänder in der Aussenfläche des Magenstiels zwischen den Radialcanälen.

m s   Circulare Muskelfasern der Subumbrella.

n   Nerven im Randbläschen.

n'   Sinnesnerven (2 gegenständige Bügel) an der Innenwand des Randbläschens.

n"   Kreuzung (Chiasma) und Durchflechtung der beiden Sinnesnerven am freien
        Pole des Randbläschens, beim Eintritt in das Sinnesganglion.

n'''   Ausstrahlung der gekreuzten Sinnesnerven innerhalb des Sinnesganglion,
        rings um das Concrement.

o   Mund.

o'   Nesselknopfe am verdickten Saum des Mundes.

p   Magenstiel (Schirmstiel).

p e   Epithel des Magenstiels.

q   Querschnitt der Radialcanäle.

r   Radialcanäle, in der Oberfläche des Magens aufsteigend.

r l   Umbrales (der Gallertsubstanz zugekehrtes) Epithel der Radialcanäle.

r s   Subumbrales (der Subumbrella zugekehrtes) Epithel der Radialcanäle.

s   Sinnesganglion (mit Zellen erfüllte Kapsel im Innern des Randbläschens).

s e   Epithel der radialen Nebententakeln (s t).

s f   Geisselanhang der radialen Nebententakeln.

s k   Knorpelskelet der radialen Nebententakeln.

s k'   (Membranlose) Knorpelzellen derselben.

s k"   Intercellularsubstanz des Knorpels derselben.

s m   Muskeln (aus Longitudinalfasern zusammengesetzter Muskelcylinder) der ra-
        dialen Nebententakeln.

s t   Radiale Nebententakeln (primäre Larvententakeln).

s u   Nesselknopf der radialen Nebententakeln.

t   Radiale Haupttentakeln.

t c   Helle circulare Fasern der radialen Haupttentakeln.

t e   Inneres, das Centralrohr auskleidendes Epithel der radialen Haupttentakeln.

t l   Helle (kernlose) longitudinale Fasern der radialen Haupttentakeln.

t m   Dunkle longitudinale Fasern der radialen Haupttentakeln (spindelförmige,
        kernhaltige, stark lichtbrechende Zellen).

t t   Radiale Tentakeln der *Cunina.*

t u   Aeusseres mehrschichtiges Epithel der radialen Haupttentakeln.

t w   Tentakelwurzeln der *Cunina.*

t x   Dunkle Wülste an der Tentakelbasis der *Cunina.*

u   Aeussterster Schirmrand (Mantelsaum), bestehend aus dem Knorpelring und
        dem den letzteren überziehenden, theilweis mit Nesselzellen durch-
        setzten Epithel (Nesselsaum).

u e   Epithel des Schirmrandes, den Ringknorpel überziehend und theilweis mit
        Nesselzellen durchsetzt (Nesselsaum).

u k   Knorpelskelet (Ringknorpel) des Schirmrandes.

u k'   (Membranlose) Zellen des Ringknorpels.

u k"   Intercellularsubstanz des Ringknorpels.

u t   Ringförmige Nesselwülste der radialen Haupttentakeln.

v   Velum oder Randmembran.

v'   Freier Innenrand des Velum.

v c   Circulare Muskeln des Velum.
v e   Unteres (flaches) Epithel des Velum.
v r   Radiale Muskeln des Velum.
v s   Oberes (hohes) Epithel des Velum.
w   Basalganglion des Randbläschens (Zellenpolster an der Innenfläche seiner Ba-
       sis, unmittelbar über dem Ganglion (f) des Nervenringes).
x   Concentrisch geschichtete, kalkhaltige Concretionen (Otolithen?), einge-
       schlossen im Sinnesganglion der Randbläschen.
y   Interradiale Tentakeln (secundäre Larvententakeln).
y e   Epithel der interradialen Tentakeln.
y k   Knorpelskelet der interradialen Tentakeln.
y k'   Knorpelzellen.
y k"   Intercellularsubstanz des Knorpels.
y m   Muskeln (aus Longitudinalfasern zusammengesetzter Muskelcylinder) der in-
       terradialen Tentakeln.
y n   Nerv (?) der interradialen Tentakeln.
y u   Nesselpolster der interradialen Tentakeln.
z   Zungenkegel Zunge.

Tafel I.

Carmarina hastata (Geryonia hastata).

Fig. 1. Ein geschlechtsreifes Thier (Weibchen) bewegungslos im Wasser schwe-
       bend. Von den schlaff herabhängenden Tentakeln sind 3 in einen Knoten
       verwickelt. (Natürliche Grösse.)
Fig. 2. Ein geschlechtsreifes Thier (Männchen) im Zustande der stärksten Contra-
       ction des Schirmes in der lebhaftesten Bewegung. Das Velum (v) ist durch
       das kräftig ausgestossene Wasser vorgetrieben, der Magenstiel (p) stark ge-
       krümmt, die Zunge (z) tastend vorgestreckt. Die lebhaft wurmförmig sich
       krümmenden Tentakeln sind knotig verschlungen. Die Centripetalcanäle und
       der Cirkelcanal sind nicht abgebildet. (Natürliche Grösse.)
Fig. 3. Ein geschlechtsreifes Thier (Weibchen), halb von oben gesehen, um die Cen-
       tripetalcanäle (e) und die Genitalblätter (g) deutlich zu zeigen. (Natürliche
       Grösse.)
Fig. 4. Das untere Ende des Magenstiels (p), mit fast kugelig zusammengezogenem
       Magen (k). Der Zungenkegel (z) ist knieförmig gebogen und grösstentheils
       in den Magen zurückgezogen.
Fig. 5. Das untere Ende des Magenstiels (p), mit sehr stark zusammengezogenem
       Magen (k). Der Zungenkegel (z) ist sehr weit vorgestreckt und am Ende in
       eine spindelförmige Spitze angeschwollen. Die Gallertsubstanz (l) des Schirm-
       stiels ist fast halbkugelig über der Schnittfläche vorgequollen.
Fig. 6. Ein Stück des Zungenkegels. Das Epithel, welches die Oberfläche des soli-
       den Gallertcylinders überzieht, besteht aus 6 breiteren spiralig gewundenen
       Bändern von ziemlich regelmässig polygonalen Zellen, welche mit 6 schmä-
       leren Bändern abwechseln, die aus schmal lanzettförmigen Zellen bestehen.
Fig. 7. Ein Randbläschen, halb von aussen, halb von der Seite gesehen.
Fig. 8. Ein Randbläschen, halb von aussen, halb von oben gesehen, mit verdünn-
       tem Sublimat behandelt, wodurch die Kerne in den Zellen des Sinnesgang-
       lion und in den Nerven deutlich hervorgetreten sind.

Fig. 9. Ein Stück eines radialen Tentakels. u' die ringförmigen Nesselwülste,
t die nesselzellenfreien Internodien.

Fig. 10 2 Muskel-Primitivbündel vom Magenstiel. m' die quergestreifte Muskelmasse.

Tafel II.

Glossocodon eurybia (Liriope eurybia).

Fig. 11. Ein erwachsenes Thier, bewegungslos im Wasser schwebend. Die Tentakeln (t) sind ziemlich stark zusammengezogen. Der Zungenkegel (z) ist
ganz zurückgezogen.

Fig. 12. Ein erwachsenes Thier, in lebhafter Schwimmbewegung. Die Tentakeln (t)
sind verlängert. Der Zungenkegel (z) ist vorgestreckt.

Fig. 13. Ein geschlechtsreifes Thier (Männchen), von unten betrachtet. Das Velum
(v) ist sehr stark zusammengezogen, der Magen (k') umgestülpt, der Zungenkegel (z) weit daraus vorgestreckt, die Tentakeln (t) ziemlich zusammengezogen. g' Hoden.

Fig. 14. Ein geschlechtsreifes Thier (Weibchen), von oben betrachtet. Der Zungenkegel (z) ist in die Magenhöhle (k) zurückgezogen, die Tentakeln (t) stark
zusammengezogen. g'' Eierstöcke.

Fig. 15. Ein erwachsenes Thier, das sich mit vollkommen ausgebreitetem Magen
an die Glasfläche angesaugt hat, von oben gesehen. In dem zu einer quadratischen Scheibe ausgedehnten Magen (k) treten die 4 Drüsenblätter (d)
mit ihren Mittelrinnen (d') deutlich vor.

Fig. 16. Das untere Ende des Magenstiels mit zurückgezogenem Zungenkegel (z)
und vollkommen zu einer quadratischen Scheibe ausgedehntem Magen,
der sich an die Glasfläche angesaugt hat. d die 4 Drüsenblätter, d' deren
Mittelrinne. o' Nesselknöpfe des Mundsaumes.

Fig. 17. Die Magenhöhle, durch den geöffneten Mund von unten gesehen. Man sieht
in der Mitte den (verkürzten) Zungenkegel (z) umgeben von den Ursprungsöffnungen der 4 Radialcanäle (i). Am Mundsaum erscheinen regelmässig
vertheilt 16 Paar Nesselknöpfe (o').

Fig. 18. Das untere Ende des Magenstiels, mit sehr stark zusammengezogenem Magen und vierzipflig eingezogenem Mundsaum.

Fig. 19. Das untere Ende des Magenstiels, mit verlängertem Magen und kragenartig umgestülptem Mundsaum.

Fig. 20. Das untere Ende des Magenstiels, mit sehr stark verlängertem und halb
nach aussen umgestülptem Magen, und vierzipflig ausgezogenem Mundsaum. Die Gallertmasse (l) des soliden Magenstiels ist über dessen Schnittfläche fast kugelig vorgequollen. An den Radialcanälen (r) ist das gross-
zellige Epithel angedeutet.

Fig. 21. Das untere Ende des Magenstiels, mit vollkommen nach aussen umgestülptem Magen (k'), dessen unterster Theil (k) sammt Mundsaum (o')
abermals nach unten umgeklappt ist.

Fig. 22. Ein Randbläschen, halb von aussen, halb von der Seite gesehen.

Fig. 23. Ein Randbläschen, halb von aussen, halb von oben gesehen.

Fig. 24. Ein Stück eines radialen Tentakels. u' die ringförmigen Nesselwülste, t die
nesselzellenfreien Internodien.

Fig. 25. Dichotom verästelte Fasern aus der Gallertsubstanz des Mantels.

Tafel III.

Glossocodon eurybia (Liriope eurybia).

Fig. 26—28. Jüngste beobachtete Larve, in der ersten Periode, ohne alle Anhänge. An dem kugeligen Gallertschirm von 0,3 mm Durchmesser ist bloss die kleine peripherische Schirmhöhle zu bemerken, deren Oeffnung durch das Velum (v) verschlossen ist. Die kleinen Körnchen auf der Oberfläche des Gallertschirmes sind die vorspringenden Kerne des Epithels. Vergrösserung 60.

Fig. 26. Die Larve von unten, mit vollkommen contrahirtem Velum.

Fig. 27. Dieselbe Larve, von unten, mit erschlafftem Velum, in dessen Mitte der Eingang in die Schirmhöhle sichtbar ist.

Fig. 28. Dieselbe Larve, mit erschlafftem Velum, von der Seite.

Fig. 29—30. Larve in der zweiten Periode, mit erschlafftem Velum, in dessen Umkreise der Knorpelring sichtbar wird, und die 4 radialen Nebententakeln (s t) paarweis hervorgesprosst sind. Das ältere Paar unterscheidet sich durch bedeutendere Grösse von dem jüngeren. Vergrösserung 60.

Fig. 29. Die Larve, von unten.

Fig. 30. Dieselbe Larve, von der Seite.

Fig. 31—34. Larve in der dritten Periode. Der zweite Kreis der Tentakeln, die 4 interradialen Tentakeln (y) sind hervorgesprosst.

Fig. 31. Larve im Anfang der dritten Periode, von unten gesehen. Es sind erst 2 gegenständige interradiale Tentakeln erschienen. Vergrösserung 60.

Fig. 32. Larve in der dritten Periode, halb von unten, halb von der Seite gesehen. Von den 4 interradialen Tentakeln besitzen die beiden gegenständigen jüngeren (kürzeren) erst 2, die beiden älteren 3 Nesselpolster. Im Umkreise des geöffneten Velum (v) ist der Knorpelring angelegt. Die Aussenfläche des Gallertschirms zeigt ihr Epithel. Vergrösserung 100.

Fig. 33. Larve in der dritten Periode, etwas weiter entwickelt, halb von unten, halb von der Seite gesehen. Die interradialen Tentakeln sind schon mehrmals länger als die radialen Nebententakeln, die beiden gegenständigen jüngeren mit 3, die beiden älteren (längeren) mit 5 Nesselpolstern. Im Umkreise des geöffneten Velum (v) ist der Knorpelring (u) jetzt sehr deutlich. Vergrösserung 100.

Fig. 34. Larve in der dritten Periode, aus demselben Stadium wie Fig. 33, von der Seite (im Profil) gesehen. Die radialen Nebententakeln sind schon weiter vom Schirmrand entfernt und an der Aussenfläche des Schirmes hinaufgerückt. Vergrösserung 60.

Fig. 35. Larve in der vierten Periode, von der Seite und etwas von unten gesehen. An der Basis der interradialen Tentakeln, welche länger als der Schirmdurchmesser sind, haben sich die interradialen Randbläschen entwickelt. Die beiden älteren interradialen Tentakeln zeigen 8, die beiden jüngeren nur 5 — 6 Nesselpolster. Im Grunde der bedeutend erweiterten Schirmhöhle ist die erste flach trichterförmige Anlage der Magenhöhle sichtbar, deren Mundöffnung aufgesperrt ist. In der Oberfläche des Schirms sind die Zellenkerne ihres Epithels als feine Puncte sichtbar. Vergrösserung 60.

Fig. 36. Larve in der vierten Periode, von oben gesehen, etwas weiter entwickelt, die interradialen sind gleich den radialen Nebententakeln vom Schirmrande entfernt und an der Aussenfläche des Schirmes emporgestiegen.

Das Gastrovascularsystem tritt mit seinen sehr breiten Canälen und ihrem grosszelligen Subumbralepithel sehr deutlich hervor. Die vollkommen contrahirte Mundöffnung ist durch sternförmige Falten bezeichnet. Das Velum ist erschlafft. Vergrösserung 50.

Fig. 37. Larve in der fünften Periode, von unten gesehen. Die radialen Haupttentakeln sind erschienen, die beiden gegenständigen älteren durch bedeutendere Länge vor den mit ihnen alternirenden jüngeren ausgezeichnet. Die radialen Nebententakeln, weit an der Aussenfläche des Schirmes heraufgerückt und in Rückbildung begriffen, haben ihren Nesselknopf verloren. Das Velum ist sehr stark contrahirt. Zwischen Knorpelring und dem breiten Cirkelcanal ist als schmaler heller Streif der Nervenring sichtbar. Die Canäle des Gastrovascularsystems sind strotzend gefüllt. Der viereckige Mund ist geöffnet. Vergrösserung 50.

Fig. 38. Ein Ausschnitt aus dem Schirmrande einer Larve in der fünften Periode, von aussen betrachtet. Der radiale Haupttentakel (t) ist eben erst als Ausstülpung aus dem Cirkelcanal (c s) rechts neben der centripetalen Mantelspange (h) hervorgesprosst. Der radiale Nebententakel (s t) hat noch seinen Nesselknopf. Ueber dem Ringknorpel (u k) ist der Nervenring (a) sichtbar. Vergrösserung 300.

Fig. 39. Ein radialer Nebententakel von einer Larve aus der dritten Periode. Der Geisselanhang (s f), welcher an seiner verdickten Spitze eine Reihe glänzender, heller Körperchen einschliesst, ist noch fast so lang als der knorpelige Theil des Tentakels, dessen Skelet aus einer Reihe von 6 Knorpelzellen zusammengesetzt ist. Von den centralen Kernen der Knorpelzellen gehen verzweigte Protoplasmaströme zur Innenwand der Knorpelkapseln. Vergrösserung 500.

Fig. 40. Ein interradialer Tentakel aus der vierten Periode. Im dickeren basalen Theile des Tentakels sind die quergestreiften longitudinalen Muskelfasern angedeutet, welche das cylindrische Knorpelskelet als zusammenhängenden Schlauch überziehen. Von den Kernen der Knorpelzellen gehen verzweigte Protoplasmaströme zur Innenwand der Knorpelkapseln. Von der Basis des Tentakels geht eine kurze Mantelspange, hinter welcher das interradiale Randbläschen versteckt ist, zu dem einspringenden Winkel des Ringknorpels herab. Am oberen Rand des letzteren ist der Nervenring (a) angedeutet. Vergrösserung 250.

Fig. 41. Ein Stück vom Ringknorpel einer Larve aus der vierten Periode. An dem Ausschnitt des Ringknorpels befindet sich oben noch der untere Theil der Mantelspange, welche von demselben zur Basis eines radialen Nebententakels hinaufsteigt. Der Knorpel, dessen Zellen durch ziemlich reichliche Intercellularsubstanz getrennt sind, setzt sich nicht in die Spangenbasis hinein fort. Der letzteren gegenüber ist am unteren Rande des Knorpelringes der einspringende Winkel sichtbar. Vergrösserung 700.

Fig. 42. Der Magen einer Larve aus dem Ende der fünften Periode, durch den sehr kurzen Magenstiel mit dem ausgeschnittenen Centraltheil der Subumbrella zusammenhängend. An letzterer sind die noch dicht aneinander liegenden Anfänge der 4 Radialcanäle sichtbar. Der eben erst in Bildung begriffene Magenstiel setzt sich in die Magenhöhle hinein als ein kurzgestielter, eiförmiger, zugespitzter Körper fort, der die Anlage des Zungenkegels bildet. Der Mundrand ist unten kragenartig umgestülpt. Vergrösserung 50.

Fig. 43. Der Magen einer etwas älteren Larve aus der sechsten Periode. Der etwas längere Magenstiel setzt sich in einen bedeutend längeren und dickeren Zungenkegel fort, der weit aus der Mundöffnung hervorragt. Vergrösserung 30.

Fig. 44—48. Entwickelung der Sinnesbläschen oder Randbläschen. Vergrösserung 400.

Fig. 44. Erste Anlage eines Randbläschens. An der gangliösen Anschwellung des Ringnerven tritt ein solider, aus hellen Zellen zusammengesetzter sphäroider Knopf auf, umhüllt von einer doppelt contourirten Membran.

Fig. 45. Die Membran des Randbläschens hebt sich ringsum von dem soliden Zellenknopf ab, in welchem eine kleine dunkle Concretion bemerkbar wird.

Fig. 46. Es treten mehrere Concretionen in dem Zellenknopf (Sinnesganglion des Randbläschens auf.

Fig. 47. Es werden die beiden gegenständigen Bügel der Sinnesnerven an der Innenwand des Randbläschens sichtbar. Dieselben ragen am oberen Pol als kurzer Stiel, welcher das Sinnesganglion trägt, in das Bläschen hinein.

Fig. 48. Die zahlreichen kleinen Concretionen sind zu einem einzigen grossen Concrement verschmolzen, welches einen grossen Theil des Sinnesbläschens ausfüllt.

Fig. 49—51. Verschiedene Formen des Sinnesganglion in den Randbläschen und der in ihm eingeschlossenen Concretionen. Vergrösserung 600.

Fig. 49. Höckeriges Sinnesganglion mit 2 grossen und mehreren kleinen Concretionen.

Fig. 50. Dreiseitig pyramidales Sinnesganglion, welches im unteren freien Theil wandständig eine einzige grosse Concretion umschliesst, die eine excentrische Höhle (?) enthält.

Fig. 51. Sehr ungleiches zweilappiges Sinnesganglion mit einem zusammengebackenen Haufen von mehreren grossen und kleinen Concretionen.

Fig. 52. Eine geschlossene Nesselzelle aus dem Nesselknopfe eines radialen Nebententakels. In der doppelt contourirten Nesselkapsel, welche wandständig den grössten Theil der ellipsoiden bläschenförmigen Nesselzelle ausfüllt, ist der eingesenkte Nesselschlauch sichtbar. Rechts neben der Nesselkapsel der Zellenkern. Vergrösserung 600.

Fig. 53. Eine Nesselkapsel, frei, mit vorgestülptem Nesselschlauch; A) mit eingeschlossenem Nesselfaden, B) mit ausgetretenem Nesselfaden. Vergrösserung 600.

Tafel IV.

Carmarina hastata (Geryonia hastata).

Fig. 54. Jüngste beobachtete Larve, eine solide Gallertkugel von ungefähr 1 mm Durchmesser, in der zweiten Periode. Im Umkreise der flachen Schirmhöhle, die unten von dem Velum begrenzt wird, sind die 6 radialen Nebententakeln sichtbar. Vergrösserung 40.

Fig. 55. Larve in der dritten Periode, von 2 mm Durchmesser, halb von oben, halb von der Seite gesehen. Die erste Anlage des Gastrovascularsystems tritt deutlich hervor. Die 6 schmalen, durch den Cirkelcanal verbundenen Radialcanäle münden in einer flachen sechseckigen Magentasche im Grunde der Schirmhöhle zusammen. In der Mitte zwischen den 6 radialen Nebententakeln sind die 6 halb so dicken interradialen hervorgesprosst, welche bereits 3 Nesselknöpfe zeigen. Vergrösserung 40.

Fig. 56. Larve in der vierten Periode, von 3 mm Durchmesser, von unten gesehen. Am Grunde der 6 interradialen Tentakeln sind die 6 ersten Randbläschen erschienen, aufsitzend auf einem Ganglienknoten, der durch eine spindelförmige Verdickung des Knorpelrings geschützt und gestützt wird. Der Knorpelring ist in ein gleichseitiges Sechseck ausgezogen, dessen 6 Ecken durch centripetale Mantelspangen mit den an der Aussenseite des Mantels heraufgerückten 6 radialen Nebententakeln verbunden sind. Zwischen Ringknorpel und Cirkelcanal ist der Nervenring sichtbar. In der Mitte der Radialcanäle treten die Radialnerven deutlich vor. Der Magen ist in einen dicken Wulst contrahirt, der die sechseckige aufgesperrte Mundöffnung umgiebt. Vergrösserung 30.

Fig. 57. Larve in der fünften Periode, mit 18 Tentakeln, von 4 mm Durchmesser, halb von unten, halb von der Seite gesehen. Rechts neben der Basis der radialen Mantelspangen sind die 6 radialen Haupttentakeln hervorgesprosst. Entsprechend den 6 interradialen Tentakeln bildet der Cirkelcanal die 6 ersten Centripetalcanäle. Der Magenstiel beginnt deutlich vorzutreten. Vergrösserung 20.

Fig. 58. Larve in der sechsten Periode, von 8 mm Durchmesser, halb von unten, halb von der Seite gesehen. Alle 12 Randbläschen sind entwickelt. Die radialen Nebententakeln haben bereits ihren Nesselknopf verloren. Die radialen Haupttentakeln sind schon mehrmals länger als die emporgekrümmten interradialen Tentakeln, welche je 10—12 Nesselpolster tragen. Der Magenstiel ist noch kürzer als der Glockendurchmesser. Der Saum des weit geöffneten Mundes ist in 6 Lappen gefaltet. Der Zungenkegel ist in den Magen zurückgezogen. Zwischen je 2 Radialcanälen gehen vom Ringcanal 3 centripetale blinde Canäle ab, welche noch sehr kurz und breit sind. Vergrösserung 9.

Fig. 59. Larve in der siebenten Periode der Metamorphose, von 12 mm Durchmesser, ganz von unten gesehen. Alle Formen sind schlanker als bei der vorigen. Die radialen Nebententakeln sind abgefallen; die interradialen Tentakeln erscheinen stark reducirt und gehen ihrem Ende entgegen. Die radialen Haupttentakeln sind bedeutend länger, zum Theil in Knoten verschlungen. Die centripetalen Blindcanäle sind schmaler und länger. Doch sind immer noch nur je 3 zwischen je 2 Radialcanälen vorhanden. Der Magensack ist zurückgestülpt und der Zungenkegel weit daraus hervorgestreckt. Vergrösserung 6.

Fig. 60. Querschnitt durch einen radialen Haupttentakel (t). Die Höhlung des Tentakels ist umschlossen von einem dicken Cylinderepithel (t e), dieses von einer ebenso dicken, hellen Schicht von Ringfasern (t c). Die nun folgende breite, radial gestreifte Mittelschicht besteht lediglich aus longitudinalen Fasern von zweierlei Art, helleren und dunkeln, welche in der Weise alterniren, dass ungefähr 60 radial gestellte Züge von hellen Längsfasern (t l) mit eben so vielen Radialblättern von dunkeln Längsfasern (t m) wechseln. Aussen ist das Ganze von dem dicken, aus 3 Schichten zusammengesetzten Cylinderepithel überzogen, dessen äusserste Schicht Nesselzellen führt. Vergrösserung 70.

Tafel V.

Carmarina hastata (Geryonia hastata).

Fig. 61. Ein Segment aus dem in Fig. 60 dargestellten Querschnitt eines radialen Haupttentakels, stärker vergrössert (300). t e das innere Cylinderepithel, welches die Tentakelhöhle begrenzt. t c helle Ringfasern; t l helle Längsfasern, im Querschnitt; t m dunkle Längsfasern, im Querschnitt. t u äusseres Epithel des Tentakels, in 3 Schichten: l. Schicht der Büschelzellen, ll. Schicht der Flaschenzellen, lll. Schicht der Nesselzellen. Vergrösserung 300.

Fig. 62. Ein Fragment von einem tangentialen Längsschnitt durch die Mitte der dritten (radial gestreiften) Schicht eines radialen Haupttentakels. Die abwechselnden hellen und dunkeln Bänder (welche auf dem Querschnitt Fig. 60 als ungefähr 60 Paare von alternirenden hellen und dunkeln Radialstreifen erscheinen) zeigen sich aus lauter longitudinalen Fasern zusammengesetzt, die dunkeln Streifen aus spindelförmigen, kernhaltigen Faserzellen (t m), die hellen aus spindelförmigen, kernlosen Strängen (t l). Erstere (t m) sind auf der linken Seite des Präparates durch Zerzupfen isolirt. Letztere (t l) erscheinen auf der rechten Seite des Präparates ebenfalls zum Theil isolirt und hier durch Einwirkung verdünnter Salpetersäure in eigenthümlicher Weise geschrumpft, wodurch die hellen Bänder fein quergestreift erscheinen. Vergrösserung 300.

Fig. 63. Ein verticaler Radialschnitt durch den Schirmrand eines erwachsenen Thieres, unmittelbar links neben einem radialen Randbläschen. Der grösste Theil der Gallertsubstanz (l) des Schirmes ist der Raumersparniss halber weggelassen und nur derjenige Theil derselben mit seinen Gallertfasern (l f) gezeichnet, welcher unmittelbar das radiale Randbläschen (b r) umschliesst und der von letzterem abgehenden radialen Mantelspange (h) anliegt. Von dem radialen Haupttentakel ist im Schnitt nichts zu sehen, da derselbe weiter rechts hinter der Schnittfläche liegt. Auch von der subumbralen Wand des Cirkelcanals (c s) und von dem Velum (v) ist nur der zunächst am Ringknorpel (u k) gelegene Theil dargestellt. Der querdurchschnittene Nervenknoten (f) des Ringnerven grenzt nach oben an das Randbläschen, nach aussen an die Basis der Mantelspange, nach unten an den Ringknorpel, nach innen an die Basis des Velum und des Cirkelcanals. Vergrösserung 150.

Fig. 64. Ein verticaler Radialschnitt durch den Schirmrand einer Larve aus der siebenten Periode, unmittelbar rechts neben einem interradialen Randbläschen (b i). Die Gallertsubstanz (l) des Schirmrands ist beträchtlich dünner als beim erwachsenen Thier (Fig. 63). Doch ist auch hier das Randbläschen (b i) völlig darin eingeschlossen. Von der subumbralen Wand (c s) des Cirkelcanals (c) und vom Velum (v) ist nur der zunächst am Ringknorpel (u k) gelegene Theil dargestellt. Der Knorpel der Mantelspange (h k) verbindet continuirlich den Ringknorpel (u k) mit dem voluminösen Knorpelskelet des interradialen Tentakels (y), von welchem nur die Basis dargestellt ist. Von der letzteren ist ein Theil (y k) in die anliegende Gallertsubstanz des Mantelrandes eingesenkt, und nicht mit Muskeln versehen. y m' bezeichnet die Grenze zwischen diesem und dem freien Theile, welcher von einem cylindrischen Schlauche quergestreifter

Muskelfasern umschlossen ist. Von den 12 Nesselpolstern (y u des Tentakels sind nur die beiden untersten dargestellt. Vergrösserung 150.

Fig. 65. Ein radialer Nebententakel (s t) von einer Larve aus der vierten Periode (Fig. 56 , nebst dem zugehörigen radialen Abschnitte des Mantelrandes und der benachbarten Theile, von oben und aussen gesehen. Die grossen platt scheibenförmigen Knorpelzellen (s k') des Tentakelskelets sind durch dicke Wände von Intercellularsubstanz (s k", getrennt. Der Tentakel ist von seiner Insertion nach unten, über dem Schirmrand, zurückgeschlagen, und ragt mit dem Geisselanhang s f des Nesselknopfs s u noch über den inneren Rand des schmalen Velum (v hinüber. Links von der Mantel-pange h ist der Radialnerv (a r), von Muskelfasern begleitet, sichtbar, indem er in der Mittellinie des Radialcanals durch dessen Epithel (e s) hindurchschimmert. Vergrösserung 150.

Fig. 66. Ein interradiales Randbläschen b i von einer Larve aus der vierten Periode Fig. 56) nebst dem zugehörigen Abschnitt des Mantelrandes, von innen gesehen. Das Randbläschen sitzt auf einem Ganglion f des Ringnerven a , welches gestützt wird durch eine spindelförmige Verdickung des Knorpelrings u k . Vergrösserung 150.

Fig. 67. Eine Nesselzelle von 3 verschiedenen Seiten betrachtet A B C. Die Zelle schliesst ausser der Nesselkapsel einen grossen kreisrunden Kern ein, welcher als concav-convexe Scheibe die cylindrische Nesselkapsel umfasst und die Zelle in der Mitte vorwölbt. Der Kern ist in A von der Fläche, in B auf dem scheinbaren Längsschnitt, in C von oben gesehen. Vergrösserung 700.

Fig. 68. Eine Nesselkapsel, in 3 verschiedenen Zuständen. A und B mit zurückgezogenem Nesselschlauche, A von der Seite, B von oben, C mit vorgestülptem Schlauche und eingeschlossenem Nesselfaden, D mit vorgestülptem Nesselschlauche und ausgeworfenem Nesselfaden. Vergrösserung 700.

Fig. 69. Ein Stückchen eines Nesselfadens, sehr stark (etwa 2000mal) vergrössert.

Fig. 70. Ein Stückchen von einem sehr dünnen Querschnitt durch den Ringknorpel, in Wasser macerirt, so dass die hautlosen Knorpelzellen zum Theil aus den Höhlungen der Intercellularsubstanz herausgefallen sind. Vergrösserung 700.

Taf. VI.

Carmarina hastata und Cunina rhododactyla.

Fig. 71 — 77. Carmarina hastata.

Fig. 71. Ein verticaler Radialschnitt durch den Schirmrand eines erwachsenen geschlechtsreifen Weibchens von Carmarina. Der Schnitt ist so geführt, dass er einen grossen Theil eines Ovariums (der flügelartigen Seitentasche eines Radialcanales, r) eröffnet hat; in der subumbralen Wand desselben ist das Epithel in Eier umgewandelt. Den Dotter (g d) der Eier umgiebt ein sehr grosses Keimbläschen (g v), in dessen Keimfleck (g m) noch ein centraler Körper, der Keimpunct (Nucleolinus) sichtbar ist. Die Gallertsubstanz (l) des Schirmes ist von vielen Fasern (l f) durchsetzt. Zwischen dem Radialcanal (c c) nach oben, dem Knorpelring (u k) nach unten, und dem äusseren Theil des Velum (v) nach innen, ist der Querschnitt des Ringnerven (a) sichtbar. Vergrösserung 50.

Fig. 72. Ein kleines Stück eines Radialnerven (a r) von *Carmarina*, senkrecht ge-
kreuzt von den darunter liegenden circularen Muskelfasern der Subumbrella (m s). Die quergestreiften Muskelfasern sind kaum breiter, als
die blassen, mit sehr kleinen Kernen besetzten Nervenfasern. Vergrösserung 9 00.

Fig. 73. Querschnitt durch die Magenwand von *Carmarina*. Zwischen dem dicken
geschichteten Cylinderepithel der inneren (k i) und dem einfachen Epithel
(k e) der äusseren Magenfläche ist eine äussere dünnere Schicht von Längsmuskeln (k l) und eine innere dickere Schicht von Ringmuskeln (k c)
sichtbar. Innen mündet rechts eine büschelförmige Gruppe von ein-
zelligen Magendrüsen (d''). Vergrösserung 300

Fig. 74. Der Magen einer knospentragenden *Carmarina*, nebst dem unteren Ende
des Magenstiels, dessen Fortsetzung, die Zunge, dicht mit Knospen bedeckt ist. Vergrösserung 3.

Fig. 75. Eine grosse Knospenähre aus dem Magen einer knospentragenden *Carmarina*. Jüngere und ältere Knospen bedecken die Zunge so dicht gedrängt,
dass von deren Oberfläche Nichts zu sehen ist. Vergrösserung 30.

Fig. 76. Eine der reifsten Knospen, von 4 mm Durchmesser, aus der Knospenähre abgelöst, von der Seite gesehen. An den nach abwärts gewendeten
Tentakeln (tt) ist schon die Zusammensetzung der Axe aus einer Reihe
flacher Knorpelzellen durch feine Querstreifung angedeutet. Die Randbläschen (b) ragen frei über die Spitze der 8 Randlappen vor. Vergrösserung 50.

Fig. 77. Eine der reifsten Knospen, von 4 mm Durchmesser, aus der Knospenähre
abgelöst, von unten gesehen. Drei von den 8 Tentakeln (tt) sind nach
abwärts (einwärts) geschlagen. An der Basis der übrigen ist die helle
Tentakelwurzel (t w) sichtbar. Der Mund (o) ist geöffnet. Vergrösserung 50.

Fig. 78—85. *Cunina rhododactyla*.

Fig. 78. Eins der jüngsten frei getischten Individuen von *Cunina*, mit 8 Körpersegmenten, von 3 mm Durchmesser, von unten gesehen. Der Mund (o) ist
mässig geöffnet, das Velum (v) schlaff, breit. Die Lappen des Schirmrandes sind stark nach innen eingezogen und auf der rechten Hälfte völlig
eingerollt. Zwei Tentakeln sind ganz nach innen geschlagen. Vergrösserung 20.

Fig. 79. Eine ältere *Cunina*, mit 10 Körpersegmenten, von 6 mm Durchmesser, von
der Seite gesehen. Die hier dargestellte Haltung haben die Thiere gewohn-
lich, wenn sie ruhig im Wasser schweben. Der Rand der Mantellappen
ist nach innen und oben eingeschlagen. Vergrösserung 10.

Fig. 80A. Die Hälfte einer älteren *Cunina*, mit 10 Körpersegmenten, von 7 mm Durchmesser, von unten gesehen. Vier Tentakeln sind ganz nach innen geschlagen, zwei nach aussen gestreckt. Die beiden rechten Lappen des
Schirmrandes sind etwas eingezogen, die drei linken vollkommen eingerollt.
Der Mund (o) ist weit geöffnet, das Velum mässig breit. Vergrösserung 12.

Fig. 80B. Die Hälfte einer völlig erwachsenen *Cunina*, mit 16 Körpersegmenten,
von 11 mm Durchmesser, von unten gesehen. Drei Tentakeln sind ganz
nach innen geschlagen, die vier anderen in verschiedenen Krümmungs-
zuständen dargestellt. Der Mund (o) ist viel weiter geöffnet, als in der

vorigen Figur und das Velum (v) sehr stark zusammengezogen und schmal. Die 4 rechten Lappen des Schirmrandes sind eingezogen, die 4 linken vollkommen eingerollt. Vergrösserung 8.

Fig. 81. Radialer Verticalschnitt durch den unteren peripherischen Theil des *Cunina*-körpers. Der Schnitt ist unmittelbar neben einem Tentakel (t t) geführt, so dass die Insertion der Wurzel (t w) desselben auf der oberen Wand (r l) der radialen Magentasche (r) in ihrer ganzen Länge sichtbar ist. Ausserdem sieht man den an den Tentakel angrenzenden und hinter demselben liegenden Randlappen, dessen Rand nach innen und oben eingerollt ist und den Durchschnitt des Ringgefässes (c c) zeigt. Vergrösserung 30.

Fig. 82. Radialer Verticalschnitt durch den eingezogenen Schirmrand der *Cunina*. Der Nervenring (a) grenzt nach innen an die Insertion des Velum (v), nach oben an das Ringgefäss (c c), nach aussen an den Ringknorpel (u k), nach unten an das Ganglion, welches das Randbläschen (b) trägt. Vergrösserung 60.

Fig. 83. Ein Stück von dem äusseren Theile eines Tentakels der *Cunina*. In der Axe des Knorpelcylinders verlaufen die centralen Protoplasmastränge der Knorpelzellen, welche den Kern derselben umschliessen. Die dünne Längsmuskelschicht (s m) ist von einem Epithel (s e) überzogen, dessen Zellen kugelige glänzende Nesselkapseln entwickeln. Vergrösserung 150.

Fig. 84. Ein Stück von dem eingerollten Schirmrande der *Cunina*, von innen und unten her betrachtet. Das Randbläschen (b) ist ganz nach innen gezogen, so dass es der unteren Fläche des Velum (v) fest aufliegt. Die dickwandigen polyedrischen Zellen, welche das äussere (subumbrale) Epithel des Gefässringes (c s) bilden, treten so sehr hervor, dass man die darüber liegenden Schichten (Gallertmantel und umbrales, inneres Epithel des Ringcanals) gar nicht bemerkt. Zwischen Knorpelring (u k) und Gefässring tritt der Nervenring (a) deutlich hervor. Vergrösserung 200.

Fig. 85. Ein Sinnesbläschen (Randbläschen) der *Cunina rhododactyla*, in welchem der Sinnesnerv (n) sehr deutlich hervortritt. Von dem auf dem Nervenring (a) aufsitzenden Ganglion (f) strahlt ein Büschel von sehr langen und feinen, starren Borsten aus, welche das Sinnesbläschen umgeben. Vergrösserung 600.